GÜLAY ÜCÜNCÜ

Der gelassene — Hund

GÜLAY ÜCÜNCÜ

Der gelassene —— Hund

SELBSTBEHERRSCHUNG, IMPULSKONTROLLE, FRUSTRATIONSTOLERANZ

MIT KOSMOS MEHR ENTDECKEN
Mensch und Hund — auf ruhigem Kurs
SEIT 1822

KOSMOS

Inhalt

Zum Geleit   11

Willkommen an Bord!   16

    Nicht gestört – aber gestresst   16

    Navigationssystem statt Schritt-für-Schritt-
    Anleitungen   18

1. Mensch und Hund auf großer Fahrt   21

Höher, schneller, weiter   22

    Anforderungen an den Menschen   22

    Immer verfügbar, immer »on«   23

    Gesetzliche Anforderungen   24

    Soziale Kontrolle und Hunde-Knigge   25

    Höher, schneller, weiter – auch beim Hund?   26

    Reibungslos durch eine fremde Welt:
       Anforderungen an den Hund   27

    Nur nicht auffallen   27

    Ein freudiges Naturell ist Pflicht   28

    Eingeschränkter Radius   28

    Herausforderung Stadt   29

    An der kurzen Leine des Gesetzes   29

Vom Arbeitstier zur Projektionsfläche   31

    Die Rolle des Hundes im Leben des Menschen
       früher und heute   31

    Der Aufstieg zum Sozialpartner   32

    Der Hund als unfreiwilliger Therapeut   33

Anpassungswunder Hund 33
Vom Wolf zum Hund 34
Mensch wird sesshaft, Hund gleich mit 35
Wolf und Mensch – nicht irgendeine Beziehung 36
Hundeaufgaben im Laufe der Jahrhunderte 36
Back to the roots? 37
Hund im Dilemma 38
Der Hund als Freund und Partner:
ein Rollenkonflikt 38
Viele gute Gründe? 40
Die Sache mit der Augenhöhe 41
Mit Herz und Verstand beim Hund 42
Das Fundament: Die stabile Mensch-Hund-
Beziehung 43
Sicherheit durch Vertrauen 43
Vertrauen durch Verbundenheit 45
Das unsichtbare Band 45
Sicherheitsbeauftragter Hund 46
Wie das Kind, so der Hund 47
Was bedeutet Bindung? 48
Bindung zwischen Mensch und Hund 50
Sicherheit durch Abgrenzung und Führung 52
Persönliche Abgrenzung 54
Der Persönlichkeits-Spiegel 55

2. In ruhige Gewässer 57
Was ist Selbstbeherrschung? 57
Hunde außer Balance 58
Impulskontrolle und Selbstbeherrschung:
Konzepte und Begriffe 59
Das Denken lenken, planvoll handeln 64

Selbstbeherrschung – beim Hund?!   64
Die exekutiven Funktionen   65
Expedition in das Gehirn   67
Das Gegeneinander und Miteinander
   der Systeme   71
Botenstoffe   72
Die Transmittersysteme   73
Auf der Suche nach dem Angenehmen   77
Belohnung und Belohnungsaufschub:
   Marshmallow-Test   78
Belohnung und Motivation   82
Einflüsse auf die Selbstbeherrschung   84
Warum ist Selbstbeherrschung so wichtig?   84
Hilfe, Frust!   84
Mit Frust leben lernen   85
Mit Selbstbeherrschung gegen den Frust   86
Übung macht den Meister   88
Grundlage für erfolgreiches Lernen   89
Selbstbeherrschung trainieren   90
Auch Langeweile ist Frust   91
Offen für den Menschen   91
Ganz natürlich und sogar wichtig: Aggression   93
Durch den Wind: Jagdverhalten   99
Jagdverhalten und Aggression:
   eine Frage der Motivation   106

3. Kurs nehmen   109
Stress   110
Was ist Stress?   110
Stress oder Herausforderung?   113
Stress für die Selbstbeherrschung   119

Stress und Evolution   121

Hat mein Hund Stress?   122

Entscheidend: die subjektive Bewertung   124

Erfahrungen, Anlagen und Bindung   124

Persönlichkeit und Genetik   126

Temperament und Persönlichkeit   126

Wie entsteht Persönlichkeit?   127

Anlagen zur Entfaltung bringen   128

Geerbt oder erlernt? Veranlagung und äußere
    Einflüsse   129

Der »Werkzeugkasten der Persönlichkeit«   130

Die Bedeutung von Stress   131

Stressverarbeitung und Persönlichkeit   132

Bindung und Persönlichkeit   133

Weitere Einflüsse auf die Persönlichkeit   134

Motivation, Belohnung und Impulshemmung   135

Der Sitz der Persönlichkeit   138

Selbstbeherrschung und Rassezugehörigkeit   139

Aggressive Impulse beherrschen   140

Persönlichkeit beschreiben   141

Welpen- und Junghundeentwicklung   148

Lernfenster zur Welt   149

Entwicklung als Prozess   151

Spielerisch lernen: Beißhemmung   152

Aggression und Spiel   153

Spiel: unverzichtbares Training für später   155

Junge Hunde und Jagdverhalten   159

Land unter: Hund in der Pubertät   163

Ein wohlwollender Kapitän   168

Erziehung auf Grundlage von
    Selbstbeherrschung   169

Einschränkungen schon früh aushalten lernen 174

Ruhe und Regeneration 177

Vor Anker: Regeneration des Hundes 177

Schlaflosigkeit macht Stress 179

Gehirnentgiftung im Schlaf 180

Schlaflosigkeit macht Stress macht
Schlaflosigkeit 180

Regeneration durch Berührungen 182

Ruhe und Nähe 184

Willkommener Rückzug 184

Aktivität und Ruhe im Gleichgewicht 186

Ruhe macht in Muscheln Perlen 186

Bewegung 187

Raus bei Wind und Wetter 187

Der Mensch bewegt sich zu wenig 188

Wie viel Bewegung ist ideal? 189

Ein Gespür für die individuellen Bedürfnisse 190

Positive Effekte von Bewegung 193

Körperliche Bewegung und das Gehirn 194

Bewegung hält das Gehirn fit 195

Geistige Stimulation durch Sinnesreize 196

Wind und Sonne in den Segeln 197

Ernährung 198

Treibstoff fürs Leben 198

Kontroversen – was kann, was muss,
was soll der Hund fressen? 199

Selbstbeherrschung braucht Energie 200

Tryptophan 201

Und was gehört nun in den Napf? 202

Individuelle Ernährungsberatung 206

Krankheiten 209

Vom Leidensdruck   209
Krankhafte Störungen versus mangelnde
    Selbstbeherrschung   210
Impulskontrollstörung   211
Trauma   213
Suchtverhalten   226
ADHS   230
Schilddrüse   239
Offenheit im Sinne des Hundes   245
Haltung und Einstellung   246
Wie ist das mit dir …   246
Du und dein Hund als Teil der Welt   247
Was ist für dich stimmig?   248
Wer bist du?   248
Du als Kapitän der Beziehung   249
Stress und Perfektionismus   250
Deine Fehlertoleranz   251
Deine Intuition   252
Verbundenheit   253
Dein Verständnis von Freiheit und Sicherheit   254
Hast du eigentlich Spaß?   255
Nach eurem gemeinsamen Kompass   255

4. Anker werfen   257
Zu guter Letzt …   257

5. Service   261
Danksagung   261
Quellen   263
Zum Weiterlesen   269
Register   269

Zum Geleit

Mangelnde Gelassenheit hat so viele Gesichter wie Ursachen und ist sicherlich ein Phänomen unserer Zeit.

Ein unausgeglichener, aufgedrehter, unruhiger Hund ist eine häufige Erscheinung in unserer hektischen, schnelllebigen Welt. Ihm wird in aller Regel eine mangelnde Impulskontrolle unterstellt. Wir kennen so etwas – das Kind braucht einen Namen – auch Diagnosen werden quasi modern, sind gleichfalls Kinder ihrer Zeit.

Statt Impulskontrolle, medizinisch-psychiatrisch verstanden, wird Selbstbeherrschung gemeint, so der Tenor dieses Buches, die Fähigkeit eines Hundes, einem Impuls zu widerstehen und Situationen auszuhalten, in denen Bedürfnisse nicht oder nicht sofort in Handlungen umgesetzt werden können. Selbstbeherrschung wird als Grundlage für Gelassenheit dargestellt und ist genetisch disponiert wie durch Lernen modifizierbar, kann somit verbessert wie verschlechtert werden. Wichtig dabei ist immer die Beziehung zum Menschen, der in diese Begrifflichkeit mit einzuschließen ist, als Dreh- und Angelpunkt jeder Hundeentwicklung. Statt Kontrolle und damit Einschränkung und Druck, wird die Fähigkeit eines Mensch-Hund-Teams verstanden, Spannungszustände über Handlungsspielräume zu regulieren. Dabei wird der besonderen Beziehung zwischen Hunden und Menschen Rechnung getragen, indem der Hundehalter seinen Hund unterstützt durch gemeinsam Erlebtes, Durchlebtes, durch klare Regeln und durch seine Zuverlässigkeit dem Hund gegenüber. Den besonderen Möglichkeiten in einer besonderen Beziehung (Aufeinanderbezogensein von Hunden und Menschen – über Artgrenzen hinaus) wird so Rechnung getragen. Dieses tiefe Verständnis von Hunden und Menschen kennzeichnet dieses überaus kluge Buch, das immer wieder die Dinge des Lebens zwischen Hunden und Menschen perfekt auf den Punkt bringt.

Verhaltensprobleme entstehen zumeist dann, wenn die Umweltanforderungen die Fähigkeiten eines Hundes zu einer sinnvollen Interaktion unmöglich machen, also sein Anpassungsvermögen überfordern. Vor allem Instabilität und Unvorhersagbarkeit seiner Umwelt – und besonders seines Halters – sind hierbei für einen Hund extrem belastend und stressvoll.

Jedem Hund geht es also gut, wenn er sich den unterschiedlichen Lebensbedingungen anpassen kann. Hat er die Möglichkeit, im Zusammenleben mit seinem Menschen Strategien zu erarbeiten, so verbindet das beide. Gelingt das nicht, wird er frustriert sein, was ihn dann unter Umständen vom Menschen trennt.

Was mir weiter an diesem Buch so besonders gefällt, ist der so genaue wie tiefsinnige Umgang mit Begrifflichkeiten. Und genau dieser ist doch das A und O des einander Verstehens, der einfachste und beste Weg der Vermeidung von Missverständnissen. Die Hundewelt ist voll der »Diagnosen«, und Bewertungen und Missverständnisse unter Hundehaltern sind leider Normalität.

Jeder Hund und jeder Mensch nun ist so individuell wie ihre jeweilige Beziehung zueinander – das Leben mit Hunden ist wohl auf eine Art Co-Konstitution (sensu Haraway, 2003) zugeschnitten, soll es sozial wirkungsvoll sein. Weder Mensch noch Hund, die eine Beziehung eingegangen sind, können also unabhängig voneinander sinnvoll analysiert werden, sind vielmehr miteinander (oder durcheinander) »entstanden« und formen sich interindividuell immer wieder gegenseitig in oftmals komplizierten Zeiten des Zusammenlebens.

Struktur und Verlässlichkeit, Orientierung und Sicherheit, Zuneigung und Vertrauen werden als unerlässliche Kriterien der Beziehung zum Menschen dargestellt. Menschen allerdings suchen ihrerseits Stressabbau im Hund und werden im städtischen Dschungel zusätzlich von anderen Hundehaltern unter Druck gesetzt, von Stressausgleich kann häufig nicht die Rede sein. Und gestresste Menschen führen gestresste Hunde.

Zudem werden Hunde immer wieder über Gebühr physisch ausgelastet, quälen sich mit Sportprogrammen zum caninen Hochleistungssportler. Unsere Schnelllebigkeit geht an unseren Hunden nicht spurlos vorüber. Hunde dürfen zudem nicht (unangenehm) auffallen, müssen sich zurücknehmen, dürfen nicht belästigen. Allerdings ist die Wertung, was belästigt, sehr subjektiv … Dieses gilt insbesondere in den Ballungszentren Großstadt, wo auf engstem Raum gelebt wird.

Die wichtigste Aufgabe eines Hundes heute ist die des Sozialpartners. Und wer passt besser zum Menschen als der Hund? Es entstand Verwobenes im Leben von Wölfen, die Hunde wurden, und Menschen, den Kumpanen des Hundes.

Im Hund steckt seine Entwicklung zum Menschen hin. Bedingt durch den lang andauernden Prozess der Domestikation und die soziale Passung der Stammart Wolf mit dem Menschen, ist dieser dem Hund »wichtiger« geworden als es seine Artgenossen sind, wie in etlichen Untersuchungen zu belegen ist. Hunde sind von vornherein, also nicht nur durch Erfahrungsprozesse, stärker an den Menschen gebunden. Ihre soziale Neigung zum Menschen ist somit genetisch disponiert. Im Zuge jahrtausendlanger Auslese hat sich eine Zusammengehörigkeit entwickelt, der Mensch wurde dabei eine Art »Überhund« (dog humanization im Sinne von Morey, 2010). Man bedenke die vielen Analogien im sozialen Bereich (Feddersen-Petersen, 2008), die intuitives Verhalten so einfach wie geradezu eindeutig machen! Die Kehrseite ist, dass Hunde nicht selten soziale Vorzeigefunktionen haben. Möglicherweise ist es gerade das aufeinander Bezogensein, das Hunde immer wieder auch instrumentalisiert. Hunde gehören zu uns wie kein anderes Haustier. Sie sollen uns auch abbilden, haben soziale Außenwirkung wie Kinder. Nur ambivalenter – entstanden aus emotionaler Sprachlosigkeit? Unsere Beziehung zum Hund ist sicher ambivalent.

Hunde bilden ihre(n) Menschen ab, ihre Entwicklung mit ihm und mitunter auch den Zeitgeist. Zudem sind Hunde auch soziale Prestigeobjekte, wie Kinder.

Die Kapitel zum Aufbau und zur Funktion des Gehirns, zu den Transmittersystemen und Botenstoffen, zu Bindung und Persönlichkeit u. a. sind exzellent gelungen, weder zu fachchinesisch geschrieben, noch zu detailliert abgefasst, zudem perfekt platziert, da sie jeweils verdichten, was vorher thematisiert wurde. Es ist sehr hilfreich, wenn Begrifflichkeiten, die unter Hundehaltern gang und gäbe sind, wie etwa Belohnung und Motivation (als Belohnungserwartung) auf den Zahn ihrer Bedeutung gefühlt wird. Und als beeinflussender Faktor der Selbstbeherrschung wird u. a. der Stress thematisiert.

Die Empfindung von Stress findet vor allem auf einer subjektiven, emotionalen Ebene statt, und es ist daher aus menschlicher Sicht zuweilen schwierig einzuschätzen, welche Situation für ein Tier in belastender Weise stressvoll ist und welche nicht. Innerhalb seines individuellen Anpassungsvermögens gibt es für jeden Hund einen optimalen »Wohlfühlbereich«. Der eine Hund fühlt sich am wohlsten, wenn er viel beschäftigt ist, neue Hunde und Menschen trifft – wenn er also viel positiven Stress erfährt. Ein anderer Hund will vielleicht auch beschäftigt werden, aber vorzugsweise mit einer festen, gleichbleibenden Aufgabe. Wieder ein anderer Hund fühlt sich vor allem dann wohl, wenn er viel Ruhe hat.

Wie weit und für wie lange ein Hund sich außerhalb dieses Bereiches befinden kann, ohne ernsthafte Probleme zu entwickeln, ist unterschiedlich und beschreibt eben sein Anpassungsvermögen. Entscheidend ist also stets die subjektive Bewertung des Hundes: wird eine Situation als bedrohlich und nicht zu bewältigen empfunden – oder als willkommene Herausforderung.

Dieses Buch beschreibt ein freundschaftliches Zusammenleben zwischen Mensch und Hund auf das Feinste, als vertrauensvolles Miteinander auf Gegenseitigkeit, das für den Hund Sicherheit bedeutet (der Mensch übernimmt den Schutz des Hundes!), kooperativ ist und intuitives Verstehen fördert. Über den Verbund mit dem Menschen erfährt der Hund Vertrauen. Der Mensch entscheidet – und gibt Sicherheit. Das lernt der Hund, darauf fußt sein Vertrauen dem Menschen gegenüber, das fördert die Aufeinander-Bezogenheit – Hunde erwerben dann, so möchte ich sagen, soziales Geschick.

Ein ganz wichtiges Buch zum Verständnis der Beziehung zum Hund in unserer nicht selten widersprüchlichen Zeit. Ich hoffe, dass es reichlich Leser findet, denn es wird in seiner Klarheit viele Augen öffnen!

Dr. Dorit Urd Feddersen-Petersen
Ethologin
Fachtierärztin für Verhalten und Tierschutz
Christian-Albrechts-Universität zu Kiel

Zitierte Literatur

Feddersen-Petersen, D. U. (2008): Der lächelnde Hund. Eine mimische Analogie sozialer Kommunikation mit dem Menschen? In: Ich, das Tier. Tiere als Persönlichkeiten in der Kulturgeschichte. S. 123 – 132. Hrsg. Ullrich, J., Weltzien, F. und Fuhlbrügge, H. Dietrich Reimer Verlag GmbH, Berlin.
Haraway, D. (2003): The Companion Species Manifesto. Dogs, People, and significant Otherness. Chicago.
Morey, D. F. (2010): Dogs. Domestication and the development of a social bond. Cambridge University Press.

Willkommen an Bord!

Impulskontrolle ist in aller Munde. Was immer ein Hund tut, wenn er nicht hört: Der hat doch was mit der Impulskontrolle! Diese Erklärung haben neuerdings viele Hundehalter bei der Hand. Wenn es um Impulskontrolle geht, klingt es oft so, als sei der Hund irgendwie gestört. Als würde er nicht ganz richtig ticken.

Das sagt viel über unsere zwiegespaltene Einstellung zum Hund. Einerseits sah man Hunde lange vor allem als Reiz-Reaktions-Maschinen. Sie jagten, sie fraßen, sie pflanzten sich fort. Wenn man ihnen genug zu fressen gab, erledigten sie ihren Job als Wachhund oder auf der Jagd. Es hat lange gedauert, bis man Hunden überhaupt Emotionen zugestanden hat. Bis heute ist ihre rechtliche Stellung zumindest mehrdeutig. »Tiere sind keine Sachen. Sie werden durch besondere Gesetze geschützt« – so besagt es Paragraf 90a des Bürgerlichen Gesetzbuches. Doch weiter heißt es: »Auf sie sind die für Sachen geltenden Vorschriften entsprechend anzuwenden, soweit nicht etwas anderes bestimmt ist.« Ein bisschen, so scheint es, gelten Hunde doch noch als Sachen.

Andererseits gibt es einen manchmal bizarren Trend zur Vermenschlichung von Hunden. Sie sind Kumpel, Partner- und Kindersatz, Sportprofis, Projektionsfläche für unsere Wünsche und Sehnsüchte und müssen mitunter Nietenmäntel und Schnuller am Halsband tragen. Dabei beneiden wir sie doch insgeheim um ihre Nähe zur Natur!

Nicht gestört – aber gestresst

Aber nicht nur diese Rollen, auch andere Faktoren der Menschenwelt wie Hektik, Lärm und Straßenverkehr laufen der Natur des Hundes zuwider. Als hochsoziales und anpassungsfähiges Wesen macht er all das mit. Doch er reagiert in ganz individueller Weise darauf. Ein Ergebnis kann ein unausgeglichener, aufgedrehter, unruhiger Hund sein – eben einer ohne Impulskontrolle. Ein simpler Zusammenhang, der für das Thema dieses Buches von großer Bedeutung ist.

Das Buch erläutert die Ursprünge der Mensch-Hund-Beziehung, die Grundlagen der Impulskontrolle und warum ich lieber von Selbstbeherrschung spreche. Damit ist die Fähigkeit des Hundes gemeint, Situationen auszuhalten, in denen Bedürfnisse nicht oder nicht sofort in Erfüllung gehen – und wie er gelassen damit umgeht. Diese Fähigkeit ist in vielen Alltagsbegegnungen unverzichtbar, in denen der Hund nicht sofort seinen Impulsen nachgeben darf, unbeherrscht reagieren, seinem Jagdverhalten nachgehen, sonstwie anecken oder destruktive Aggression zeigen könnte. Gute Selbstbeherrschung erleichtert nicht nur den alltäglichen Umgang miteinander, sie wirkt sich ebenfalls auf die Konzentration, Aufmerksamkeit und Regenerationsfähigkeit des Hundes aus. Selbstbeherrschung ist auch die Grundlage für Gelassenheit, diesen Zustand, um den wir Menschen im Alltag allzu oft ringen. Im Begriff der Gelassenheit schwingen Ruhe und Ausgeglichenheit mit, Langmut und Geduld, aber auch Demut und Souveränität. Weitere Bedeutungsdimensionen drängen sich auf: Wer gelassen sein will, muss gelassen werden – und sich verlassen können. Im besten Fall ermöglicht Gelassenheit den Blick auf das Wesentliche im Leben, auch wenn es einmal schwieriger wird. Der Weg zur Gelassenheit führt über die Selbstbeherrschung.

Hinter schlechter Selbstbeherrschung stehen eingeschliffene Verhaltensweisen und zu einem gewissen Teil Veranlagungen, die nicht von selbst wieder verschwinden. Der Grund sind neuronale Verknüpfungen im Gehirn, die wiederum durch eine Vielzahl von Faktoren bedingt werden. Darauf haben wir jedoch Einfluss, weshalb Selbstbeherrschung bis zu einem gewissen Grad erlernbar ist. Je jünger ein Individuum ist, desto leichter fällt es ihm, doch prinzipiell sind die entsprechenden Verknüpfungen ein Leben lang beeinflussbar. Dazu braucht ein Hund Unterstützung durch den Menschen. Sie beginnt damit, dem Hund gewissermaßen die Koordinaten zur Navigation durch die Menschenwelt vorzugeben. Vergleiche mit menschlichen Verhaltensweisen können dabei hilfreich sein, sind aber auch trügerisch – ein Hund bleibt bei aller Ähnlichkeit mit dem Menschen eben immer ein Hund.

Ich erkläre zunächst, welche Bedürfnisse in einer stabilen Hund-Mensch-Beziehung erfüllt sein müssen, damit das Navigationssystem zur Gelassenheit funktionieren kann: Struktur und Verlässlichkeit; Orientierung und Sicherheit; Zuneigung und Vertrauen. Daneben werden die verschiedenen Einflüsse auf die Selbstbeherrschung vorgestellt. Es wird deutlich, dass jeder Hund und jede Mensch-Hund-Beziehung einzigartig sind, weshalb standardisierte Übungen oft nicht zum Erfolg führen.

Navigationssystem statt Schritt-für-Schritt-Anleitungen

Falls du gehofft hast, in diesem Buch Anleitungen und Übungen zu finden, die du mit deinem Hund zum Thema durchführen kannst, muss ich dich leider enttäuschen. Um Methoden geht es hier nicht, und auch von besagten Anleitungen in einschlägigen Büchern halte ich nicht viel. Sie sind zwangsläufig zu pauschal, denn sie berücksichtigen nicht die individuellen Gegebenheiten, die Mensch-Hund-Beziehung in ihrer Gesamtheit, mit allen individuellen Faktoren. Für das Erlernen und Festigen von Selbstbeherrschung braucht es das echte Leben, damit das Lernen ganz nah an dessen Gegebenheiten stattfindet, mit Training jederzeit im Alltag. Das habe ich immer wieder auch selbst erfahren dürfen. Als Trainerin habe ich fast täglich mit Hunden zu tun, die sich nicht gut beherrschen können. Mein Erfahrungsschatz mit diesen unruhigen, nervösen und überdrehten

Hunden ist die Grundlage dieses Buchs, und ich weiß: Einmal in der Woche ein Stündchen üben reicht nicht, um zu wirklichen Veränderungen zu kommen.

Zugleich bin ich aber auch Halterin eines Hundes mit bewegter Geschichte. Ich verstehe, was es heißt, einen Hund mit gering ausgeprägter Selbstbeherrschung zu halten und ihn 24 Stunden am Tag um mich zu haben. Ich kenne die Nöte von verzweifelten Hundemenschen, die mit besten Absichten angetreten sind, denn auch mein Hund hat mich manches Mal an meine persönlichen und beruflichen Grenzen gebracht. Ich habe beschlossen, die Herausforderung anzunehmen. Ich habe zum Beispiel gelernt, dass auch Trainer nicht alles regeln und schon gar nicht alles heilen können. Eine wichtige Erkenntnis! Wer verspricht, jeden Hund heilen zu können, der lügt. Doch das Lebensgefühl und das Miteinander lassen sich verbessern. Denn wenn man verzweifelt ist, ist jede Verbesserung ein großer Schritt auf dem Weg zum Ziel, ein gutes Maß, ein funktionierendes Miteinander zu finden.

Die meisten Hunde haben aus einer Vielzahl von Gründen keine oder nur wenig Selbstbeherrschung erlernt, sie sind also nicht als »gestört« zu betrachten. Dieses Buch richtet sich daher vorwiegend an die »ganz normalen Fälle«, also an Hunde und deren Menschen, denen im Rahmen von Erziehung viel geholfen werden kann. Darüber hinaus gibt es im Kapitel »Krankheiten« einen Einblick, welche Gründe es für mangelnde Selbstbeherrschung noch geben kann. Welche Ursache auch immer dahintersteckt, für alle gilt: Einen Großteil der Bemühungen macht immer eine umfassende, wohlwollende und liebevolle Erziehung aus.

Von dieser Anleitung ist das Zusammenleben mit einem Hund im besten Falle jederzeit geprägt. Ich nenne diese Art von Verbundenheit auch das »unsichtbare Band« – doch dazu später mehr. Statt Übungen abzuarbeiten, dürfen Hundemenschen ein Gefühl bekommen, was in ihrer individuellen Mensch-Hund-Beziehung stimmig ist. Deshalb ist dieses Buch auch eine herzliche Einladung, dein Bauchgefühl (wieder) zu entdecken und darauf zu vertrauen.

So manche Erkenntnis in diesem Buch wird dich vielleicht überraschen – umso mehr, als sie doch im größeren Zusammenhang ganz offensichtlich auf der Hand liegt. Das Buch will deshalb nicht nur die Hintergründe der Selbstbeherrschung erklären, sondern auch zum Nachdenken über das Verhalten des Hundes und über die Mensch-Hund-Beziehung anregen.

Gute Erkenntnisse und viel Spaß beim Lesen!

1. Mensch und Hund auf großer Fahrt

Im ersten Teil des Buches geht es zunächst ganz allgemein um Hund und Mensch in unserer Gesellschaft. Eigentlich geht es uns gut, doch trotz des relativen Wohlstands fühlen sich viele Menschen überfordert mit ihrem Leben. Objektive Lebensqualität und subjektive Zufriedenheit klaffen in den Industrienationen auseinander, die Menschen fühlen sich im eng getakteten Alltag zunehmend wirkungs- und bedeutungslos. Der Hund scheint ein Gegengewicht zu sein, er symbolisiert für viele Menschen die Natur und das Unverfälschte. Tatsächlich beschränken sich gemeinsame Naturerlebnisse oft auf Ausflüge in städtische Parks, kurze und sich wiederholende Spaziergänge im straffen Takt unseres Alltags. Dem Menschen wird in seiner Rolle als Hundehalter so einiges abverlangt, doch noch viel mehr wird vom Hund erwartet. Er soll sich in der Menschenwelt zurechtfinden, möglichst unauffällig, hübsch anzusehen und sozial kompatibel sein als

Freund des Menschen, als Partner- oder Kindersatz. Das war nicht immer so, weshalb wir einen Blick in die Vergangenheit werfen. Welche Rolle hatte der Hund früher, wie hat sie sich verändert? Inwiefern hat sich mit dem Rollenwechsel des Hundes auch die Beziehung zum Menschen verändert? Und welche Voraussetzungen müssen für eine stabile Mensch-Hund-Beziehung überhaupt erfüllt sein? Die Anpassungsfähigkeit des Hundes an den Menschen, die er schon evolutionär bewiesen hat, steht im engen Zusammenhang mit der Selbstbeherrschung.

Höher, schneller, weiter

Die Welt scheint sich rapide zu verändern, die Menschen müssen immer schneller und flexibler reagieren. Der Hund bildet in mancher Perspektive ein wohltuendes Gegengewicht gegen die Schnelllebigkeit und Komplexität der Zeit. Doch auch rund um den Hund sieht sich der Mensch mit allerlei Anforderungen konfrontiert – und zugleich muss auch der Hund in der Welt des Menschen Regeln und Gesetzen folgen. Dabei strömen verlockende Reize laufend auf ihn ein … Es braucht einige Gelassenheit, sich davon nicht aus der Ruhe bringen zu lassen.

Anforderungen an den Menschen

Vieles ist im Wandel: Wir arbeiten, konsumieren und genießen anders als früher – und schneller. Wir fliegen mal eben übers Wochenende ins Ausland, pendeln viele Kilometer täglich zur Arbeit und beantworten unterwegs ein paar Mails. Filme können wir jederzeit gucken, Informationen sofort im Internet finden – und digitale Nachrichten ploppen im Sekundentakt auf. Der Mensch muss schnell umschalten und sich immer wieder rasch an neue Situationen anpassen können. Berufliche und private Sphären mischen sich durch ständige Verfügbarkeit. Das hohe Tempo und die Allverfügbarkeit erfordern es, ständig auf Empfang zu sein. Der Einfluss der sozialen Medien trägt dazu bei, dass sich auch unsere privaten Beziehungen verändern, der Freundschaftsbegriff ist erweitert, zugleich sind viele Beziehungen von Unverbindlichkeit geprägt.

Immer verfügbar, immer »on«

Die Vernetzung und Verfügbarkeit bieten großartige Möglichkeiten, doch viele Menschen empfinden die Schnelllebigkeit auch als Druck. Sie eilen ihren Aufgaben hinterher und versuchen verzweifelt, die Fäden in der Hand zu behalten. Immer am Ball zu bleiben, nichts zu verpassen und schnell zu reagieren – all das sind Anforderungen, die bei vielen Leuten Stress verursachen, unter anderem, weil es ein hohes Maß an Beherrschung und Disziplin erfordert. Auf diesen Druck reagieren die Menschen ganz unterschiedlich. Entweder sie rennen, um mitzuhalten, wobei die wenigsten auf Dauer das Tempo halten und an ihre psychischen Grenzen geraten. Oder sie verweigern sich dem Tempo und den technischen Möglichkeiten, allerdings riskieren sie damit soziale oder berufliche Ausgrenzung.

Der Hund steht für ein Gegengewicht zu diesen Entwicklungen. Fragt man Hundehalter danach, was ihr Hund ihnen bedeutet, sagen viele, ihr Tier würde sie »erden«. Der Hund steht mit seinen grundlegenden Bedürfnissen für Stressausgleich, er ist wie ein sozialer Alleskleber, der die Menschen zueinander bringt, der sich ins Fell weinen lässt und dem einsamen Menschen das Gefühl gibt, in dieser Welt nicht verloren zu sein. Doch auch wenn der Hund eigentlich für Einfachheit und Eindeutigkeit steht, ist die Beziehung des Menschen zum Hund von einigen äußeren Faktoren geprägt. Denn die gesellschaftlichen Anforderungen haben natürlich auch nicht vor dem Leben mit dem Hund haltgemacht.

Gesetzliche Anforderungen

Zunächst einmal muss der Mensch im Zusammenhang mit seinem Hund, zumindest in Deutschland, gesetzliche Anforderungen und Auflagen erfüllen. So müssen Halter Hundesteuer und meist damit einhergehend für eine spezielle Hunde-Haftpflichtversicherung zahlen. Weitere Gebühren können dazukommen, wenn sie eine Gehorsamsprüfung ablegen wollen, um von der Anleinpflicht für Hunde befreit zu werden. Zu diesen Themen müssen sie Informationen zu Gesetzen und Vorschriften einholen. Die meisten Bestimmungen in Deutschland sind durch die Bundesländer und Kommunen geregelt und nicht sofort transparent. Viele Hundebesitzer sind deshalb unsicher, welche Regelungen für sie gelten.

Auch die Gesellschaft selbst übt Druck aus. Der Hund soll ein bestimmtes Bild erfüllen, als Familienmitglied, Kumpel oder Symbol für einen bestimmten Lebensstil. Für andere Facetten des Tiers ist die Gesellschaft nicht immer offen. Die Medien leisten ihren Teil dazu, dass das vermittelte Bild stereotyp und klischeebehaftet ist. Das Ergebnis? Der Druck auf den Menschen wächst, alles jederzeit im Griff haben zu müssen und den Hund um jeden Preis unauffällig zu halten. Zugleich hören viele Menschen im Zusammenleben mit dem Hund aus Angst vor sozialer Ausgrenzung oder sogar juristischen Klagen immer weniger auf ihr Bauchgefühl.

Soziale Kontrolle und Hunde-Knigge

Druck entsteht auch dadurch, dass von neuen Hundehaltern erwartet wird, den neuen Wegbegleiter perfekt und natürlich möglichst schnell zu erziehen. Zusätzlich setzen sie sich auch noch aus persönlichen Motiven selbst unter Druck, alles soll komplikationslos über die Bühne gehen. Unter Hundehaltern kann mitunter ein erstaunlicher Gruppenzwang herrschen! Ein großes Thema unter Hundehaltern ist die gegenseitige Rücksichtnahme – beziehungsweise mangelnde Rücksichtnahme. Weitere Knigge-Themen sind unerbetene Erziehungstipps und verletzende Kommentare anderer Hundebesitzer über das eigene Verhalten oder das des Hundes. Es scheint, als wollten alle Parteien so wenig wie möglich von ihrem Lebensraum abgeben und so wenig Rücksicht wie möglich auf Menschen mit anderen Interessen nehmen. Dieses Streitpotential baut zusätzlichen Druck auf. Hundebesitzer können sich in erbitterten Kleinkämpfen gegenseitig das Leben schwermachen – auf der Straße, aber auch online, denn in den sozialen Medien verhärten sich die Fronten. Dieser Verstärkereffekt führt dazu, dass Menschen schon voreingenommen zum Spaziergang aufbrechen. Diese Stimmung überträgt sich natürlich auch auf den Hund. Gleichwohl haben soziale Medien natürlich auch den Vorteil, dass Menschen für das Thema sensibilisiert werden und leichter Unterstützung organisiert werden kann, wenn etwas schiefläuft.

Unter dem Anspruch, immer alles richtig machen zu wollen und das hohe Tempo des Alltags beizubehalten, vergessen die Menschen, dass sie ihren Stress auch an ihre Hunde weitergeben. Gestresste Menschen vermitteln Stress, ohne sich dessen bewusst zu sein. Tiere haben feine Sensoren und nehmen Stimmungen schnell wahr. Vor allem feinfühlige Hunde zeigen dann mit auffälligem oder unangemessenem Verhalten selbst Stresssymptome – der weitergegebene Druck entlädt sich. So gibt es Stress in der Dauerschleife: Der Mensch weiß nicht, was mit dem Hund los ist, und der Hund versteht nicht, was mit seinem Menschen los ist – ein Teufelskreis. Beide Seiten müssen sich zusammenreißen, um den Erwartungen zumindest einigermaßen gerecht zu werden.

Höher, schneller, weiter – auch beim Hund?

Die meisten Hundehalter wollen das Beste für ihre Hunde. Da wir Menschen an das Tempo und die schnelle Taktung unseres Alltags gewöhnt sind, gehen wir davon aus, dass auch ein Hund mehr Auslastung braucht – mehr Beschäftigung, mehr Bewegung, mehr Spezialfutter, mehr … Menschen kompensieren über ihre Hunde auch einen eigenen Mangel. Sie befürchten oft, dass ihr Hund nicht ausgelastet genug ist. Beispielsweise kann ein leistungsorientiertes, komprimiertes Sportprogramm für den Hund dazu führen, dass er zum Hochleistungssportler wird, der sich an immer mehr Auslastung gewöhnt, die der Halter jedoch unter Umständen nicht mehr erfüllen kann, zum Beispiel, wenn er mal für länger krank wird.

Gerade Hunde, die einen ohnehin hohen Erregungslevel haben und darin auch noch – meist unbeabsichtigt – gefördert werden, haben Probleme damit, ihre Systeme wieder herunterzufahren. Sie sind es gewohnt, physisch hoch zu touren, und das merkt man auch ihrem ganzen Wesen an. Sie sind unruhig und spannungsgeladen, wirken aufgedreht und überreizt. Oft sind sie im wahrsten Sinne des Wortes atemlos. Sie haben schlicht kein Gefühl dafür, dass es neben Phasen der Action auch die Möglichkeit von Ruhezeiten gibt.

Und so ist es auch eine Anforderung an den Menschen, für Ruhe zu sorgen. Takten wir uns selbst doch einfach mal um einige Beats pro Minute runter und übertragen wir die eigene Hektik angesichts der Schnelllebigkeit der Zeit nicht auf den Hund. Viele Menschen können schon ihre eigenen Bedürfnisse kaum wahrnehmen, wie sollen sie dann die Bedürfnisse ihrer Hunde wahrnehmen? So durchgetaktet, wie wir heutzutage sind, übersehen wir leicht unsere eigenen Bedürfnisse und einfache Zusammenhänge, warum sich der Hund unerwartet verhält.

Reibungslos durch eine fremde Welt: Anforderungen an den Hund

Auch der Hund muss sich mächtig in die Ruder legen, um allen Anforderungen gerecht zu werden. Anders als der Mensch hat er allerdings nicht die Wahl, denn der Hund sucht es sich nicht aus, mit uns zu leben. Er kann nicht wählen zwischen einer Familie und einer alleinstehenden Person oder zwischen einer Wohnung und einem Haus mit Garten. Es ist in erster Linie der Mensch, der sich den Hund aussucht. Letztlich ist es doch so: Der Mensch bedient sich einfach eines Hundes, den er niedlich findet oder der ihm aus einem anderen Grund gefällt. Dieser Hund, der gar nicht gefragt wurde, soll so schnell wie möglich funktionieren. Natürlich ist vielen Menschen klar, dass ein Hund auch erzogen werden muss, aber auch das soll reibungslos und zügig klappen, denn der Mensch möchte der Gesellschaft einen gut erzogenen Hund an seiner Seite präsentieren.

Nur nicht auffallen

Nicht durch das Verhalten aufzufallen ist wichtig, gerade in den Städten, wo viele urbane Menschen heutzutage Angst vor Hunden haben. Sie sind entweder noch nie mit Hunden in Kontakt gekommen oder sie haben negative Erfahrungen gemacht. Menschen mit Angst reagieren oft sehr aggressiv, wenn sich nur ein Hund in ihrer Nähe aufhält. Sie empfinden es als Verletzung ihrer Individualdistanz, selbst wenn es sich nur um einen freundlich-neugierigen Hund handelt. Andere Menschen, für die der Hund eine Unbekannte darstellt, weil sie mit diesem Tier nie in Berührung gekommen sind, reagieren verhalten und fühlen sich bei einer direkten Begegnung mit einem Hund überfordert. Auch dies spüren Hunde. Grundsätzlich gilt: Ein Hund darf keine Belästigung darstellen, sondern muss sich zurücknehmen können. Er soll aufs Wort gehorchen, darf keinerlei aggressives Verhalten zeigen, egal wie ihm geschieht, und er darf nicht jagen, so will es die Gesellschaft. Hier zeigt sich die große Bedeutung der erforderlichen Selbstbeherrschung.

Ein freudiges Naturell ist Pflicht

Doch der Hund soll nicht nur nicht belästigen, sondern er soll auch unauffällig sein. Wenn er auffällt, dann nur positiv durch sein freundliches, gutmütiges Wesen. Er soll sich seinerseits bitteschön möglichst von jedem anfassen lassen. Dabei haben auch Hunde eine Individualdistanz. Manche Tiere haben kein Problem damit, gestreichelt zu werden, doch es gibt auch Hunde, die unwillig oder ängstlich reagieren, wenn ein Mensch im wahrsten Sinne des Wortes übergriffig wird und einfach mal anfassen will. Dennoch wird auch von so einem Hund erwartet, dass er einwandfrei funktionieren muss. Und gestreichelt werden – das muss ein Hund einfach aushalten können.

Eingeschränkter Radius

Genauso soll der Hund seinen Bewegungsdrang im Griff haben. An vielen Lieblingsorten des Menschen muss der Hund möglichst unsichtbar und lautlos sein, zum Beispiel in öffentlichen Verkehrsmitteln, Cafés und Restaurants. Nicht dass es wünschenswert wäre, wenn Hunde im Restaurant über Tisch und Stühle springen, doch aus der Perspektive des Hundes sind in solchen Situationen besondere Erwartungen an ihn gestellt.

Besonders hoch sind die an ihn gestellten Anforderungen im Zusammenhang mit dem Straßenverkehr. Läuft ein Hund im öffentlichen Raum zum Beispiel einem Eichhörnchen oder einer Katze hinterher, kann er für Verkehrschaos oder im schlimmsten Fall für einen Unfall sorgen. Viele Hunde müssen deshalb immer, wenn sie draußen sind, an die Leine.

In vielen Städten gibt es zunehmend ausgewiesene Hundeauslaufflächen. Doch diese offiziellen Hundezonen, in denen ein Hund ohne Leine sein kann, sind oft so klein, dass es hier schnell langweilig wird – für den Menschen und erst recht für den Hund. Wenn man sich die Höhe der Hundesteuer anschaut, erscheinen die Flächen dann noch einmal kleiner.

Herausforderung Stadt

Einem Hund in der Stadt wird übrigens grundsätzlich noch einmal mehr abverlangt als einem Hund, dessen Menschen auf dem Land leben. Verteidigt ein Hund auf dem Land sein Territorium, wird das oft gar nicht so eng gesehen – er bewacht halt Hof und Haus. In der Stadt geht das nicht, denn hier lebt der Hund nicht nur mit anderen Hunden, sondern auch mit vielen Menschen auf engstem Raum. Er muss sich auf so gut wie allen Gebieten viel mehr zurücknehmen lernen als ein Artgenosse auf dem Land, wobei ein wachsender Anteil der Menschen mit ihren Hunden in den Städten lebt.

An der kurzen Leine des Gesetzes

Manche Hunde stehen unter dem besonderen Druck gesetzlicher Auflagen: die sogenannten Listenhunde. In Deutschland sind die Listen Angelegenheit der Bundesländer. Sie führen Hunderassen auf, von denen man ein gewisses Gefährdungspotenzial annimmt. Ihre

Haltung und Zucht ist besonders geregelt, in den meisten Regionen müssen sie einen Maulkorb tragen und an der Leine geführt werden. In manchen Bundesländern gilt während der Brut- und Setzzeit – also für mehrere Wochen von Frühjahr bis Sommer – eine grundsätzliche Anleinpflicht für alle Hunde. Der Schutz der Wildtiere in der Brut- und Setzzeit ist aus der Sicht von uns Menschen äußerst sinnvoll, aber ein Hund versteht nicht, warum er in diesen Monaten auf ein- und demselben Weg angeleint sein muss, in der restlichen Zeit aber nicht. Wie so viele niedergeschriebene oder unausgesprochene Regeln der Menschenwelt ist auch diese ihm von Natur aus fremd und unverständlich – und allesamt verlangen sie Selbstbeherrschung.

Wenn der Mensch nur noch verbissen die Baustellen des Tages bearbeitet, dann müssen der Mensch und auch der Hund vor allem eins: funktionieren – auch in ihrer Beziehung zueinander. Dann ist die Erdung, die Wahrhaftigkeit und Ehrlichkeit, also das, was wir am Hund so sehr schätzen, gegenstandslos geworden. Deshalb ist eine der wichtigsten Anforderungen an den Menschen, bei Problemen mit dem Hund die eigene Haltung zu überprüfen. Es gibt nicht immer eine schnelle Lösung, der Veränderungsprozess fängt oft beim Menschen an. Menschen, die sich an mich wenden, frage ich, ob sie bereit sind, Muster und Strukturen zu durchbrechen. Das ist nicht immer einfach, obwohl es sich viele Menschen wirklich wünschen. Zu einer neuen Haltung zu kommen, ist zwar eine Entscheidung, aber es ist eben auch ein Prozess, der etwas Zeit und Mut zur Veränderung braucht. Soll der Hund Selbstbeherrschung lernen, halte ich es sogar für unerlässlich, sich auf diesen Prozess einzulassen. Es lohnt sich!

Vom Arbeitstier zur Projektionsfläche

Der Hund ist das älteste Haustier des Menschen. Im Wandel vom Arbeitstier zum Sozialpartner hat sich seine Rolle zuletzt stark verändert. Die gemeinsame Geschichte ist aber gekennzeichnet von der Anpassungsfähigkeit des Hundes an den Menschen – eine wichtige Voraussetzung für die Selbstbeherrschung. Blicken wir einmal zurück.

Die Rolle des Hundes im Leben des Menschen früher und heute

Noch Mitte des 20. Jahrhunderts wurden die meisten Hunde zu einem bestimmten Zweck und mit einer bestimmten Aufgabe gehalten. Durch die sich verändernde Struktur der Arbeit des Menschen hat sich das geändert. Im Zuge der Industrialisierung und später der Digitalisierung wurden viele Berufe und Tätigkeiten überflüssig, bei denen der Mensch lange auf die Hilfe des Hundes zurückgegriffen hat. Alarmanlagen ersetzen Wachhunde, es gibt immer weniger Schäfer – und welcher Landwirt braucht heute schon noch wirklich dringend einen Hund? Innerhalb weniger Generationen wurde der Hund sozusagen arbeitslos. Natürlich gibt es auch heute noch Hunde mit wichtigen und klar definierten Aufgaben, die teilweise denen von früher ähneln. Die meisten Hundeberufe liegen allerdings heute im sozialen Bereich, doch nur ein kleiner Teil der Hunde hat so klar definierte und spezialisierte Funktionen. Die meisten Hunde sind arbeitslos – aber nicht aufgabenlos. Ihre neue Funktion ist die der Sozialpartner.

Der Aufstieg zum Sozialpartner

Der Hund füllt für den modernen Menschen eine entscheidende Lücke. Menschen brauchen soziale Beziehungen, um zu gedeihen. Gerade Menschen, denen es schwerfällt, Bande zu anderen Menschen zu knüpfen, können vom Kontakt zu Hunden profitieren, denn Hunde geben Zuwendung und Treue, ohne dass die Beziehung allzu eng werden muss. Aber auch für Menschen mit guter Bindungsfähigkeit erfüllt der Hund die Sehnsucht nach Eindeutigkeit, Einfachheit und Zuwendung. In einer Zeit, in der immer mehr Menschen unter den wachsenden Kommunikationsanforderungen leiden – immer verfügbar, immer online –, füllen die positiven Effekte von Hunden als Sozialgefährten genau die Nische, in der viele moderne Menschen geradezu bedürftig sind.

Hunde scheinen in der zunehmend komplexen, modernen Welt angenehm einfach und transparent. Sie sind nicht falsch oder hinterhältig, stattdessen vertrauensvoll und nicht nachtragend. Mit großer Treue lieben sie ihre Menschen bedingungslos, auch wenn diese nicht perfekt sind. Der Hund ist, ohne dass es ihm auch nur im Geringsten unangenehm wäre, gefühlvoll – er nimmt seine eigenen Emotionen, positive wie negative, und auch die des Menschen verlässlich wahr. Damit bringt er den Menschen wieder in Verbindung mit seinen eigenen, häufig unterdrückten Gefühlen. Nur ihrem Hund gegenüber können manche Menschen so sein, wie sie wirklich sind – er lacht sie schließlich nicht aus. In vielen modernen Gesellschaften leiden die Menschen unter Einsamkeit und sozialer Kälte. Und genau hier hilft der Hund pragmatisch und uneigennützig als emotionaler Seenotretter für einsame Menschenseelen.

Der Hund als unfreiwilliger Therapeut

Viele Hunde sind mit dieser – relativ gesehen – neuen Rolle überfordert, denn natürlich sind sie immer noch Hunde und keine Ersatzmenschen. Das ist nicht unproblematisch. Die meisten Hunde haben Schwierigkeiten, heftige menschliche Emotionen wie Enttäuschung, Ärger, Kummer oder auch überbordende Liebe abzufedern. Als emotionale Lückenbüßer sind sie schlicht nicht geeignet, denn ungezügelte Gefühle können sie oft nicht einordnen und reagieren verunsichert.

Es gibt noch ein paar andere fragwürdige moderne Funktionen des Hundes – zum Beispiel, wenn sich Rassehunde regelmäßig auf Hundeshows präsentieren lassen müssen oder als Spitzensportler zu Höchstleistungen gedrillt werden. Manche Menschen halten Hunde wie modische Accessoires oder präsentieren sie als Statussymbole. Andere Halter scheinen am Hund ihren Helferkomplex auszuleben.

Anpassungswunder Hund

So unterschiedlich die Funktionen des heutigen Hundes sind – von seiner ursprünglichen Aufgabe als Helfer bei der Arbeit hat er sich weit entfernt. Dennoch hat der Hund heute vermutlich einen höheren Stellenwert als je zuvor in der Hund-Mensch-Geschichte. Dass viele Hunde ihre neue Aufgabe als eine Art Ersatzmenschen, als Familienmitglieder oder beste Kumpel relativ gut bewältigen, liegt an ihrer Anpassungsfähigkeit. Sie hat nämlich erst dazu geführt, dass Mensch und Hund so eine besondere Beziehung haben. Darin hat der Hund seine Nase immer ganz vorn im Wind: Jahrtausendelang hat er sich nach dem Menschen gerichtet. Der heutige Hund ist das Ergebnis von ständiger Anpassung an die sich verändernden Lebensbedingungen und -umstände des Menschen. Mit der sich verändernden Spezies

Mensch haben sich auch die Funktionen des Hundes für den Menschen immer wieder gewandelt.

Vom Wolf zum Hund

Es gilt als gesichert, dass Hunde allein vom Wolf abstammen. Dies belegen genetische, verhaltensbiologische und anatomische Daten. Weitgehend unstrittig ist außerdem, dass die Domestikation, also die Haustierwerdung des Wolfes, stattfand, bevor der Mensch in der Jungsteinzeit sesshaft wurde. Der Kontakt zwischen dem Menschen und dem wolfsähnlichen Tier, aus dem später der Hund werden sollte, bestand demnach schon, bevor der Mensch Ackerbau betrieben und Vieh gehalten hat. Der Hund ist damit das älteste Haustier des Menschen. Die Domestikation des Wolfes verlief vermutlich in zwei Schritten, mit der Sesshaftwerdung des Menschen als wichtigem Ereignis, das alles änderte. Die Ergebnisse aus Molekularanalysen eines internationalen Forschungsteams legen nahe, dass die Domestikation vor 18.800 bis 32.100 Jahren begann (Thalmann et al. 2013). Wie genau Wölfe gezähmt wurden, lässt sich mangels Daten nicht mehr genau rekonstruieren, mehrere Varianten sind denkbar. Der Verhaltensforscher Erik Zimen hält die Pflege und Sorge um den Nachwuchs – die zahmen Wölfe leckten die Kleinkinder sauber –, die Vertilgung von Nahrungsresten und Unrat und die aufmerksame, wenn auch ängstliche Beobachtung ihrer Umwelt zu diesem frühen Zeitpunkt der Mensch-Hund-Beziehung für entscheidend (Zimen 2010, 101). Vielleicht waren die Hundevorgänger auch Wärmespender bei Kälte, Wächter der Lagerstätten und lebende Nahrungsreserve sowie Jagdpartner bei der Beschaffung von Nahrung, die anschließend geteilt wurde.

Mensch wird sesshaft, Hund gleich mit

Mit der Sesshaftwerdung des Menschen vor etwa 15.000 Jahren wurde alles anders. Der Mensch baute Häuser, Siedlungen, Städte; produzierte Lebensmittel und legte Vorräte an; in der Folge hielt er weitere Haustiere wie Rinder und Ziegen. Die Sesshaftwerdung war auch der Beginn eines Systems, das auf territorialem Anspruch beruhte; Hierarchien hielten Einzug in die menschlichen Gesellschaften.

Der Hund veränderte sich mit – und wurde mehr und mehr zum Haustier. Vermutlich gab es erst mit diesem zweiten Schritt der Domestikation eine gerichtete Selektion auf Zahmheit. Die freundlichsten, zutraulichsten Tiere standen im engsten Kontakt zu Menschen, die zahmsten Nachkommen blieben in der Nähe der Menschen. Die Anpassungsfähigkeit des Hundes an klimatische Bedingungen hatte zudem zur Folge, dass sich verschiedene Hundetypen bildeten.

Seine Anpassungsfähigkeit war von Anfang an eine Grundvoraussetzung für alle Funktionen, die der Hund für den Menschen hatte – nur gefährlich durfte er für den Menschen in seiner Umgebung nicht sein. Damit fand über einen langen Zeitraum eine Auswahl der verträglichsten, freundlichsten, zahmsten Hunde durch den Menschen statt. Schon früh in der gemeinsamen Geschichte tat der Hund gut daran, sich selbstbeherrscht zu zeigen, wenn er die Vorteile der Kooperation nutzen wollte. Gezielte Zucht nach Rassen war das noch nicht – doch der Mensch machte das Tier, das ohnehin schon gut zu ihm passte, noch passender. Die moderne Hundezucht mit Blick auf Rassehunde begann erst vor etwa 150 Jahren. Ende des 19. Jahrhunderts wurden in England erste Zuchtvereine gegründet. Hintergrund war die Qualität von Jagdhunden.

Wolf und Mensch – nicht irgendeine Beziehung

Dass der Hund ausgerechnet vom Wolf abstammt und zum ersten Haustier wurde, ist kein Zufall. Wölfe und Menschen sind sozial nahezu identisch organisiert, teilen sich die Kulturfähigkeit, sind zu Kooperationen beim Jagen fähig und haben Gemeinsamkeiten beim Aufziehen von Nachwuchs. Beide brauchen soziale Einbindung in Kleingruppen, die innerhalb der Gruppe kommunizieren und kooperieren können. Nicht deshalb, weil sie gezwungen werden, sondern weil ihnen die Zusammenarbeit guttut. Die renommierte Verhaltenswissenschaftlerin Dorit Feddersen-Petersen beschreibt zum Beispiel, wie das Sozialspiel von Wölfen mit Mimik, Rollentausch und Ähnlichem auf einem hohen Niveau stattfindet, dass ihr Spiel einen Sinn für faires Verhalten zeigt und sie ausgeprägte kommunikative Fähigkeiten und Fertigkeiten haben (Feddersen-Petersen 2013, 34 ff.). Neben anderen Gemeinsamkeiten haben sowohl Wölfe wie Menschen außerdem ein Konzept von »uns« und »den anderen«. Dieses ähnliche Verständnis von Zugehörigkeit und Fremdsein ermöglicht und fördert eine enge Beziehung zwischen Wolf und Mensch, zumal Wölfe Mitglieder der eigentlich fremden Spezies Mensch als Teil ihrer Gruppe anerkennen können, wie verschiedene Beispiele von durch Wölfe aufgezogene Menschenkinder zeigen. Auch werden Menschen, die Wolfswelpen aufgezogen haben, für diese Tiere zur Bezugsgruppe und zum Teil ihres »Wir« (Kotrschal 2016, 161). So lag es nahe, dass ausgerechnet der Wolf domestiziert wurde.

Hundeaufgaben im Laufe der Jahrhunderte

Fest steht, dass erst der Wolf, dann der Hund dem Menschen verbunden blieb. Der Mensch nutzte den Hund immer gezielter für seine jeweiligen Zwecke. Er bewachte Haus und Hof, hütete und trieb das Vieh, er trug und zog Lasten. Durch Zucht schuf der Mensch Hunde, die sich für besondere Aufgaben eigneten, andere Fähigkeiten und Bedürfnisse dafür hintanstellten. Dabei wurde er vom Generalisten zum Spezialisten. Sichtbar ist das zum Beispiel bei der Spezialisierung von Jagdhunden, die eine besonders gut ausgeprägte Fähigkeit aus dem Jagdverhalten haben, nie jedoch alles gleich gut können. In unseren Hunderassen schlummern aber diese Fähigkeiten bis heute. Genauer wird es darum in Kapitel 2, ab Seite 99, gehen. Zu jeder Zeit waren Hunde ein Spiegel der menschlichen Gesellschaft, in der sie lebten, etwa als Bauernhunde, genügsame Arbeitstiere, wertvolle Rassehunde oder Gesellschaftshunde der reichen Schichten.

Back to the roots?

Die Nachfahren dieser Hunde leben heute in ihrer Funktion als soziale Multiplikatoren bei uns – als Familienhund, Kinder- oder Partnerersatz, als Sportpartner oder bester Kumpel. Hunde, die über Generationen zum Beispiel als hochspezialisierte Hütehunde gedient haben, sind oft unglücklich, wenn das einzige, was sie hüten dürfen, die menschliche Seele ist. Dabei sind die sozialen Aufgaben unserer heutigen Hunde denen der Wölfe im Erstkontakt mit den Steinzeitmenschen gar nicht so unähnlich: »Die Mehrzahl aller Hunde«, so formuliert es Zimen, »dienen jedoch mit weiter steigender Tendenz wie wohl einst auch die ersten Hauswölfe zwecklos als soziale Partner.« (Zimen 2010, 452) Mit dem Unterschied, dass sie heute eine Projektionsfläche für all das sind, was wir in ihnen sehen – oder sehen wollen. Die Notwendigkeit der Selbstbeherrschung zieht sich wie ein roter Faden durch die lange gemeinsame Geschichte.

Hund im Dilemma

Die Anschaffungsgründe für einen Hund sind heute andere als früher, und mit der Veränderung der Aufgaben des Hundes hat sich einiges am Gefüge der Mensch-Hund-Beziehung verändert. Der Sozialpartner Hund ist heute Kinder- und Partnerersatz, Sportpartner, Accessoire und verlängertes Ego. Doch die unausgesprochenen Erwartungen mancher Menschen an ihre Hunde in solchen Rollen widersprechen den hundlichen Bedürfnissen und verursachen Stress. Das Ausmaß an Selbstbeherrschung, das ein Hund aufbringen muss, steigt dabei proportional mit dem Widerspruch der Rolle zu seinen Bedürfnissen. Schauen wir einmal genau hin.

Der Hund als Freund und Partner: ein Rollenkonflikt

Warum hast du eigentlich einen Hund – oder warum planst du, einen Hund in dein Leben zu holen? Vielleicht hattest oder hast du ganz bestimmte Gründe für die Anschaffung. Selbst wenn du bereits einen Hund besitzt, kannst du dir einmal in Ruhe Gedanken über die Funktionen machen, die dein Hund für dich hat. Welche Rolle spielt er für deine Familie, deinen Partner oder deine Partnerin? Es gibt eine Reihe von Motivationen, die von den Gründen, warum Menschen früher Hunde hielten, deutlich abweichen.

Manche Menschen suchen einfach nach einer neuen Aufgabe und freuen sich über die Möglichkeit, über den Hund neue Kontakte zu knüpfen – in der Welpengruppe, auf der Hundewiese, im Fachgeschäft für Futter oder online im Hundeforum. Das Thema bietet einen niedrigschwelligen Gesprächseinstieg, auch mit Menschen, mit denen man ohne Hund kaum ein Wort gewechselt hätte.

Die Nähe zum Tier macht dem Menschen Freude. Die meisten Leute genießen es, mit einem Hund zu spielen, ihn zu streicheln und in seiner Nähe zu sein. Viele möchten mehr in der Natur sein, und weil der Hund die Natur symbolisiert, ist er dafür der geeignete Partner. Leute, die sich sportlich betätigen wollen, suchen sich vielleicht einen Hund aus, der die Anlagen mitbringt, sportlich geführt zu werden. Oder sie profitieren zumindest davon, regelmäßig auf der Hunderunde in Bewegung zu kommen. Für viele Menschen gehört, wenn sie glücklich verheiratet sind und Kinder haben, zur kompletten Familie noch ein Hund. Die Kinder sollen mit ihm lernen, Verantwortung zu übernehmen. Und später, wenn die Kinder erwachsen und aus dem Haus sind, möchten viele Menschen ein Lebewesen an ihrer Seite haben, das sie versorgen und pflegen können.

Eine weitere Motivation kann sein, helfen zu wollen. Bei all dem Elend auf der Welt haben Menschen den Wunsch, einen Teil zur Linderung beizutragen, und nehmen einen Tierschutzhund oder einen Hund aus dem Tierheim auf – vielleicht gerade einen alten Hund, der noch einmal ein Zuhause bekommen soll. Oder Leute schaffen sich einen zweiten Hund als Gesellschaft für einen schon vorhandenen Hund an. Berufstätige genießen besonders die »Quality Time« mit ihrem Vierbeiner, weil sie ihn wenig sehen. Für sie steht die gemeinsame Freizeit für Freiheit und ein harmonisches Miteinander. Viele Hunde sind Tröster und Zuhörer, nicht nur in schwierigen Lebenssituationen wirken sie sinnstiftend, zum Beispiel für ältere Alleinstehende. Manche Leute scheinen es zu genießen, echte oder vermeintliche Krankheiten bei ihrem Hund festzustellen und sich um seine Genesung zu kümmern. Außerdem gibt es natürlich auch Menschen, die jagen gehen und einen Jagdbegleiter suchen, sowie solche, die Haus, Grundstück und die eigene Person durch einen Hund schützen möchten.

Für nicht wenige Leute ist ihr Hund auch Ausdruck und Verstärker ihrer Persönlichkeit – oder ihrer nicht gelebten Persönlichkeit. Sie wählen den Hund danach aus, dass er an ihrer Seite einen bestimmten Eindruck vermittelt – niedlich, sportlich, kraftvoll, stolz, eigenwillig, edel … Accessoires aus dem wachsenden Markt an Hundezubehör sollen den Eindruck mit Mustern, Perlen, Nieten, Schriftzügen und vielem mehr unterstreichen. Ein Hund kann Kindersatz sein – samt Lätzchen, Welpenrassel und anderem Zubehör –, Enkelersatz, Partnerersatz. Ich habe die Abwesenheit von jeglicher Individualdistanz erlebt mit intensiver, geradezu symbiotischer Nähe.

Viele gute Gründe?

Menschen halten Hunde also aus den unterschiedlichsten Gründen. Feddersen-Petersen kommentiert, der Hund sei heute Gegenstand »projizierter Ängste und Sehnsüchte« (Feddersen-Petersen 2013, 19) und werde mit übersteigerter Liebe einerseits vermenschlicht, als Spielzeug oder Renommierobjekt jedoch andererseits versachlicht. Diese Doppeldeutigkeit ist nicht ganz ohne, denn darin steckt auch eine gefährliche Willkür. Manche Menschen projizieren Sehnsüchte, Wünsche und Erwartungen auf ihren Hund, die er nicht erfüllen kann. Sie hoffen, etwas nachzuholen, was zuvor in menschlichen Beziehungen schiefgelaufen ist, oder kompensieren über den Hund herbeigesehnte Charaktereigenschaften oder nicht verwirklichte Träume.

So eine Beziehung zu ihrem Hund würden die allermeisten Menschen wohl abstreiten. Fast alle Hundehalter beanspruchen für sich eine Partnerschaft auf Augenhöhe mit dem Ziel, dass es dem Hund – ihrem Freund und Partner – möglichst gut geht, damit sie mit ihm gemeinsam wertvolle Zeit verbringen können. Trotzdem kann es gut sein, dir zu überlegen, welche Funktionen der Hund in deinem Leben eigentlich hat. Lange Zeit stellte sich diese Frage nicht: Der Hund half bei der Arbeit – fertig. Die Hund-Mensch-Beziehung als Projektionsfläche ist noch ziemlich neu.

Das Problem ist: Nicht in allen Rollen fühlt sich ein Hund wohl. Trotz seiner Anpassungsfähigkeit kann so manche moderne Rolle ihn überfordern oder seinen Bedürfnissen widersprechen. Mit einer gewissen Wahrscheinlichkeit ist auch die Aufgabe deines Hundes vor allem die eines Sozialpartners. Umso wichtiger ist es, die Rollenverteilung in der Mensch-Hund-Beziehung unter die Lupe zu nehmen.

Die Sache mit der Augenhöhe

In symbiotischen Beziehungen verwischen die Grenzen, wer führt. Damit kommt ein Hund aber nicht immer so einfach zurecht. Er braucht verlässliche Führung – und zwar eine, die klar und eindeutig ist, damit er sie versteht. Das bedeutet nicht, dass er sich unterwerfen muss. Vielmehr soll er sich so wohl fühlen, dass er dir jederzeit vertrauen kann.

Das Bild vom Hund als Freund und Partner ist allgegenwärtig. Ich finde es sinnvoll, sich näher damit zu befassen, was das eigentlich bedeutet. Sowohl im Begriff des Freundes als auch in dem des Partners steckt Freiwilligkeit und Gleichberechtigung. Wenn wir ganz ehrlich sind, ist es mit der Freiwilligkeit bei unseren Hunden nicht so weit her. Wie wir oben gesehen haben, hat der Hund ja nicht wirklich die Wahl, denn er kann nicht seinen Hut nehmen und gehen, wenn es ihm bei dir zu Hause nicht mehr gefällt. Für dich sieht das schon anders aus: Wenn du aus welchen Gründen auch immer keinen Hund mehr haben möchtest oder kannst, gibt es eine Reihe von Möglichkeiten – oder etwa nicht? Kommen wir zur Gleichberechtigung. »Unser Hund ist ein absolut gleichberechtigtes Familienmitglied«, das habe ich so oder in Abwandlungen schon oft gehört. Wenn du dich dieser Aussage anschließen kannst, bitte ich dich, noch einmal genauer zu überlegen. Ist dein Hund bei Familienkonferenzen stimmberechtigt, zählen seine Anliegen genauso viel wie die der anderen Familienmitglieder? Ist dein

Hund also gleichberechtigt an allen Entscheidungen beteiligt? Hat dein Hund die gleichen Pflichten wie die anderen – denn ein Teil von Gleichberechtigung sind nicht nur Rechte, sondern auch Pflichten? Hat dein Hund ein Vetorecht gegenüber deinen Entscheidungen, weil sie ihm nicht passen? Darf er deine Entscheidungen in Frage stellen und auf seinen eigenen Ideen bestehen?

Der Mensch in der Verantwortung

Je länger man darüber nachdenkt, desto klarer wird: eigentlich nicht! Mit Sicherheit spielt der Hund eine große Rolle für viele Menschen, und das ist auch richtig und gut so. Doch er bleibt immer der Hund, in Abhängigkeit zu Menschen. Wir Menschen entscheiden für ihn und leiten ihn an. Das müssen wir allein schon deshalb, weil er als Hund in der Menschenwelt ja fremd ist. Ohne Anleitung und Fürsorge können die meisten Hunde höchstens am Rande der Gesellschaft existieren.

Daraus ergibt sich zweierlei: Führung und Verantwortung. Wenn wir den Hund in eine Rolle auf Augenhöhe drängen, die ihm so gar nicht entspricht, geben wir unsere Führung ab – und wir werden auch unserer Verantwortung nicht gerecht.

Mit Herz und Verstand beim Hund

Waren früher die Rollen zwischen dem Menschen und dem Hund als Jagdpartner oder Wachhund klar verteilt, ist dieses Rollenverständnis heute oft nicht mehr so eindeutig. Dabei gibt es ein paar Prinzipien, die zu einer guten Mensch-Hund-Beziehung einfach dazugehören. Der Mensch, der sich ganz klar als Kapitän in dieser Beziehung sehen darf, hat ein paar wichtige Pflichten. Ich erkläre, warum eine gute Bindung und Vertrauen die Voraussetzung sind und was das alles mit Sicherheit und Selbstbeherrschung zu tun hat.

Das Fundament: Die stabile Mensch-Hund-Beziehung

Die Beziehung zwischen Mensch und Hund ist die Schnittmenge zwischen zwei Individuen unter Einfluss äußerer Faktoren. Der Mensch bringt in diese Beziehung sein Wissen über die Spezies Hund ein, sein erzieherisches Vorwissen, zum Beispiel aus der Kindererziehung oder aus der eigenen Erziehung, aber auch seine individuelle Persönlichkeit, seine sozialen Fähigkeiten, Erwartungen und die Motivation, überhaupt einen Hund anzuschaffen. Auch der Hund bringt seine Persönlichkeit mit, die geprägt ist von Veranlagung und Erfahrungen, von seiner Sozialisierung und durch Erlerntes, beeinflusst durch die Bedingungen, unter denen er gehalten wurde. All diese Faktoren bilden wie ein Fundament die Grundlage der individuellen Beschaffenheit der Beziehung.

Sicherheit durch Vertrauen

Das wesentliche Kriterium für eine gute Beziehung zwischen Mensch und Hund, wenn die Grundbedürfnisse wie zum Beispiel die Versorgung mit Nahrung und ausreichend Bewegung befriedigt sind, ist Sicherheit. Anders als uns Menschen geht es weniger um eine Eigentumswohnung oder eine sichere Rente. Sicherheit im Sinne des Hundes ist ein voller Bauch, ein ruhiges Plätzchen und die Unversehrtheit des Verbundes, in dem er mit seinen Menschen lebt. Sind die Mitglieder dieses Verbundes in Sicherheit, weiß der Hund, dass er sich darum nicht kümmern muss. Er kann sich – im übertragenen Sinne – zurücklehnen und entspannen.

In unserer Gesellschaft, in der fast alle Hunde ausschließlich im engen Kontakt zum Menschen leben, gelten andere Bedingungen als in wild lebenden Hunderudeln und -gruppen, die sich selbst organisieren und schützen müssen. Bei uns ist der Hund Teil des Verbundes aus einem oder mehreren Menschen und einem oder mehreren

Tieren. Idealerweise übernimmt der Mensch die Aufgabe, den Verbund, die Mitglieder des Haushalts, zu schützen. Selbst Hunde, die bewachen, sind darauf angewiesen, durch den Menschen Schutz zu erfahren. Zum Beispiel, indem dieser für Nahrung sorgt, Konfliktsituationen mit überlegenen Hunden entschärft oder aus dem Weg geht und den Hund vor sonstigen Übergriffen wie dem unerwünschten Streicheln durch Unbekannte schützt. Gerade in den Städten leben viele unterschiedliche Hunde auf engstem Raum zusammen.

Wenn hier ein eher unsicherer Hund auf andere trifft, von denen er sich bedroht fühlt, kann sein Mensch für Sicherheit sorgen, indem er ihn vor näherkommenden anderen Tieren abschirmt. Der Mensch verhindert bei Bedarf, dass der Hund angefasst wird, hält neugierige Kinder fern, bewahrt ihn vor Menschenmengen und Silvesterknallern – oder was auch immer den Hund ängstigt. Auf so einen Menschen ist Verlass: Der Hund spürt, dass der Mensch seine Notlagen erkennt, ihn beschützt, Probleme für ihn klärt, ihn aber auch fördert, eigene Lösungen zu finden. Der Mensch gibt dem Hund Struktur und Halt, trifft gute Entscheidungen im Sinne des Zusammenlebens.

Der Hund nimmt sehr deutlich wahr, was der Mensch vorgibt und welche Entscheidungen er trifft. Damit dient er als Vorbild, gerade dann, wenn der Hund keinen Lösungsansatz in seinem eigenen Verhaltensrepertoire hat. Sofern der Mensch in der Vergangenheit zu einer glaubwürdigen Instanz geworden ist, schafft die Verbindlichkeit der Beziehung Orientierung und damit Nähe und Bindung, die wiederum in Vertrauen mündet, wie du unten noch im Detail sehen wirst – ein sich selbst bedingendes Prinzip.

Vertrauen durch Verbundenheit

Entscheidend ist: In diesem System von Sicherheit und Vertrauen hat der Mensch das letzte Wort. Doch das funktioniert nicht über Dressur, sondern durch einen unausgesprochenen Deal zwischen Mensch und Hund. Dieser Deal ist wie das Vertragswerk für ein gelingendes Zusammenleben von Menschen und Hunden, seit der Hund vor allem soziale Funktionen hat: Der Mensch gibt durch klare, eindeutige Entscheidungen Orientierung und damit Sicherheit; der Hund gibt seinem Menschen ungeteilte Aufmerksamkeit auf der Grundlage von Vertrauen. Der Deal ist Ausdruck einer starken Verbundenheit und im Idealfall sind beide wie durch ein unsichtbares Band miteinander verbunden. Sie spüren jederzeit Nähe und Distanz des anderen, der Hund orientiert sich mühelos und entspannt am Menschen.

Das unsichtbare Band

Wenn du beim Bild des unsichtbaren Bandes an die Hundeleine denkst, liegst du natürlich richtig. Die Leine ist ein Hilfsmittel und kann das unsichtbare Band zwischen dir und deinem Hund unterstützen, bis er es gelernt hat, die besondere Nähe zu dir zu halten, Grenzen zu akzeptieren und seine Bedürfnisse zurückzustellen. Paradoxerweise erfährt er dann, obwohl er durch die Leine körperlich eingeschränkt ist, mehr Freiheit und Entspannung, weil er nicht laufend seine Grenzen überprüfen muss. Die gleiche Funktion hat das unsichtbare Band. Über diese Verbindung ist die Aufmerksamkeit des Hundes auf den Menschen gerichtet. Im Gegenzug braucht das Tier einen verlässlichen, in seinem Handeln und seinen Entscheidungen glaubwürdigen Partner, der sich in den Vierbeiner einzufühlen vermag.

Wenn es um das Führen und Folgen geht – und letztlich sind das die Kernpunkte in der Beziehung zwischen Mensch und Hund –, stellt sich immer auch die Frage nach guter Führungskompetenz. Ähnlich einer Führungskraft in einem Unternehmen muss der Mensch den Hund anleiten, ihn motivieren und unterstützen. Das Ziel ist es, sich Gehör beim Hund zu verschaffen, und zwar so viel Gehör, dass sich das Tier gern vom Menschen anleiten lässt. Gehör finden kann der Mensch aber nur, wenn der Hund sich an dem Menschen orientiert, weil dieser souverän führt und Anleitungen fürs Leben gibt. In einer gut funktionierenden Mensch-Hund-Beziehung findet der Hund Halt bei seinem Menschen, der ihn sicher und verlässlich selbst durch stressige Situationen führt. Führung und Anleitung sind auch die Grundlage für das Erlernen der Kompetenz Selbstbeherrschung – dazu später mehr.

Sicherheitsbeauftragter Hund

Ist der Mensch hingegen unsicher, schwach in seiner Führungsrolle und sorgt er nicht für Sicherheit, übernimmt der Hund das Ruder – er kann gar nicht anders, denn es ist seine naturgemäße Aufgabe. Der Hund wird zum Sicherheitsbeauftragten und tut auf seine Art alles, was er kann, um Gefahr abzuwenden, indem er sich auf sich selbst verlässt. Das tut er natürlich hündisch, also indem er Störenfriede vertreibt, bellt oder beißt. Daraus wird aus der Sicht der Menschen schnell unangemessenes, unerwünschtes Verhalten – aus der Sicht des Hundes hat er einfach nur das Seine getan, um die Kontrolle nicht zu verlieren, die ihm die notwendige Sicherheit gibt.

In seiner Funktion als Sicherheitsbeauftragter ist dem Hund Sicherheit besonders wichtig. Aber wie kommt der Hund zu Sicherheit und wie kann der Mensch ihn dabei unterstützen?

Wie das Kind, so der Hund

Wenn man die Hund-Mensch-Beziehung betrachtet, kann es hilfreich sein, die durchaus vergleichbare Beziehung zwischen Kind und Eltern genauer anzuschauen. Die Bindung zwischen einem Menschen und seinem Hund gleicht in vielen Aspekten einer Eltern-Kind-Bindung. Bezeichnenderweise rät der dänische Familientherapeut Jesper Juul Eltern, ihren Kindern liebevolle »Leitwölfe« zu sein. Wölfe dienen als Vorbild, denn sie sind intelligent, familienorientiert und »leben in einer Art klassischen Großfamilie«, schreibt Juul. Für den Therapeuten ist der Schlüssel für erfolgreiche Familien bei Menschen und bei Wölfen der gleiche: Beziehung und Vertrauen. »Vom Familienleben der Wölfe können wir viel lernen«, schreibt er in seinem Buch »Leitwölfe sein: Liebevolle Führung in der Familie« (Juul 2016, 18).

Wie beim Kind ist auch beim Hund Vertrauen die Grundlage für das Gefühl von Sicherheit. Der Mensch entwickelt als Baby und Kleinkind das sogenannte Urvertrauen, also ein Gefühl dafür, welchen Menschen und welchen Situationen er trauen kann. Wahrscheinlich entwickeln auch Hunde als Welpen ein vergleichbares Urvertrauen (Kotrschal 2014, 95). Je mehr Gelegenheit ein Hund als Welpe hatte, das Urvertrauen zu stärken, desto selbstbewusster und sorgloser kann er später durchs Leben gehen.

Allgemein wird unter Vertrauen die Annahme verstanden, dass die Dinge einen positiven oder erwarteten Verlauf nehmen. Vertrauen beruht insofern auf der Annahme, dass das Verhalten des Gegenübers zuverlässig auf gemeinsame Ziele ausgerichtet ist. In einer guten Mensch-Hund-Beziehung hat der Hund jederzeit die Gewissheit, dass sein Mensch gute Entscheidungen trifft. Anders gesagt: Ein Hund, der seinem Menschen vertraut, muss nicht selbst dafür sorgen, dass nichts passiert, denn darum kümmert sich bereits jemand – nämlich sein Mensch. Man könnte auch sagen, sein Mensch bietet ihm eine sichere Basis, einen sicheren Hafen.

Diese Begriffe entstammen der menschlichen Bindungstheorie, doch sie gelten so oder ähnlich auch für die Beziehung zwischen Hund und Mensch. Von Bindung war eben schon die Rede als Voraussetzung für, aber auch Folge von Vertrauen und Orientierung.

Was bedeutet Bindung?

Menschen haben das natürliche, bereits in der Kindheit geprägte Bedürfnis, enge emotionale Bindungen zu anderen Menschen einzugehen. Mit dem Wort Bindung ist eine enge soziale Beziehung zu bestimmten Personen gemeint, die Schutz oder Unterstützung geben können. Vor knapp 50 Jahren entwickelten die Biologen John Bowlby und Mary Ainsworth ihre sogenannte Bindungstheorie. Dafür untersuchten sie die Beschaffenheit der Bindung zwischen Kind und seiner Bezugspersonen sowie die Auswirkungen, die Beeinträchtigungen dieser Beziehung auf die Psyche und die Entwicklung des Kindes haben können.

Ainsworth beobachtete in einer standardisierten Versuchsumgebung das Verhalten von etwa einjährigen Kindern in einem sogenannten Fremde-Situation-Test. Dabei war zeitweise eine fremde Person anwesend und die Mutter des Kindes verließ den Raum. Ainsworth unterschied zwischen drei Bindungstypen, wozu sie die Reaktion des Kindes und seine Suche nach Nähe beim Wiedersehen mit der Mutter beobachtete: der sicheren Bindung, der unsicher-vermeidenden Bindung und der unsicher-ambivalenten Bindung. In sicheren Bindungen sucht das Kind demnach sofort nach der Wiedervereinigung die Nähe der Mutter beziehungsweise der Bezugsperson. In einer unsicher-vermeidenden Bindung wird die Mutter aktiv gemieden; in der unsicher-ambivalenten Bindung steckt das Kind in einem Konflikt zwischen Annäherung und Vermeidung. Eine vierte Variante ist die desorganisierte/desorientierte Bindung, ein gestörtes Bindungsverhalten, bei dem das Kind erstarrt oder widersprüchlich reagiert und dem manchmal ein Trauma zugrunde liegt.

Sicherer Hafen und sichere Basis

In einer stabilen Bindung erfährt das Kind demnach Fürsorge und Zuwendung, aus der das Gefühl der Sicherheit entsteht und die ein Kind braucht, um die Welt zu erkunden und selbstständig zu werden. Die Natur hat das schlau eingerichtet. Das System von Bindung durch Fürsorge hat sich bei Säugetieren evolutionär entwickelt. Die Fürsorge ermöglicht Erkundung und schließlich Selbstständigkeit. Das Ziel war es dabei, das Individuum in seiner mitunter gefährlichen Umwelt Schritt für Schritt handlungs- und widerstandsfähig zu machen. Übertragen auf den Hund stellt sich heraus, dass der Hund in der Menschenwelt sein Leben lang unter herausfordernden Bedingungen lebt. Es ist nicht verwunderlich, dass er sich bei seiner hervorragenden Anpassungsfähigkeit auch an einen Menschen binden kann.

Bei Menschenkindern sind die Bindungspersonen im Idealfall gleichermaßen ein »sicherer Hafen« als auch eine »sichere Basis«. Im sicheren Hafen findet ein Kind Beruhigung und Trost, wenn es Angst hat oder sich unsicher fühlt. Das Verhältnis zu Mutter, Vater oder einer anderen Bindungsperson ist dann so beschaffen, dass das Kind jederzeit bedingungslosen Schutz findet, zum Beispiel indem es gezielt Körperkontakt sucht oder die Kommunikation aufnimmt. Solche Bindungserfahrungen sind demnach besonders bei Angst, Verunsicherung, Trauer oder Krankheit von Bedeutung.

Eine sichere Basis benötigt das Kind, um seinen Aktionsradius ohne Angst zu erweitern und schließlich vollkommen selbstständig zu werden. Mit diesem sogenannten Explorationsverhalten entdeckt das Kind nach und nach seine Umwelt, spielt zunächst mit Dingen, später mit anderen Menschen. Das Bindungsverhalten, mit dem Nähe und Sicherheit hergestellt und aufrechterhalten werden, ist damit auch die Grundlage für das Lernen. Das Bindungssystem wirkt dabei wie eine Art Immunsystem. Stress und andere Bedrohungen wirken wie Krankheitserreger, gegen die das Bindungssystem einen wirksamen Schutz aufbauen kann. Wie das Immunsystem muss auch das Bindungssystem gewissermaßen trainiert werden, damit es gut funktioniert. Es entwickelt sich mit der Zeit.

Bindung zwischen Mensch und Hund

Wenn du bei diesen Beschreibungen an deinen Hund denkst, weil er in stressigen Situationen deine Nähe sucht, ist das ein gutes Zeichen – und gar nicht so überraschend. Was du vielleicht schon länger vermutest, nämlich dass du eine beruhigende Wirkung auf deinen Hund hast, ist durch Studien auch wissenschaftlich bestätigt. In Versuchen wurde dazu die Wirkung von Menschen auf ihre Hunde in stressigen Situationen beobachtet. Die Testsituationen ähneln dabei denen, die Ainsworth für ihre Forschung zum Bindungsverhalten bei Kindern angewendet hatte. In der Studie eines Forscherteams um die ungarische Verhaltensforscherin Márta Gácsi trafen Hunde in einer unbekannten Umgebung auf einen bedrohlich wirkenden, fremden Menschen. Einmal waren dabei die Besitzer anwesend, einmal nicht. In einer zweiten Gruppe war der Besitzer beim ersten Aufeinandertreffen abwesend, dafür beim zweiten anwesend. In allen Situationen wurde das Verhalten der Hunde genau beobachtet und ihr Herzschlag gemessen. Die Hunde reagierten sehr unterschiedlich. Es zeigte sich aber, dass die Mehrzahl der Hunde den bedrohlichen Fremden anknurrte oder -bellte; ihr Herzschlag wurde unregelmäßiger. War der Besitzer anwesend, stieg der Puls weniger an und das abwehrende Verhalten wurde schwächer gezeigt. Von Bedeutung war aber auch die Reihenfolge der Durchgänge: Trafen die Hunde zuerst in Begleitung mit ihrem Menschen und erst danach allein auf den bedrohlich wirkenden Fremden, waren ihr Abwehrverhalten und der Anstieg der Herzfrequenz weniger ausgeprägt. Die Anwesenheit des Menschen hatte offenbar auch später eine beruhigende Wirkung, also auch über die direkte Begegnung hinaus (Gácsi et al 2013).

Der Mensch als Puffer gegen Stress

Für eine Studie der Kognitionsbiologin Lisa Horn und anderen Wiener Wissenschaftlern sollten Hunde versuchen, das in einem Spielzeug versteckte Futter zu finden. Der Test fand in Abstufungen statt: Einmal war der Hund in der Testsituation allein, einmal war der oder die Besitzerin anwesend und ermunterte den Hund, einmal war sie anwesend, verhielt sich aber neutral. In einer zweiten Runde war statt des Besitzers eine fremde Person dabei. Dabei waren die Hunde weniger motiviert, das Futter im Spielzeug zu finden, wenn sie allein waren oder die fremde Person anwesend war, und sie gaben auch schneller auf. Wenn ihr vertrauter Mensch anwesend war, zeigten sie sich motivierter und ausdauernder, die Problemstellung in Form des versteckten Futters zu lösen. Dabei war es unwichtig, ob der Besitzer den Hund aktiv aufforderte und anfeuerte. Die Anwesenheit des vertrauten Menschen reichte aus, den Hund zu motivieren, sich mit der Aufgabe zu befassen (Horn et al. 2013).

Die Ergebnisse der beiden Studien zeigen, dass es den »sicheren Hafen« und die »sichere Basis« aus der Bindungstheorie auch in der Beziehung zwischen Mensch und Hund geben kann. Ähnlich wie die Eltern eines Kindes kann der Besitzer ein »Puffer« gegen Stress bei seinem Hund sein. Dieser Puffer kann auch in anderen Situationen und mit einem nachhaltigen Effekt wirken, wenn der Hund in einer späteren Begegnung dem Stress ausgesetzt wird – auch dann nämlich, wenn der Besitzer gar nicht dabei ist. Außerdem kann der Besitzer allein durch seine Anwesenheit motivierend auf den Hund wirken, wenn Probleme gelöst werden sollen.

Sicherheit durch Abgrenzung und Führung

Die Aufgabe von Eltern ist es also, eine Bindung zum Kind aufzubauen, die über Vertrauen für Sicherheit sorgt, und das Gleiche gilt auch für die Beziehung zwischen einem Menschen und seinem Hund. Doch es gibt weitere Parallelen in der Erziehung von Hund und Kind. Beziehungen zu Kindern wie zu Hunden profitieren von klaren Regeln, Konsequenz im Handeln und verständlichen Strukturen. Zum Beispiel: Der Hund schläft auf dem Hundeplatz, der Mensch schläft im Bett – immer. Oder: Das Essen auf dem Tisch ist nur für den Menschen, ausnahmslos. Wenn die Regeln deutlich abgesteckt sind, besteht kein Zweifel darüber, was erlaubt ist und was nicht – und Kindern geht es ähnlich. Unklarheit in den Ansagen spüren Kinder ebenso wie Hunde ganz genau, beide testen Grenzen und die Durchlässigkeit von Regeln. Die meisten Hunde übernehmen ihrer Natur gemäß die Führungsrolle, wenn ihr Mensch es nicht tut. Das Ziel: Ordnung und Sicherheit im Leben.

Das Thema Grenzensetzen bestimmt viele Ratgeber zur Kindererziehung. Da wird vor kleinen Tyrannen gewarnt, wieder mehr Gehorsamkeit und Disziplin verlangt. Juul distanziert sich vom Allheilmittel des Grenzensetzens: »Die scheinbare Notwendigkeit, Kindern Grenzen zu setzen, hat inzwischen einen nahezu religiösen Status erlangt, und wehe dem, der sich diesem Dogma nicht beugt. [...] Es ist bemerkenswert und äußerst bedenklich, dass das Bedürfnis der Erwachsenen, den Kindern Grenzen zu setzen, im selben Maße gestiegen ist, in dem der physische und psychische ›Spielraum‹ der Kinder dramatisch eingeschränkt wird.« (Juul 2008: 11 f.)

Das klingt irgendwie bekannt, oder? Auch dem Hund in der Menschengesellschaft, insbesondere in der Stadt, steht immer weniger Freiraum zur Verfügung, und auch dem Hund werden gesellschaftlich immer engere Spielräume zugestanden. Hunde müssen so oder so sein, dieses und jenes tun und eine ganze Menge lassen – eingefordert durch Gesetze und ganz stillschweigend durch unausgesprochene Gepflogenheiten.

Grenzen und Regeln
Juul unterscheidet klar zwischen Grenzen und Regeln. Das, was umgangssprachlich oft Grenzen genannt wird, so Juul, seien tatsächlich Regeln, also konkrete Absprachen, die das Zusammenleben regeln (Juul 2016, 153 ff.). Persönliche Grenzen haben Kinder von Anfang an und ich sehe keinen Grund, warum das nicht auch für Hunde gelten sollte. Ihre persönlichen Grenzen sind bestimmt durch ihre Persönlichkeit und ihre hundlichen Bedürfnisse.

Natürlich braucht das Zusammenleben Regeln, und auch Hunde brauchen Regeln – ganz klare sogar. So eine Regel könnte zum Beispiel lauten: Bei uns schlafen Hunde nicht im Bett.

Persönliche Grenzen hingegen sind individueller, und sie beziehen sich meist auf konkrete Situationen des Zusammenlebens. Oft stehen sie im Zusammenhang mit unseren Bedürfnissen. Wenn wir müde sind, weil der Tag sehr anstrengend war, können wir zum Beispiel laute Geräusche schlechter aushalten. Oder einen Hund, der in der Küche herumtänzelt, obwohl wir gerade mit der Zubereitung eines aufwändigen Abendessens beschäftigt sind. Die Küche ist zwar vielleicht für den Hund nicht grundsätzlich tabu – das wäre eine Regel: »Keine Hunde in der Küche« –, doch jetzt gerade wäre das Zusammenleben erheblich besser, wenn der Hund die Küche verließe. Im Sinne von: »Während ich hier koche, bettelst du und turnst mir zwischen den Beinen herum. Das stört mich, ich möchte nicht ständig aufpassen müssen, wo ich hintrete, wenn ich mich konzentriere. Deshalb bringe ich dich in ein anderes Zimmer.« Solche Grenzen dürfen klar artikuliert werden – sie sollten es sogar! Genau dabei tun sich aber viele Menschen schwer. Nach dem Motto: Der arme Hund, es ist doch klar, dass er dabei sein will, wenn es spannend wird! Oder ist es vielleicht doch ganz legitim, dass man Essen zubereiten möchte, ohne mit der Pfanne in der Hand über den Hund zu stolpern …?

Persönliche Abgrenzung

Abgrenzung ist eine wichtige Voraussetzung für eine gute Beziehung, zwischen Menschen ebenso wie zwischen Mensch und Hund. Mit Abgrenzung können auch zuvor aufgestellte Regeln leichter eingehalten und die persönlichen Grenzen benannt werden. Für beides muss man Nein sagen können. Viele Menschen tun das aber nur äußerst ungern, schließlich lieben sie ihre Kinder, und sie lieben auch ihre Hunde! Viele Ratschläge an Eltern, guten Gewissens Nein zu sagen, gelten für Eltern wie Hundebesitzer gleichermaßen.

Sogar die Beispiele ähneln sich manchmal: Ein Kind möchte Süßigkeiten zum Frühstück, ein Hund einen Happen vom Tisch bekommen. Kind will ständig mit Papa spielen, Hund möchte dauernde Aufmerksamkeit. Doch die Welt geht nicht unter, wenn wir nicht allen Wünschen nachkommen. Wir können ein ehrliches Nein zu solchen Anliegen vertreten, denn es ist kein Zeichen für mangelnde Liebe – im Gegenteil.

Was hat es mit der Abgrenzung genau auf sich? Im Wort Abgrenzung steckt die »Grenze«. Ganz allgemein bezeichnet eine Grenze die Trennungslinie zwischen geografischen, physischen oder gedachten Gebieten. Bei den Grenzen in den Erziehungsratgebern geht es meist um das, was Kinder dürfen und was nicht. Darum geht es natürlich auch, wenn wir Hunden Grenzen setzen. Bekommt der Hund etwas vom Tisch, darf er aufs Sofa? Darf er aus dem Kofferraum springen, sobald die Heckklappe geöffnet wird? Der Begriff Abgrenzung rückt die Grenzen aller beteiligten Akteure in den Blick: Wo verläuft die Grenze zwischen mir und dir, zwischen meinen und deinen Bedürfnissen? Was sind überhaupt meine Bedürfnisse? Was sind deine – und wie unterscheiden sie sich von Wünschen? Zwischen einem Bedürfnis, zum Beispiel nach Versorgung, Geborgenheit, Zuwendung, und einem Wunsch – etwa nach Unterhaltung oder etwas Leckerem – besteht nämlich ein großer Unterschied. Die Fähigkeit zur Abgrenzung ist eine wichtige Kompetenz, denn das Erkennen und Abstecken der eigenen Grenzen ist auch eine Grundlage für eine starke, gesunde Persönlichkeit. Menschen, die sich nicht gut abgrenzen können, fällt es oft schwer, Nein zu sagen, und sie lassen Dinge gegen ihren Willen geschehen. Sie treffen mehrdeutige Aussagen, sind widersprüchlich in ihrer Körpersprache und dem, was sie verbal äußern. Sie haben meist ein ausgeprägtes Bedürfnis nach Anerkennung und Zugehörigkeitsgefühl. Andererseits können sie sich oft auch besonders gut in andere hineinversetzen und sind sehr mitfühlend.

Der Persönlichkeits-Spiegel

Diese Eigenschaften wirken sich auch auf die Beziehung zum Hund aus. Wer nur allzu gut nachempfinden kann, welche gar fürchterlichen Qualen der Liebling ohne Leckerli erleidet, kann ihm diesen dringenden Wunsch natürlich schlecht ausschlagen. Die plastische Persönlichkeitsstruktur des Hundes, also die Formbarkeit und Veränderbarkeit seiner Persönlichkeit, führt zudem dazu, dass er den Menschen spiegelt. Das macht auch vor der Abgrenzung nicht halt. Ich erlebe es oft, dass schlecht abgegrenzte Menschen auch wenig abgegrenzte Hunde haben.

Wenn ein Mensch beispielsweise in bestimmten Situationen unsicher oder gar ängstlich ist, wird sich auch das Verhalten des Hundes in entsprechenden Begegnungen ändern, denn er spürt, dass der Mensch ein Problem hat. Je häufiger es zu solchen Situationen kommt, desto mehr wird dieser Mechanismus gelernt. Aus der Not heraus kann ein Hund in die Beschützer- und Bewacherrolle gehen, wenngleich nicht aus eigener Überzeugung heraus, sondern weil er der Sicherheitsbeauftragte ist. Abgegrenzt ist er damit natürlich nicht – doch das vorzuleben, ist die Aufgabe des Menschen, um ihn vor Überforderung zu schützen.

Dass Hunde Persönlichkeitszüge ihrer Menschen spiegeln, können sich diese auch zunutze machen. Der Hund weist damit nämlich auf die Möglichkeit hin, dass der Mensch an sich arbeiten kann. Das Leben mit Hund und der Spiegel, den er seinem Besitzer unweigerlich vorhält, ist also auch eine Chance zur Persönlichkeitsentwicklung. Davon profitiert die Mensch-Hund-Beziehung gleich doppelt. Der Mensch kann zum Beispiel weniger ängstlich und dafür selbstbewusster werden. Das ist schon in sich erstrebenswert, ganz unabhängig vom Hund. An diesen geht über das unsichtbare Band aber zugleich die Botschaft: Ich sehe dich, so wie du bist, ich versorge dich und biete dir Orientierung und verlässlichen Schutz – ich fühle mich sicher, also kannst du dich auch sicher fühlen. So wird das unsichtbare Band als Voraussetzung für eine stabile Mensch-Hund-Beziehung weiter gestärkt.

Bis hierher haben wir uns die Befindlichkeiten des Menschen in der modernen Gesellschaft angesehen, uns klargemacht, wie sich die Beziehung zwischen dem Menschen und seinem ältesten Haustier im Laufe der Zeit verändert hat und welche Kriterien die veränderte Mensch-Hund-Beziehung zum Erfolg führen, nachdem der Hund arbeitslos geworden ist. In dem Moment, an dem der Mensch den Hund zu sich in die Menschenwelt holt, hat er die Verantwortung, dem Hund die Koordinaten in dieser ihm fremden Welt zu zeigen. Eine entscheidende Fähigkeit, damit sich der Hund in dieser Welt zurechtfinden kann, ist die Selbstbeherrschung. Im zweiten Teil des Buches geht es darum, worum es sich dabei eigentlich genau handelt, warum die Fähigkeit so wichtig ist und wie der Mensch den Hund dabei unterstützen kann, sie zu erlernen.

2. In ruhige Gewässer

Unter Selbstbeherrschung versteht man die Fähigkeit, situationsangepasst und selbstgesteuert zu denken und zu handeln. Konkret: einem Reiz zu widerstehen und dafür etwas anderes beziehungsweise gar nichts zu tun. So weit, so gut, doch warum haben manche Hunde – und Menschen – mehr Selbstbeherrschung als andere? Warum können manche Hunde dem Impuls widerstehen, sofort einem Kaninchen hinterherzueilen, andere nicht? Der Grund liegt in der mehr oder weniger ausgeprägten Selbstbeherrschung, die Menschen wie Hunde seit ihrer Geburt erlernen und trainieren.

Was ist Selbstbeherrschung?

Selbstbeherrschung ist eine exekutive Funktion. Darunter versteht man bestimmte Vorgänge, die es Säugetieren möglich macht, planvoll zu handeln. In diesem Kapitel geht es darum, warum Selbstbeherrschung noch über Impulskontrolle hinausgeht, was im Gehirn passiert und was Belohnung und Motivation damit zu tun haben.

Hunde außer Balance

Ablenkungen und anderen Versuchungen nicht widerstehen zu können, sich von spontanen Impulsen leiten zu lassen – das kennen wir Menschen auch von uns selbst. Wir essen zu fett, zu süß oder zu salzig, obwohl wir wissen, dass es uns damit nicht gut geht und lassen uns im Internet von süßen Welpenfotos ablenken, obwohl wir wissen, dass die Arbeit liegenbleibt. Zwar surfen Tiere nicht im Netz, doch gibt es durchaus auch Hunde, die sich bereitwilliger ablenken lassen als andere. Einige können mit scheinbar unerschöpflichem Gleichmut jeder Versuchung widerstehen, andere sind bei jeder Dummheit dabei. »Schlecht erzogen«, »typisch bei der Rasse« und ähnliche Begründungen liegen dann nahe. Ich glaube, dass es viele Gründe gibt, warum Hunde sich so verhalten. Erziehung ist natürlich ein starker Einfluss, doch es lohnt sich, hier genauer hinzuschauen: Was ist es genau, das solche Hunde nicht gelernt haben? Anders gefragt: Welche Fähigkeiten haben die Hunde, die sich nicht aus der Ruhe bringen lassen? Denn der Zusammenhang liegt auf der Hand: Hunde mit unerwünschtem Verhalten sind oft auch unruhige Hunde, die nicht in der Balance sind, die »zu hoch touren« und mit ihrer Unruhe ihr Umfeld und sich selbst nervös machen.

Die Begründung »schlechte Erziehung« ist einfach – zu einfach, meiner Meinung nach. Manche dieser sogenannten Hibbelhunde hören sogar gut auf die gängigen Kommandos, sie sind gelehrig und können die tollsten Tricks. Was ihnen oft fehlt, ist die Fähigkeit, auch einmal nichts zu tun. Sie können nicht ruhig sein, einen Reiz einfach an sich vorbeiziehen lassen, hinnehmen, dass sie noch nicht an der Reihe sind, und abwarten, bis es so weit ist. Dass sie das nicht können, liegt an mangelnder Selbstbeherrschung. Im weiteren Sinne ist Selbstbeherrschung durchaus Teil von Erziehung, denn wir Menschen können mit Erziehung einen Beitrag dazu leisten, Hunde im Erlernen dieser Fähigkeit als Teil ihrer Persönlichkeitsentwicklung zu unterstützen. Bevor es darum geht, wie diese Unterstützung aussehen kann, schauen wir uns erst einmal näher an, was mit Selbstbeherrschung eigentlich gemeint ist.

Impulskontrolle und Selbstbeherrschung: Konzepte und Begriffe

Zunächst ein paar Worte zu den Begrifflichkeiten. Der Fähigkeit der Selbstbeherrschung kommt von verschiedenen Seiten zunehmend Aufmerksamkeit zu. Je nach Fachrichtung verstehen die Autoren jedoch nicht immer das Gleiche darunter und verwenden auch nicht alle die gleichen Begriffe. Eine einheitliche Definition fehlt. Am häufigsten begegnen uns Impulskontrolle, Selbstkontrolle, Selbstregulation, Selbstregulierung und Inhibition. Versuchen wir, die Begriffe einzuordnen:

Ein eher allgemeiner Begriff: Selbstkontrolle

Mit Selbstkontrolle ist zunächst grundsätzlich das Widerstehen gegenüber Reizen und das Aushalten daraus entstehender innerer Spannung gemeint, ohne eine daraus resultierende Handlung. Als Reize werden dabei von außen oder innen kommende Einwirkungen auf den Organismus bezeichnet. Das können zum Beispiel optische, chemische, akustische oder taktile Reize sein, also etwas, das man sieht, riecht, hört oder spürt, aber auch organische Reize wie Hunger oder Durst. Ständige Kontrolle kann zu langanhaltendem negativen Stress führen, da der Spiegel an Stresshormonen im Körper dauerhaft erhöht bleibt.

Impulskontrolle: medizinisch-psychiatrisch geprägt …

Der Begriff der Impulskontrolle wird oft, aber nicht nur, im medizinisch-psychiatrischen Bereich verwendet. In der ICD (International Statistical Classification of Diseases and Related Health Problems), der internationalen Klassifikation der menschlichen Krankheiten, fallen Störungen der Impulskontrolle unter die Persönlichkeits- und Verhaltensstörungen und werden als »deutliche Abweichungen im Wahrnehmen, Denken, Fühlen und in den Beziehungen zu anderen« (F 60 – 69, F63, –, nach http://www.icd-code.de) beschrieben. Menschen mit einer Impulskontrollstörung stehlen oder zündeln zwanghaft oder reißen sich Haare aus. Mit diesem unkontrollierten Verhalten versuchen sie, unangenehme Spannungszustände aufzulösen.

… aber auch umgangssprachlich verwendet

Andererseits hat der Begriff der Impulskontrolle Einzug in die Umgangssprache gefunden. Zum Beispiel: Ich konnte leider die Tafel Schokolade nicht retten, meine Impulskontrolle war irgendwie so im Keller … Auch unter Hundehaltern ist das Wort in aller Munde: Der hat wieder Nachbars Katze gejagt, der hat einfach überhaupt keine Impulskontrolle …

Ein weiterer Fachbegriff: Inhibition

Auch im pädagogischen Bereich findet der Begriff Impulskontrolle Verwendung. Mitunter wird er hier – gemeinsam mit Frustrationstoleranz und Aufmerksamkeitslenkung – als Teilbereich der Inhibition aufgeführt. Der naturwissenschaftlich geprägte Fachbegriff Inhibition (aus dem Lateinischen für Hemmung, Hinderung) bezeichnet die gewollte oder ungewollte Hemmung von Impulsen.

Psychologie und Pädagogik: Selbstregulation

Häufig wird in der deutschsprachigen pädagogischen Literatur zudem der Begriff Selbstregulation verwendet. Dieser Begriff ist recht weit gefasst und beinhaltet komplexe körperliche und seelische Vorgänge. Er beschreibt die tief greifende, willkürliche und unwillkürliche Regulation auf der Gefühls- und Verstandesebene und umfasst auch hormonelle und das Nervensystem betreffende Vorgänge. Sie beginnt bereits in der Schwangerschaft und setzt sich nach der Geburt und der Säuglingszeit über die Dauer des gesamten Lebens mit einem Schwerpunkt in der Kindheit fort. Selbstregulation in diesem Sinne schließt auch eine resultierende gesteuerte Handlung mit ein und bildet so die Grundlage für die Beziehungsgestaltung zu anderen Lebewesen. Ausführungen zur Selbstregulation richten sich oft an Eltern und pädagogisches Personal und enthalten Handlungsanregungen für den Umgang mit Kindern.

Begriff gesucht

Die Begriffe Selbstregulation und Inhibition bezeichnen damit schon weitgehend das, worum es in diesem Buch geht. Aber mal ehrlich, eingängig und selbsterklärend sind sie nicht wirklich. Das Fremdwort Inhibition klingt irgendwie, nun ja, gehemmt … Und ein weiterer Punkt ist mir wichtig: Wir sprechen von Hunden! Auch wenn die Beziehung zwischen Mensch und Hund der Beziehung zwischen einem erwachsenen Menschen und einem jüngeren Kind in mancher Hinsicht ähneln kann, so möchte ich doch betonen, dass es hier Unterschiede gibt.

Selbstbeherrschung

Ich verwende aus zwei Gründen den Begriff Selbstbeherrschung. Zum einen ist die vor allem medizinisch-psychiatrisch verstandene Impulskontrolle zu spezifisch, die eher allgemein verstandene Selbstkontrolle fasst zu kurz. Zum anderen passen auch die Begriffe Selbst-regulation oder Inhibition nicht vollständig, denn sie tragen nicht dem Besonderen der Mensch-Hund-Beziehung Rechnung. Deshalb halte ich Selbstbeherrschung für den Begriff, der im Zusammenhang mit Hunden am besten passt.

In meiner Begriffswahl greife ich die Argumentation des kanadi-schen Psychologen Stuart Shanker auf. Er spricht zwar von Selbst-regulierung (Self-Regulation im englischsprachigen Original), doch grenzt er sein Verständnis deutlich vom Aspekt der Kontrolle ab. Selbstkontrolle, so Shanker, führe schon aus sich heraus zu Stress, der die Selbstregulierung erheblich beeinträchtige (Shanker 2016, 16 ff.; 21 f.). Auf das Thema Stress werden wir später noch genauer zu spre-chen kommen, wichtig an dieser Stelle: Es geht eben nicht darum, mit Kontrolle mehr Stress ins Leben des Hundes und seines Menschen zu bringen – sondern weniger! Im Begriff Kontrolle schwingt Über-wachung mit, Einschränkung, Druck und beschnittene Freiheit. Im Begriff Selbstbeherrschung steckt hingegen Freiwilligkeit und Selbst-bestimmung, und er schließt den Menschen als Herren des Hundes – was er nun einmal ist – ausdrücklich mit ein.

Mit den oft selbst gewählten Bezeichnungen »Frauchen« und »Herrchen«, in dem ebenfalls der Wortteil herr- steckt, nehmen sich viele Hundehalter selbst auf die Schippe, denn diese Wörter klingen so altbacken, als wären sie mindestens seit der Kaiserzeit ausgestor-ben. Doch bekanntermaßen sind sie aus dem heutigen Sprachge-brauch keineswegs verschwunden. An diesen beiden Begriffen wird deutlich, warum auch dieses Buch nun einmal nicht nur vom Hund allein handelt, sondern von der Beziehung zwischen Hund und Mensch. Anders geht es auch gar nicht, denn der Hund lebt seit Jahr-tausenden bei und mit dem Menschen. Ohne Mensch hätte sich aus dem Wolf kein Hund entwickelt – und ohne Mensch ist der Hund nicht zu verstehen.

Selbstbeherrschung: eine Definition

Unter Selbstbeherrschung beim Hund verstehe ich deshalb also die Fähigkeit der Regulation von Spannungszuständen über Handlungsspielräume und -pläne im Zusammenhang mit der einzigartigen Beziehung zwischen Mensch und Hund.

Der Mensch kann den Hund durch gemeinsame Erfahrungen, Wohlwollen und klare Regeln unterstützen, Selbstbeherrschung zu üben und zu festigen, um Stress zu vermindern und Spannung abzubauen. Selbstbeherrschung führt zum Erlernen von Gelassenheit und eröffnet die Möglichkeit der Selbstberuhigung.

Selbstbeherrschung – mit Gelassenheit

Im Gegensatz zum Begriff der Impulskontrolle enthält der Begriff der Selbstbeherrschung eine entscheidende Dimension: Während Impulskontrolle die Fähigkeit des gesunden Lebewesens beschreibt, die Reaktion auf einen Reiz zu kontrollieren, umfasst Selbstbeherrschung zusätzlich auch einen Umgang mit diesem kontrollierten Verhalten. Und zwar einen gelassenen Umgang! Ein gelassener Hund kann es aushalten, wenn es mal frustig wird, denn durch die Beschaffenheit der Beziehung zu seinem Menschen vertraut er darauf, dass es am Ende gut wird. Dieses Aushaltenkönnen wird auch Frustrationstoleranz genannt; ein wichtiger Begriff in diesem Zusammenhang ist auch der Belohnungsaufschub. Darum wird es später ebenfalls noch genauer gehen.

Deshalb verstehe ich Impulskontrolle als Teilbereich von Selbstbeherrschung. Impuls- oder Selbstkontrolle zeigt ein Hund, wenn er gelernt hat, nicht blindlings loszurennen, auch wenn der Kontrahent auf der anderen Straßenseite wedelt. Selbstbeherrschung hat er, wenn er hierbleibt und damit auch noch gelassen umgehen kann. Diese Gelassenheit – auch wenn es paradox klingen mag – eröffnet dem

Hund viel Freiheit. Für den Menschen ist sie die Voraussetzung zum Loslassen: Zwang und Kontrolle loslassen, Stress loslassen, im Hier und Jetzt sein. Wie der Hund.

Das Denken lenken, planvoll handeln

Neben der Selbstbeherrschung gibt es ein Bündel an Kontrollvorgängen, die das Denken und Handeln lenken und die dafür verantwortlich sind, dass wir planvoll und mit Blick auf ein Ziel handeln können. Sie ermöglichen die kontrollierte und bewusste Steuerung des eigenen Verhaltens und der eigenen Gefühle. Vereinfacht gesagt befähigen sie uns, Frust und Wut im Griff zu haben. Diese emotionale Steuerungsfähigkeit hat einen großen Einfluss auf das Sozialverhalten und ist die Grundlage für die Lernfähigkeit, denn sie beeinflusst, ob man leicht »dranbleiben« kann oder schnell aufgibt.

Selbstbeherrschung – beim Hund?!

Das Denken und Handeln lenken? Können Hunde das überhaupt? Auf jeden Fall. In anderer Ausprägung als der Mensch, doch evolutionär bedingt und aufgrund ihrer Gehirnstruktur sind sie durchaus dazu in der Lage. Das zeigt die Tatsache, dass Hunde in tierischen Rudeln komplexe Sozialstrukturen haben und auch im Zusammenleben mit dem Menschen höchst sozialfähig sind. Dass Hunde planen und vorausschauen können, zeigt zum Beispiel ihr komplexes und zielgerichtetes Verhalten beim Jagen. Hier wird eine ganze Verhaltenskette wirksam, die in sieben einzelne Schritte unterteilt werden kann: Orten, Fixieren, Heranpirschen, Hetzen, Packen, Töten und Fressen der Beute. Nicht alle Hunde zeigen alle Ausprägungen dieses Verhaltens, wofür auch die Zucht auf bestimmte Fähigkeiten verantwortlich ist. Doch sie sind prinzipiell dazu in der Lage – und sie sind in der Lage, sich gegen das Jagen zu entscheiden. Das zeigt, dass sie selbstbeherrscht sein können.

Die exekutiven Funktionen

Das Bündel an Kontrollvorgängen, das Säugetiere planvoll handeln lässt, wird exekutive Funktionen genannt. Exekutiv bedeutet durchführend oder ausübend. Schauen wir uns an, was es mit diesen Funktionen genau auf sich hat.

Das exekutive System besteht aus drei Teilbereichen: dem Arbeitsgedächtnis, der geistigen Flexibilität und der Selbstbeherrschung.

Arbeitsgedächtnis

Im Arbeitsgedächtnis werden Informationen gespeichert und verarbeitet, etwa zum Lösen von Aufgaben in mehreren Schritten. Ein Hund benötigt das Arbeitsgedächtnis, um den Anweisungen seines Menschen zu folgen oder um verschiedene Lösungswege bei einer Lernaufgabe auszuprobieren. Hunde haben eine räumliche Vorstellung, die sie beispielsweise beim Jagen in Kooperation mit anderen Hunden nutzen, und sie können sich Geräuschfolgen merken, zum Beispiel, wenn wir mit ihnen sprechen. Das Arbeitsgedächtnis unterstützt beim Menschen außerdem »die Fähigkeit, sich an eigene Handlungspläne oder Anweisungen« zu erinnern, »Zwischenschritte zu prüfen und Alternativen abzuwägen, um die optimale Lösung zu finden« (Walk/Evers 2013, 11).

Geistige Flexibilität

Die kognitive oder geistige Flexibilität hilft, sich auf neue Situationen oder Anforderungen einstellen zu können und für veränderte Abläufe offen zu sein. Sie ermöglicht es, rasch abzuwägen, welche Reaktionen und Handlungen möglich und sinnvoll sind. Mit dieser Flexibilität kann man sich auf unterschiedliche Anforderungen fokussieren, dranbleiben, zwischen ihnen wechseln und die Aufmerksamkeit bewusst steuern. Geistige Flexibilität zeigt zum Beispiel ein Hund, der nach dem Spaziergang im Park in ein Einkaufszentrum geführt wird. Innerhalb kürzester Zeit wird er hier mit vielen Menschen, mit Hektik, Geräuschen, Gerüchen und Berührungen konfrontiert. Er muss entscheiden, welche Reaktion in welchem Kontext angemessen ist.

Selbstbeherrschung

Die Selbstbeherrschung ist wie oben beschrieben die Fähigkeit, einem Impuls zu widerstehen – und in der Folge einen gelassenen Umgang damit haben zu können. Eine Persönlichkeit, bei der diese Eigenschaft gut ausgeprägt ist, kann auf sie einwirkende Reize also gut aushalten, ohne dass sie darunter leiden müsste. Außerdem kann sie gewohnte Reaktions- und Handlungsmuster durchbrechen und eingeübtes Verhalten verändern. Sie kann ihre Aufmerksamkeit gezielt umlenken und sich auf etwas anderes fokussieren. Dabei unterbricht sie eine Handlungsweise und prüft, wie die nächsten Aktionen aussehen könnten – auch wenn starke Gefühle im Spiel sind. Deshalb ermöglicht eine gut ausgeprägte Selbstbeherrschung ein situationsangepasstes Verhalten. Ein klassisches Beispiel für Hunde, die wenig Selbstbeherrschung haben: Der Mensch macht sich fertig zum Spaziergang. Der Hund ist innerhalb kürzester Zeit extrem aufgeregt, kann es kaum abwarten. Die Aufregung wächst, wenn der Mensch eine Jacke anzieht, die Leine in die Hand nimmt. Die Erwartung des Hundes steigt weiter. Nun legt der Mensch die Hand auf die Türklinke. Kaum ist die Tür einen Spalt geöffnet, rast der Hund mit gefühlten 150 Stundenkilometern durch die Tür nach draußen. Selbstbeherrschung? Fehlanzeige.

Die drei Bereiche Arbeitsgedächtnis, geistige Flexibilität und Selbst-beherrschung sind zwar prinzipiell unabhängig voneinander, ihre Funktionen bilden aber eine Einheit. Je nach der Beschaffenheit der Aufgabe ist mal der eine, mal ein anderer Bereich speziell gefragt. Um die Bedeutung des dritten Aspekts der Selbstbeherrschung zu verste-hen, schauen wir uns zunächst an, wie das Gehirn funktioniert.

Expedition in das Gehirn

Wenn wir auf das Verhalten eines Hundes in Richtung Selbstbeherr-schung einwirken wollen, ist es sinnvoll, zu wissen, wie Verhalten überhaupt zustande kommt. Beziehungsweise: Wie tut das Gehirn das, was es tut? Dazu schauen wir uns an, wie das Gehirn überhaupt funktioniert.

Das Gehirn besteht aus mehreren Milliarden Nervenzellen, die auch Neurone oder Neuronen genannt werden. Sie sind zu Netz-werken zusammengeschlossen, in denen Informationen als Signale weitergegeben werden. Nervenzellen bestehen aus einem Zellkör-per, einer Art Stiel (Axon) und verzweigten Ästen (Dendriten). Die Axone senden Informationen an die nächste Zelle weiter, die sie mit ihren Dendriten empfängt. Die Nervenzellen sind allerdings nicht direkt miteinander verbunden, sondern nähern sich einander an. Der entstehende Zwischenraum wird synaptischer Spalt genannt. Diese Synapsen (das griechische Wort sýnapsis bedeutet »Verbindung«) kann man sich als Schaltstellen zwischen den Nervenzellen vorstellen. Es gibt sie, weil bei einer direkten elektrischen Verbindung zwischen den Zellen alle Informationen gleichzeitig und direkt eingehen wür-den. Stattdessen wird in den meisten Nervenzellen die Information chemisch über Botenstoffe weitergegeben. Sie haben den Vorteil, dass die Information gesteuert werden kann. Die Botenstoffe haben un-terschiedliche Wirkungen auf den Körper, die damit auch zu sehr unterschiedlichen Verhaltensweisen führen können. Das liegt daran, dass die Stoffe eine erregende oder eine hemmende Wirkung auf die nächste Nervenzelle haben können, was wiederum darüber entscheidet, ob die nächste Zelle die Information weitergibt oder nicht. Zu den Botenstoffen gehören zum Beispiel Neurotransmitter wie Dopamin, Serotonin, Noradrenalin und Acetylcholin, von denen später noch die Rede sein wird.

Bei Säugetieren ist der Aufbau des Gehirns grundsätzlich ähnlich. Es besteht grob zusammengefasst aus Vorderhirn, Mittelhirn und Hinterhirn. Mittel- und Hinterhirn werden auch als Hirnstamm bezeichnet, der zuständig ist für Vitalfunktionen wie die Atmung und das Herz-Kreislauf-System. Im Vorderhirn sind unter anderem das Großhirn und das limbische System verortet – beides Bereiche, die im Zusammenhang mit der Selbstbeherrschung von besonderem Interesse sind. Doch der Reihe nach. Vereinfacht werden hier Aufbau und Funktionseinheiten des Gehirns vorgestellt:

Das limbische System – das Emotionszentrum
Das limbische System hat sich entwicklungsgeschichtlich mit den Säugetieren gebildet (Jung/Pörtl 2016, 148) und dient den Funktionen Emotion, Antrieb und Lernen. Es ist für die Wahrnehmung und den Ausdruck von Empfindungen zuständig, die allen Säugetieren gemeinsam sind. Für unsere Vorfahren – und die unserer Hunde – hatte die Ausprägung und Verfeinerung dieser ebenfalls überlebenswichtigen Funktionen eine große Bedeutung, denn es sicherte ihr Überleben auf der Flucht vor Gefahren oder im Kampf gegen Feinde. Das limbische System gilt als Sitz des Psychischen einschließlich der unbewussten und bewussten Gefühle (Emotionen), Motive und Ziele mit der zentralen Aufgabe, »Ereignisse und Handlungen danach zu bewerten, ob sie positive oder negative Folgen haben. Die Ergebnisse dieser Bewertung werden dann gespeichert und zur Grundlage zu-

künftigen Verhaltens gemacht« (Roth/Strüber 2017, 63). Das limbische System umfasst verschiedene Gehirnstrukturen, die vor allem im Zwischenhirn liegen (Thomashoff 2014, 55), zum Teil aber auch im Großhirn. Insofern ist es kein einheitliches Organ, sondern setzt sich aus verschiedenen Strukturen zusammen, die als funktionelle Einheit zusammenwirken und das ganze Gehirn durchziehen.

Der Thalamus – das Tor zum Bewusstsein: Der Thalamus, eine Struktur im Zwischenhirn, wird meist als Teil des limbischen Systems und als Eingang zum Bewusstsein verstanden. Über eingehende Sinneseindrücke aus der Umwelt und aus dem Organismus selbst sortiert der Thalamus sozusagen vor, wie eine Situation einzuordnen ist: Droht Gefahr, muss das Individuum sofort reaktionsbereit sein? Oder ist Zeit, die Informationen in Ruhe durch das Großhirn auszuwerten? Deshalb arbeitet der Thalamus wie ein Filter zwischen zwei grundlegend verschiedenen Bereichen, nämlich dem limbischen System und der Großhirnrinde. Hier entscheidet sich je nach Situation, Erfahrung und Wichtigkeit, was ins Bewusstsein dringt. Dass das Individuum sofort mit Flucht oder Verteidigung reagieren kann, ohne lange nachzudenken, sichert sein Überleben.

Die Amygdala – Gefühls- und Angstzentrum: Teil des limbischen Systems ist die Amygdala, die aufgrund ihrer Form auch Mandelkern genannt wird. Diese paarig angeordnete Struktur mit mehreren Kerngebieten spielt eine bedeutende Rolle beim Empfinden von Angst, sexueller Lust und anderen Verhaltensweisen, die auf Bedürfnisbefriedigung und Lustgewinn ausgerichtet sind. Die Amygdala bewirkt, dass der Körper ohne lange Überlegung schnell reagieren kann. Bei der blitzschnellen Einschätzung einer Situation ist das sehr sinnvoll, denn wer erst lange überlegen muss, ob ein Angreifer gefährlich ist oder nicht, ist vielleicht schon längst gefressen, bevor er zu einem

Ergebnis kommt. Deshalb wird hier die Stressreaktion ausgelöst, die das Individuum bei Gefahr zum Flüchten oder Kämpfen befähigt. Die Amygdala ist der entscheidende Ort im Gehirn für die Verarbeitung von Gefühlen und Angst und wird deshalb auch Angstzentrum oder »emotionales Gedächtnis« (zum Beispiel Thomashoff 2014) genannt. Natürlich funktioniert auch dieser Teil des Gehirns nicht losgelöst von den anderen. Es gibt zum Beispiel Verbindungen zum Stirnhirn und dem Hippocampus.

Der Hippocampus – das Seepferdchen der Erinnerung: Dieser Teil des Gehirns, das wie ein Seepferdchen geformt ist, ist das Gedächtniszentrum. Hier gehen Informationen aus den anderen Hirnteilen ein und es findet eine Auswahl statt, was bewusst, aber auch unbewusst gespeichert und damit gelernt wird. Er ist auch für die räumliche Orientierung zuständig. Eine starke Verbindung zwischen Amygdala und Hippocampus sorgt für die Speicherung von Gefühlen und persönlich erfahrenen Ereignissen. Diese Verbindung erklärt auch, warum man sich besser Dinge merken kann, die emotional von Interesse sind.

Der Hypothalamus: Der Hypothalamus liegt unter dem Thalamus und steuert die Hormone, die dann bei Bedarf unter anderem durch die Hypophyse, die Hirnanhangsdrüse, direkt oder indirekt ausgeschüttet werden.

Der Kortex
Kortex bedeutet »Rinde« und bezeichnet die Hirnrinde, einem Teil des Großhirns. Seine zwei Hälften sind beim Menschen und auch beim Hund von außen gefurcht, wodurch sich die Oberfläche vergrößert – mehr Platz für Gehirnzellen. Im Vergleich zum limbischen System ist dieser Teil des Gehirns der rationale Teil, der für das

Denken und für kognitive Aufgaben zuständig ist. Hier gehen Informationen ein, die mit den Gefühlen aus dem limbischen System abgeglichen werden und das weitere Verhalten anstoßen. Oft wird der Kortex auch als Kontrollzentrum bezeichnet.

Der Kortex ist in verschiedene Bereiche unterteilt, die sogenannten Lappen. Einer davon ist der Frontallappen, auch Stirnhirn genannt, mit dem ganz vorne liegenden, präfrontalen Kortex. Hier ist das Arbeitsgedächtnis verortet. Der präfrontale Kortex ist »vornehmlich ausgerichtet auf das Erfassen von Ereignissen und Problemen in der Außenwelt, insbesondere hinsichtlich deren zeitlicher Reihenfolge und ihrer Bedeutung bzw. Lösung« (Roth 2017, 64). Dieser Bereich hat unter anderem Einfluss darauf, wie das Lebewesen seine Handlungen plant und entsprechende Aktionen einleitet – also auch auf die Selbstbeherrschung. Der präfrontale Kortex ist die Voraussetzung dafür, dass sich Säugetiere überhaupt ein Bild von der Welt machen und je nach Situation angemessen reagieren, also Impulse kontrollieren können.

Das Gegeneinander und Miteinander der Systeme

Im Gehirn von Säugetieren gibt es damit verschiedene Bereiche, die quasi gegeneinander arbeiten: einerseits das evolutionär ältere, limbische System, das unseren Vorfahren in Gefahrensituationen half und sich immer weiter entwickelte und verfeinerte, um ihr Überleben zu sichern. Andererseits der entwicklungsgeschichtlich jüngere, präfrontale Kortex, der das Lebewesen seine Handlungen frei von emotionaler Einfärbung abwägen lässt und für Planung, mögliche Umsetzung und zukunftsorientierte Handlungen zuständig ist. Die Ausprägung dieses Teils des Gehirns macht Menschen und Tiere überhaupt erst sozialfähig (Kotrschal 2014, 129). Bei Hunden ist das Stirnhirn anteilig kleiner als beim Menschen, doch ohne präfrontalen

Kortex könnte kein Hund irgendeinem Impuls widerstehen. Insofern ist bei jedem Miteinander von Sozialpartnern immer auch das Stirnhirn mit seinen Funktionen beteiligt.

Die beiden gegensätzlichen Bereiche arbeiten aber nicht nur gegeneinander, sondern auch miteinander, denn sie erarbeiten sozusagen zusammen die Grundlage für eine emotionale und kognitiv geprägte Reaktion. Dafür werden die Informationen aufgenommen und sortiert. Im Zusammenspiel der Gehirnteile werden sie mit Bekanntem abgeglichen und auf Grundlage des bereits Erlebten bewertet – erst daraus erfolgt eine Reaktion. Es ist deshalb nicht überraschend, dass der präfrontale Kortex auch als Sitz der Persönlichkeit bezeichnet wird.

Botenstoffe

Die Körperfunktionen und das Verhalten werden jedoch nicht allein vom Gehirn, sondern vom ganzen Nervensystem gesteuert. Es besteht aus dem zentralen Nervensystem (ZNS) mit Gehirn und Rückenmark sowie dem peripheren Nervensystem mit Nerven und Sinnesorganen. Die Nervenfasern durchziehen den ganzen Körper wie ein Netz und leiten Informationen aus den Sinnesorganen ins ZNS. Andererseits bekommt dieses vernetzte System auch Informationen aus dem ZNS, wie der Körper reagieren soll, etwa mit Bewegung oder anderen Funktionen. Dieser ableitende Bereich, der Impulse vom ZNS an Muskeln und Drüsen sendet, ist unterteilt in das somatische Nervensystem mit Nervenfasern, die vom ZNS zu den Zellen der Skelettmuskulatur führen, und das vegetative Nervensystem, das für die Steuerung von unwillkürlichen Prozessen wie Atmung und Verdauung zuständig ist.

Um die Informationen weiterzuleiten, nutzen die Nerven die schon erwähnten Botenstoffe. Nerven, die zur Weiterleitung von Informationen auf die gleichen Botenstoffe zurückgreifen, bilden Systeme. Unterschieden wird zwischen vier Transmittersystemen, die die Aufgabe haben, die Botenstoffe dort zur Verfügung zu stellen, wo sie benötigt werden, also im Gehirn oder in anderen Organen des Körpers.

Die Transmittersysteme

Die in den Transmittersystemen wirkenden Stoffe nehmen – teils nur geringen, aber zum Teil auch sehr starken – Einfluss auf die Wechselwirkungen zwischen den Gehirnteilen und damit auf das Denken, Fühlen und Wollen (Roth/Strüber 2017, 372). Im Zusammenspiel mit der genetischen Veranlagung und Umwelteinflüssen wirken sie auf die Entwicklung von Persönlichkeit und verschiedene Fähigkeiten, zum Beispiel zur Selbstbeherrschung. Roth bezeichnet die Wirkung der Neuromodulatoren – ein etwas weiter gefasster Begriff für Neurotransmitter – im weiteren Sinne auch als »Sprache der Seele«, die auf die Entwicklung von Psyche und Persönlichkeit wirkt (Roth/Strüber 2017, 372).

Die Transmittersysteme im Überblick

1. Über das cholinerge System spielt der Neurotransmitter Acetylcholin eine Rolle bei gerichteter Aufmerksamkeit und kognitiven Leistungen.
2. Über das noradrenerge System sorgt Noradrenalin für Aufmerksamkeit, Erregung und Wachsamkeit, wie sie zum Beispiel in Gefahrensituationen sinnvoll ist. Dieses System ist bei Stress aktiv.
3. Das dopaminerge System sendet Dopamin unter anderem in den präfrontalen Kortex. Es wirkt motivierend und verspricht Belohnung.
4. Über das serotonerge System wirkt das Serotonin grundsätzlich beruhigend, hemmend und damit stabilisierend.

Die für dieses Buch wichtigsten Stoffe:

Acetylcholin

Acetylcholin begünstigt durch erhöhte Wachsamkeit und Aufmerksamkeit ein Verhalten, »das optimal der Umwelt angepasst ist« (Roth/Strüber 2017, 373). Im peripheren Nervensystem sorgt es unter anderem dafür, dass die Nervenzellen Reize an die Muskelzellen übertragen und damit Kontraktion, also das Funktionieren der Muskeln auslösen. Im Gehirn veranlasst es, dass weitere Botenstoffe zur Verfügung gestellt werden.

Er bewirkt außerdem die Aufrechterhaltung einer Fokussierung auf bedeutsame Reize: »Situationen, in denen neuartige und bedeutungshafte (belohnende oder bedrohliche) Reize aufmerksam analysiert werden müssen, führen zu einer Aktivierung des Acetylcholinsystems.« (Roth/Strüber 2017, 114) So ist das System zum Beispiel auch wirksam, wenn der Hund Jagdverhalten zeigt.

Noradrenalin

Dieser Botenstoff steht in Verbindung zum bekannten Hormon Adrenalin. Es wird bei Stress ausgeschüttet, fördert die allgemeine Aufmerksamkeit, das Erregungslevel und die Reaktionsbereitschaft. Seine Wirkung hemmt bei Stress die Tätigkeit des präfrontalen Kortex, was bewirkt, dass das Individuum in so einer Situation blitzschnell entscheiden und damit womöglich sein Leben retten, nicht jedoch ausgiebig nachdenken kann. Das noradrenerge System hält den Organismus parat, sodass schnell und effizient gehandelt werden kann. Es gilt, irgendwie wichtige Veränderungen in der Umwelt oder im Körper zu registrieren und ihnen mit angepasstem Verhalten begegnen zu können (Roth 2017, 111). In Kampfsituationen setzt es die Reizschwelle herab, weshalb es manchmal auch als »Kampfhormon« bezeichnet wird.

Kortisol

Kortisol ist der kraftvolle Gegenspieler des Oxytocins. Kortisol wird salopp auch als »Stresshormon« bezeichnet. Es steuert die Stressreaktion (siehe Kapitel Stress), eine uralte Reaktion auf gefahrvolle Ausnahmesituationen. Das Kortisol mobilisiert alle körpereigenen Reserven, damit das Individuum auf die Gefahr reagieren kann – eine unter Umständen lebensrettende Funktion. Der Körper kann so sämtliche Energien nutzen, damit er bei Bedarf flüchten oder kämpfen kann. Alle anderen Körperfunktionen, die in dieser Situation nicht unmittelbar lebensrettend wirken, werden zurückgefahren oder ausgeschaltet (Thomashoff 2014, 75). Dazu zählen das Immunsystem und die Fortpflanzung, aber auch die Selbstbeherrschung.

Über einen seit Jahrtausenden und bis heute gleich ablaufenden Regelkreis entfaltet das Kortisol im ganzen Körper seine starke und vielseitige Wirkung. Sie ist jedoch nicht immer nur negativ. Bei einer zu bewältigenden Stresssituation bewirkt es die verbesserte Speicherung von Informationen, zum Beispiel über das gerade erfolgte Verhalten. Das gilt gerade dann, wenn die Stresssituation zu einer lösbaren Herausforderung wird, die mit der Ausschüttung von Dopamin einhergeht, was die Lernfähigkeit steigert (Thomashoff 2014, 75 f.).

Oxytocin

Sozialer Kontakt und angenehme körperliche Berührungen spielen auch im Zusammenhang mit Oxytocin und Vasopressin eine wichtige Rolle, die auch als »Liebes-« oder »Bindungshormone« bekannt sind. Sowohl beim Menschen als auch beim Hund lässt 5- bis 24-minütiges Streicheln den Oxytocinspiegel im Blut ansteigen (Jung/Pörtl 2016, 174 f.). Aber nicht nur direkter Körperkontakt, auch sonstiges liebevolles, soziales Miteinander kurbelt die Produktion von Oxytocin an. Es fördert das Einfühlungsvermögen und das Vertrauen in soziale Interaktion, sowohl innerartlich als auch zwischen Mensch und

Hund. Es hat eine stressreduzierende Wirkung und stärkt die emotionale Bindung zu anderen Individuen. Das gilt zwischen Sexualpartnern ebenso wie zwischen nahen Vertrauten sowie Eltern und Kind. Deshalb suchen Individuen bei Stress oft die Nähe von anderen Lebewesen. Intuitiv wird das Verhalten aus der Kindheit abgerufen, bei Angst den Schutz der Eltern zu suchen. Das Oxytocin wirkt dann hemmend auf die Aktivität der Amygdala, also die Angst. Je mehr verlässliche Bindungen ein Individuum in seinem Leben erfahren hat, desto mehr Oxytocinrezeptoren – also Andockstellen, die den Stoff wirksam werden lassen – befinden sich in seinem Gehirn und desto besser kann es sich bei Stress behelfen (Thomashoff 2014, 78).

Serotonin

Serotonin ist auch als das »Beruhigungshormon« bekannt. Serotonin wirkt stabilisierend und ausgleichend auf die Stimmung und spielt eine Rolle bei der Fähigkeit, auf Veränderungen im Außen angemessen zu reagieren. Außerdem regelt es unter anderem den Appetit, den Schlafrhythmus und das Schmerzempfinden (Jung/Pörtl 2016, 172). Ein ausreichend hoher Serotoninspiegel bewirkt Ausgeglichenheit und Wohlbefinden, schützt in Stresssituationen und vermindert aggressives, impulsives Verhalten. Serotonin ist sozusagen der Gegenspieler der Botenstoffe, die bei Stress wirken, vor allem Kortisol. Körperkontakt wie Streicheln und Kraulen, aber auch körperliche Bewegung fördern die Serotoninausschüttung (Jung/Pörtl 2016, 173).

Dopamin

Dopamin ist auch als »Glückshormon« bekannt. Das ist allerdings missverständlich. Die Stoffe, die sich als wohliges, zufriedenes Gefühl äußern, sind eher Opioide mit morphin-ähnlicher Wirkung. Dopamin wirkt antreibend und belohnend, steht mit Verlangen, Motivation und Neugierde in Verbindung sowie dem Gefühl der Vorfreude auf eine Belohnung. Deshalb motiviert Dopamin zu einem Verhalten, das eine Belohnung verspricht. Dopamin ist auch beim Suchtverhalten beteiligt. Außerdem beeinflusst es die motorische Koordination und die Aufmerksamkeit – und es beeinflusst kognitive Prozesse im präfrontalen Kortex, die ein Individuum für bewusste Entscheidungen und planvolles Vorgehen braucht (Jung/Pörtl 2016, 186).

Auf der Suche nach dem Angenehmen

Bleiben wir noch beim Dopamin. Dies ist also der Stoff, der im Spiel ist, wenn es um eine Belohnung geht, beziehungsweise wenn eine Belohnung in Aussicht steht. Nach Belohnung streben Mensch wie Hund gleichermaßen – im Prinzip geht es uns immer darum, das Angenehme, Lustvolle zu finden oder zu vergrößern und das Unangenehme zu vermeiden oder so gering wie möglich zu halten. Man spricht auch von Appetenz – dem Streben nach dem Positiven – und Aversion – das Vermeiden von Negativem (Roth 2017, 297). Nach diesem Prinzip richtet sich unser Verhalten, weil es in letzter Konsequenz überlebenswichtig ist.

Die Erwartung, dass etwas Positives eintritt, lässt uns also handeln. Ein Hund, der davon ausgeht, dass er in bestimmten Situationen belohnt wird, nimmt es gern in Kauf, dafür etwas zu tun, zum Beispiel seinen Platz zu verlassen oder eine Aufgabe auszuführen. Ein Mensch arbeitet, auch wenn es mühsam ist, um sich vom verdienten Geld etwas zu leisten. Aber woran liegt es, dass manche Individuen mehr Bereitschaft zeigen als andere, in Erwartung des Angenehmen etwas Unangenehmes in Kauf zu nehmen?

Belohnung und Belohnungsaufschub: Marshmallow-Test

Damit hat sich der Psychologe Walter Mischel beschäftigt. Sein Name ist mit den sogenannten Marshmallow-Tests verknüpft. Ab den Sechzigerjahren führte er mit Vorschulkindern Tests durch, bei denen er ihre Fähigkeit zum Belohnungsaufschub untersuchte. Die Kinder wurden vor die Wahl gestellt: Entweder konnten sie einen Marshmallow sofort bekommen – oder zwei Marshmallows später. Die Experimente liefen in Einzelsitzungen ab und das Kind konnte die Süßigkeit sehen. Der Versuchsleiter erklärte dem Kind, dass er den Raum verlassen würde, das Kind ihn aber sofort durch das Läuten einer Glocke zurückrufen könne. Wenn das Kind die Glocke läutete, kam der Versuchsleiter zurück ins Zimmer und gab dem Kind den versprochenen Marshmallow. Wartete das Kind ab, ohne die Glocke zu läuten, kehrte der Versuchsleiter nach einer Zeit von etwa 15 Minuten zurück und das Kind bekam zwei Marshmallows.

Nicht zu verwechseln: Futterbelohnung und Belohnungsaufschub

Wichtig ist an dieser Stelle zu betonen: Hier ist nicht die Technik der positiven Verstärkung durch Futterbelohnungen (»Leckerli«) gemeint, die viele Trainer bei ihrer Arbeit mit Hunden oft oder ausschließlich einsetzen. Mischels Anliegen war es auch gar nicht, den Kindern in seinen Versuchen etwas beizubringen. Er wollte nur ihr Verhalten beobachten, und dazu verwendet er den Begriff des Belohnungsaufschubs aus der Psychologie, der jedoch nichts mit Leckerli zu tun hat. Mischel versteht unter Belohnungsaufschub, auf eine kleinere Belohnung jetzt zu verzichten, um eine größere später zu bekommen. Die Belohnung muss nicht aus Essbarem bestehen, so gab es auch Versuche, in denen Kindern Geld oder Farbstifte angeboten wurden. Für die Experimente war es entscheidend, Dinge anzubieten, die in der mentalen Bewertung der Kinder einen starken Reiz ausübten. Nach Mischel ist Selbstkontrolle – womit er die Fähigkeit meint, die ich hier aus den oben beschriebenen Gründen Selbstbeherrschung nenne – die Grundlage für die Fähigkeit zum Belohnungsaufschub.

Die Experimente wurden in verschiedenen Varianten und Abwandlungen durchgeführt. Die meisten Kinder konnten einige Minuten abwarten, riefen den Versuchsleiter dann aber mit der Glocke zurück und entschieden sich damit also für einen Marshmallow.

Mischels Erkenntnisse

In Anschlussstudien fand Mischel heraus, dass die Kinder, die in seinem Experiment am längsten gewartet hatten, als Jugendliche mehr Selbstkontrolle in frustrierenden Situationen zeigten, nicht so anfällig für Verlockungen waren und sich nicht so leicht ablenken ließen. Sie konnten den Eltern zufolge besser vorausdenken und planen, und sie hatten im Vergleich bessere Ergebnisse in der Schule. Später als Erwachsene konnten die Personen, die als Vorschulkinder am längsten warten konnten, besser langfristige Ziele verfolgen, hatten ein höheres Bildungsniveau erreicht und gefährliche Drogen gemieden. Außerdem hatten sie einen niedrigeren Body-Mass-Index und sie waren erfolgreicher darin, enge Beziehungen aufrechtzuerhalten. Gehirnscans der »guten« und »schlechten« Belohnungsaufschieber zeigten, dass ihre Gehirne in unterschiedlichen Bereichen mehr Aktivitäten aufwiesen. Bei denjenigen, die als Vorschulkinder den begehrten Marshmallows länger hatten widerstehen können, zeigte sich, dass das Gehirnareal des präfrontalen Kortex aktiver war als bei den »schlechten Belohnungsaufschiebern«, also den Kindern, die nicht so lange hatten warten können und die Glocke früher geläutet hatten.

Das heiße und das kühle System

Um die sehr unterschiedlichen Aufgaben des limbischen Systems und des präfrontalen Kortex anschaulich zu machen, spricht Mischel in diesem Zusammenhang vom »heißen« und »kühlen« Denken (Mischel 2016, 61). Er nennt die beiden widerstreitenden Gehirnfunktionen das »heiße, emotionale« und das »kühle, kognitive« System – heiß für schnelle, emotionale Entscheidungen aus dem Bauch; kühl für überlegte, gut durchdachte Entscheidungen mit einer Abwägung des Für und Wider.

Das emotional heiße »Los-System«, wie Mischel es nennt, funktioniert noch weitgehend wie bei unseren Urahnen. Dieses System ist darauf spezialisiert, »schnell auf starke, emotionsauslösende Reize zu reagieren, die automatisch Lust, Schmerz und Furcht hervorrufen. Bei der Geburt ist es bereits voll funktionsfähig« (Mischel 2016, 62). Es motiviert Kinder dazu, zwei Marshmallows zu wollen, weil sie lecker sind – aber es macht es auch schwer, das Warten zu ertragen, weil man den leckeren Geschmack möglichst sofort haben will. Sonst ist der Marshmallow vielleicht schon von einem Fressfeind verschlungen. Deshalb signalisiert das heiße System: »Los! Schnell aufessen!«

Da das heiße System evolutionär für Situationen ausgeprägt wurde, in denen es um Leben und Tod ging, wird es durch Stress aktiviert und ist innerhalb kürzester Zeit einsatzfähig. Diese Reaktion ist auch äußerst sinnvoll, wenn es um die lebenserhaltende Reaktion auf eine Gefahrensituation geht, zum Beispiel bei einer überraschenden Begegnung mit einem Säbelzahntiger. Heute müssen wir Menschen zwar in den seltensten Fällen gegen wilde Tiere kämpfen, doch auch für den modernen Menschen und seinen Hund gibt es Gefahrensituationen, in denen man entscheiden muss, ob man zum Beispiel flüchtet oder bleibt. Unpraktisch ist die Aktivierung des heißen Systems dann, wenn eine stressige Situation eine ruhige, gut durchdachte Entscheidung erfordert.

Solche reflektierten Entscheidungen kann das kühle, kognitive System sehr viel besser treffen. Mit seiner Verortung im präfrontalen Kortex ist es maßgeblich an Entscheidungen beteiligt, die vorausschauend getroffen werden wollen. Deshalb hilft es auch bei der Selbstbeherrschung, weil sie mit durchdachten Entscheidungen verknüpft ist und ihnen zugrunde liegt.

Der präfrontale Kortex ist der evolutionär am höchsten entwickelte Bereich des Gehirns. Er unterstützt die Fähigkeiten, die das ausmachen, was höhere Säugetiere von anderen unterscheidet. Das heiße und das kühle System stehen in einer Wechselwirkung zueinander: Nimmt die Aktivität des einen zu, sinkt die des anderen. Je größer der Stress, desto eher bestimmt das heiße System Gedanken, Gefühle und Verhalten und desto kleiner wird der Einfluss des kühlen Systems – ungünstigerweise, denn ausgerechnet bei Stress braucht man einen besonders »kühlen Kopf«. Das spiegelt sich, wie wir oben gesehen haben, auch in den jeweils beteiligten Botenstoffen.

Das Bild der Belohnung

Mischel stoppte nicht nur die Zeit, wie lange die Kinder in seinen Experimenten warten konnten, bevor sie die Glocke läuteten. Er sah sich auch an, wie sich die Kinder beim Warten genau verhielten. Er fand heraus, dass die Kinder, die besonders lange warten konnten, Abstand zwischen sich und dem begehrten Marshmallow schufen: einerseits räumlich – sie rückten den Teller mit der Süßigkeit ganz weit von sich weg an den Rand des Tisches –, aber auch gedanklich und emotional. Manche lenkten sich mit Singen oder Gedankenspielen ab, oder sie stellten sich das Marshmallow als abstrakte Sache vor. Zum Beispiel taten sie so, als sähen sie nur ein eingerahmtes Bild eines Marshmallows. Manche Kinder hielten sich schlicht die Augen zu, um die Leckerei gar nicht erst sehen zu müssen. Die Kinder hatten sehr unterschiedliche Techniken, doch sie vereinte, dass sie ablenkende Gedanken hatten oder dass sie ihren Fokus auf die »kühlen Merkmale« setzten, den Reiz also umdeuteten.

Die Kinder, die sich hingegen direkt auf die »heißen Merkmale« konzentrierten – den direkten Anblick, den Geruch, das Gefühl auf der Zunge –, hielten die Wartezeit weniger lang aus als die Kinder, die es schafften, den Reiz mental »kühl« zu repräsentieren. Die Versuchsleiter konnten die Kinder sogar unterstützen, länger zu warten, indem sie ihnen sagten, sie sollten sich ablenken oder die Marshmallows als ein Bild vorstellen. Andersherum warteten Kinder im Schnitt kürzer, wenn ihnen nur ein Bild eines Marshmallows gezeigt, ihnen dazu aber gesagt wurde, dass sie sich die reale Süßigkeit in allen Details vorstellen sollten. »Das Bild, das sie in ihren Köpfen heraufbeschworen«, schreibt Mischel, »war stärker als das, was sie auf dem Tisch sahen.« (Mischel 2016, 49)

Mischel erforschte außerdem, dass es verschiedene Faktoren gibt, die einen Einfluss auf das Verhalten der Kinder hatte. Wenn sie Angst hatten oder angespannt waren, konnten sie nicht lange durchhalten. Auch wenn die Versuchsleiter die Kinder dazu aufforderten, an etwas Trauriges oder Belastendes zu denken, war die Zeit bis zum Läuten der Glocke kürzer. Auf die Bedeutung von Stress werde ich später noch einmal zurückkommen.

Dass Säugetiere zur Bildung und Aufrechthalten von solchen mentalen Repräsentationen überhaupt in der Lage sind, dabei spielt – wenig überraschend – der präfrontale Kortex eine wichtige Rolle.

Belohnung und Motivation

In all dem liegt auch der Schlüssel zur Veränderbarkeit von Verhalten. Im Laufe des Lebens lernt das Individuum, wie seine individuellen Bedürfnisse befriedigt werden können. Es ändert sein Verhalten dann, wenn es einen Vorteil darin sieht. Dieser Vorteil kann auch beinhalten, dass es keinen Nachteil gibt oder der Nachteil möglichst gering ist (Roth 2017, 279) – oder dass es angemessen ist, auf das Positive zu warten.

In Betrieb ist hier das Belohnungssystem, das im mesolimbischen System verortet ist, einem Teilbereich des limbischen Systems. Dopamin wird ausgeschüttet, wenn ein Individuum eine Belohnung erwartet oder wenn es Reizen ausgesetzt ist, die an eine Belohnung erinnern – es ist der Stoff der Belohnungserwartung. Wenn ein angestrebtes Ereignis dann jedoch eintritt, wird kein oder nur wenig Dopamin ausgeschüttet (Roth 2017, 301). Das gute, wohlige Gefühl, das sich einstellt, wenn das Individuum das begehrte Ziel erreicht, wird vielmehr durch Endorphine und andere Stoffe wie das Oxytocin hervorgerufen. Für Positives gibt es im Gehirn damit zwei unterschiedliche Systeme: einerseits ein System, das den Wert der Belohnung, den Lustgewinn, wahrnimmt; andererseits ein zweites System, das dieses Ereignis überhaupt erst erstrebenswert macht (Roth 2017, 301). Die Belohnung als solche befriedigt und sorgt für ein gutes Gefühl, doch das Individuum strebt nach immer neuer Belohnung – und genau darin besteht die Motivation, weiterzumachen, auch wenn es vielleicht mühsam ist. Ein Teil des Belohnungssystems ist deshalb eigentlich vielmehr ein Motivationssystem.

Motivation ist damit also nichts anderes als eine Belohnungserwartung (Roth 2017, 197). Motive sind »psychische Antriebszustände für Dinge, die nicht selbstverständlich ablaufen« – und je höher der Widerstand, der dafür überwunden werden muss, desto mehr Motivation ist nötig (Roth 2017, 296).

Das mesolimbische System als Sitz des Belohnungs- und Motivationszentrums ist also verantwortlich für die Verbindung von Reizen und Belohnung. Interessanterweise wirken hier neben dem Dopamin auch Oxytocin und Vasopressin, die »Liebeshormone«. Deshalb ist Beziehung, also der Kontakt zu anderen Individuen, so wichtig für die Motivation (Thomashoff 2014, 62). Und je größer die Motivation und die Belohnungserwartung, desto mehr wird die Selbstbeherrschung herausgefordert.

Einflüsse auf die Selbstbeherrschung

Neben Stress gibt es noch eine Reihe von anderen Faktoren, die auf die Motivation und damit auf die Selbstbeherrschung wirken. Sie sind Thema des dritten Teils dieses Buchs. Doch zunächst sollten wir uns noch anschauen, warum Selbstbeherrschung eigentlich so wichtig ist.

Warum ist Selbstbeherrschung so wichtig?

Wieso braucht man Selbstbeherrschung? Triviale Antworten liegen auf der Hand: Damit man Mitgeschöpfe nicht gleich beißt, nur weil man mal genervt ist. Tatsächlich ist Frust ein wichtiges Stichwort. Wir klären, warum der Weg zur Selbstbeherrschung über die Frustrationstoleranz führt, und was Aggression und Jagdverhalten damit zu tun haben.

Hilfe, Frust!

Ein Freitagnachmittag im Herbst: Nach einer anstrengenden Woche hast du endlich Feierabend und willst nur noch nach Hause. Du freust dich aufs Abendessen, auf Zeit mit deiner Familie und deinem Hund. An der Bushaltestelle beginnt es, zu nieseln. Der Bus lässt auf sich warten. Als er endlich kommt, musst du dich schnell hineindrängeln, damit du überhaupt noch mitkommst, bevor sich die Türen wieder schließen. Drinnen fühlst du dich wie eine Sardine in der Konservenbüchse, eingezwängt zwischen fremden Menschen in nassen Jacken.

Als der Bus in die Kurve geht, kannst du dich gerade noch an der Haltestange festklammern. Versehentlich berührst du eine fremde Hand, ein Kind jammert lautstark und von hinten bläst dir jemand seinen Atem in den Nacken. Furchtbar! Nicht mal rausgucken kann man durch die beschlagenen Scheiben! Von allen Seiten scheinen dir Menschen auf den Pelz zu rücken. Du fühlst dich eingesperrt und dir ist viel zu heiß in deiner Jacke.

Um die Sache auszuhalten, atmest du ruhig durch, schließt die Augen und denkst an den letzten Sommerurlaub. Was du nicht tust: laut schreien. Dem Typen hinter dir eine reinhauen, weil er deine Individualdistanz unterschreitet. Die Busfahrerin anpöbeln, weil sie so schnell in die Kurve gegangen ist. Du brüllst auch nicht alle anderen Fahrgäste an, weil sie dir so dermaßen auf die Nerven gehen, denn du hast gelernt, dass du mit dieser Situation klarkommen musst und dass zwar alles reichlich nervig, aber eben auch nicht wirklich schlimm ist. Und du weißt auch, dass du diesen Frust aushalten kannst, wenn du mit den öffentlichen Verkehrsmitteln in der Hauptverkehrszeit nach Hause willst. Du hast gelernt, dass du in Kauf nehmen musst, dass es mal eng ist und du bis zu deiner Haltestelle stehen musst. Dafür stehst du nicht im Stau, musst nicht mit dem Rad auf der Hauptverkehrsstraße durch den Regen und du bist schnell am Ziel.

Mit Frust leben lernen

Die Fähigkeit, solche Situationen auszuhalten, nennt man Frustrationstoleranz. Du denkst bei diesem Begriff vielleicht an ein wütendes Kleinkind im Supermarkt, das an der Kasse Süßigkeiten haben will und sich schreiend auf den Boden wirft. Tatsächlich ist Frustrationstoleranz mit vielen Situationen des Alltags und mit jeder Lernerfahrung verbunden. Dementsprechend übt jeder Mensch ab dem Zeitpunkt seiner Geburt auch Frustrationstoleranz. So muss ein Säugling zum Beispiel lernen, dass es ein paar Minuten dauern kann, bis es gefüttert wird. Das Kleinkind erfährt an der Supermarktkasse, dass es nicht zu jedem Zeitpunkt Süßigkeiten bekommt. Im Schulalter und später im Beruf lernen wir – oder sollten es zumindest lernen –, nicht sofort aufzugeben oder sich ablenken zu lassen, wenn es unangenehm wird, und dass es sich lohnt, Geduld zu haben und Rückschläge in Kauf zu nehmen. Ähnliche Erkenntnisse sind mit jeder Lernerfahrung verbunden, egal in welchem Alter. Denn Lernen beinhaltet, dass auch Frust ausgehalten werden will.

Auch dein Hund musste als Welpe vergleichbare Erfahrungen machen. Als er durstig war und zur Milchbar der Mutterhündin wollte, musste er auch warten, bis eine Zitze frei war. Vielleicht musste er sich an seinen Geschwistern vorbeischlängeln und sich zur leckeren Muttermilch vorarbeiten, bis er endlich an der Reihe war. Wenn ihm kalt war, musste er eine günstige Position möglichst nah an der Mutter suchen. Das ist frustrierend und es gehört Geduld dazu, bis man endlich am Ziel ist. Diese und viele folgende Lernerfahrungen im Leben eines Hundes sind wichtig, damit er lernen kann, dass er zum Beispiel nicht einfach einem Kind die Eistüte aus der Hand oder die Bockwurst vom Teller klauen darf, nur weil es genau vor seiner Nase so lecker riecht … Er muss lernen, dass auf einen Reiz nicht zwangsläufig eine sogenannte Bedürfnisbefriedigung folgt: Auf »hm, riecht das lecker« folgt nicht automatisch »fressen«, auf »die rücken mir alle auf den Pelz« folgt nicht »nichts wie weg hier« oder »verschwinde« – genau wie bei deinem Erlebnis im Bus.

Mit Selbstbeherrschung gegen den Frust

Die Voraussetzung für Frustrationstoleranz ist Selbstbeherrschung. Nur ein selbstbeherrschtes Lebewesen kann souverän mit Frust umgehen, statt einem Reiz nachzugeben oder sogar voller Wut auszurasten. Tatsächlich ist jeder Mensch in unterschiedlicher Ausprägung tolerant gegenüber Frustrationen. Denn hätten wir diese Fähigkeit nicht, wäre das Leben sehr mühsam. Wenn man genau hinsieht, wird unsere Frustrationstoleranz tagtäglich auf die Probe gestellt: im Stau, nach dem Frisörbesuch, wenn die Haare zu kurz geworden sind, wenn wir ein gestecktes Ziel nicht erreichen – die Beispiele sind endlos.

Für Hunde ist Frustrationstoleranz vielleicht sogar noch wichtiger als für Menschen. Erinnere dich an die Anforderungen der Gesellschaft an den Hund: Tagtäglich strömen verlockende Reize auf den Hund ein, die ihn zu Reaktionen geradezu herausfordern. Wir Menschen erwarten von ihm, dass er sich an die durch uns gesetzten Regeln hält und sich in der durch uns geprägten Welt zurechtfindet. Da braucht er jede Menge Frustrationstoleranz, um ein entspanntes Leben zu führen, je mehr, desto besser.

Unangenehm, aber wichtig

Wie schnell ein Hund Frustration empfindet, hängt zum einen von seiner Persönlichkeit ab, zum anderen aber auch damit, ob er gelernt hat, mit Frustration umzugehen. Hunde mit geringer Frustrationstoleranz können Verzögerungen – oder sogar das Ausbleiben – einer Bedürfnisbefriedigung schlecht ertragen. Oft betrifft das Hunde, denen es objektiv an nichts fehlt. Sie haben liebevolle Besitzer, Bewegung, Beschäftigung und wertvolle Ernährung. Und doch empfinden sie bei Einschränkungen wie Wartenmüssen, Langeweile oder Alleinsein Frust, da ihnen niemand geeignete Bewältigungsstrategien für den Umgang damit beigebracht hat. Stattdessen »nerven« sie. Zum Beispiel quengeln, fiepen oder bellen sie und tun damit kund, dass ihnen etwas nicht passt. Diese Hunde suchen auf individuelle Weise nach Entlastung und Erlösung aus der unangenehmen Situation. Die Folge kann sein, dass sie lernen, dass sie nur beharrlich sein müssen, bis der Mensch sie entlastet, und so unangenehme Gewohnheiten entwickeln.

Der Hund lernt nämlich nach folgender, einfacher Logik: »Die unangenehme Situation endete, als ich mich aufgeregt habe. Also muss ich mich nur aufregen.« Man spricht in diesem Zusammenhang auch von selbstbelohnendem Verhalten. Der Hund erreicht, dass der Mensch seine Aufmerksamkeit auf ihn richtet. Dabei kann es egal sein, ob es sich um positive oder negative Aufmerksamkeit handelt, solange auf das Verhalten eine Reaktion erfolgt. Der Hund lernt: Ich muss mich nur lange genug aufregen, dann ändert sich etwas.

Frustrationstoleranz klingt nach Mühsal, Anstrengung und Ertragenmüssen – und das stimmt auch. Sie ist unangenehm, aber trotzdem wichtig, und sie wird auch mit Übung leichter. Vorausgesetzt, man lernt Schritt für Schritt im Rahmen einer guten Bindung und durch Anleitung eines guten Vorbildes. Dann fördert die Bindung das Training der Frustrationstoleranz. Dabei gehen Bindung und Frustrationstoleranz Hand in Hand.

Übung macht den Meister

Schon der Welpe darf von Anfang an Frust erfahren – in Form von altersentsprechenden, wohldosierten Erfahrungen wohlgemerkt, mit denen er üben kann. Zum Beispiel darf er lernen, für den Menschen nicht immer die erste Geige zu spielen. Weniger Aufmerksamkeit ist manchmal mehr, und auch wenn das neue Familienmitglied noch so niedlich ist, sollte der Hund nicht Dreh- und Angelpunkt allen Geschehens sein. Das zählt zu den ersten Lernerfolgen, die der Welpe mit seinem Menschen erfahren darf. Hält sich der junge Hund für den Nabel der Welt, fällt das seinem Besitzer irgendwann auf die Füße – und das führt dann beiderseits zu wirklichem Frust.

Frustrationstoleranz lernt man immer und überall im Leben, davon ist der Welpe nicht ausgenommen. Von Anfang an gilt es, gute Rahmenbedingungen für das gemeinsame Lernen zu schaffen. Diese

Rahmenbedingungen sollten für Mensch und Hund stimmen. Vorwiegend zu Hause, wo sich beide Parteien in einer geschützten, reizarmen Umgebung in Ruhe aufeinander und auf die Situation einlassen können, wird so ein erster Erfahrungsschatz generiert. Zeitgleich öffnet sich die Welt draußen mit all ihren Reizen und Eindrücken, denen der junge Hund mehr und mehr zu widerstehen lernen kann. Natürlich sollten diese ersten Erfahrungen immer dem Alter, den Fähigkeiten und der Reife des Welpen entsprechen. Steck deine Erwartungen nicht allzu hoch – dein junger Hund lernt ganz nebenbei auch noch Dinge wie Konzentration und Koordination. Statt ein Programm abzuspulen, ist es eher wichtig, beharrlich und liebevoll am Ball zu bleiben. Das gilt übrigens ganz unabhängig vom Alter des Hundes.

Grundlage für erfolgreiches Lernen

Wer nicht frustrationstolerant ist, kann mit Frust schlecht umgehen. Das äußert sich oft in impulsiven Reaktionen. Solches unbeherrschte Verhalten hat Auswirkungen auf viele Bereiche des Lebens, und gerade im Zusammenleben mit anderen Lebewesen haben es diejenigen leichter, die Selbstbeherrschung gelernt haben. Mischel kam im Zusammenhang mit seinen Marshmallow-Tests zu dem Ergebnis, dass Selbstbeherrschung ganz allgemein hilft, das Leben zu meistern. Er befragte Eltern, deren Kinder Jahre zuvor an den Tests teilgenommen hatten. Ihrer Einschätzung nach waren die Kinder, die länger auf den Marshmallow warten konnten, zumindest subjektiv erfolgreicher als die Kinder, die nicht so lange warten konnten.

Inzwischen wird angenommen, dass Selbstbeherrschung gemeinsam mit kognitiver Flexibilität und einem guten Arbeitsgedächtnis – also dem ganzen Set an exekutiven Funktionen, die im vorigen Kapitel näher beschrieben sind – von zentraler Bedeutung als Basis für das Lernen überhaupt sind. Gut ausgebildete exekutive Funktionen gelten heute als ebenso wichtig wie Intelligenz oder fachspezifisches Wissen.

»Exekutive Funktionen stellen damit eine wichtige Grundlage zur Entfaltung der vorhandenen geistigen Potenziale dar. Die Fähigkeit zu selbstregulatorischem Verhalten spielt dabei eine Schlüsselrolle. Die Selbstregulation, die auf den exekutiven Fähigkeiten aufbaut, befähigt Lernende, ihr Lernverhalten zu steuern und Denkprozesse zu kontrollieren. Auch der angemessene Umgang mit eigenen Gefühlen unterstützt das Lernen. Unkontrollierte, emotionale Impulsivität, wie auch Ängste und Besorgtheit, reduzieren die Aufmerksamkeit und Konzentration. Dies hat zur Folge, dass die Lernfähigkeit beeinträchtigt wird.« (Walk/Evers 2013, 31)

Entsprechendes gilt auch für den Hund, sein Sozialverhalten und seine Lernfähigkeit. Das ist gerade dann von Interesse, wenn die soziale Funktion des Hundes für den Menschen an Bedeutung gewinnt.

Selbstbeherrschung trainieren

Frustrationstoleranz ist von entscheidender Bedeutung, um auch in schwierigen oder aufregenden Situationen die Kontrolle zu behalten, noch so verlockenden Reizen nicht nachzugeben und jederzeit dem Menschen zugewandt zu sein. Dazu muss der Mensch den Hund dabei unterstützen, diese Fähigkeit zu üben, auch wenn es unangenehm ist.

Frustrationstoleranz

Der Weg zur Selbstbeherrschung geht über die Frustrationstoleranz. Dazu gibt es im Alltag viele Möglichkeiten, denen man nicht aus dem Weg gehen, sondern sie sogar im Gegenteil aktiv herbeiführen sollte. Sie dienen dazu, den Hund in Gelassenheit und Souveränität zu schulen, auch wenn er an einer menschgemachten Situation selbst nichts ändern kann.

Auch Langeweile ist Frust

Herausfordernde Situationen können stressig sein, furchteinflößend, aufregend – aber auch langweilig. Ich betone das, weil Langeweile oft nicht so leicht erkennbar ist als Auslöser für unkontrolliertes Verhalten. Ich finde es äußerst sinnvoll, einem Hund von Anfang an beizubringen, dass es okay ist, auch einmal kein Programm zu haben. Tatsächlich ist dies ein großes Problem für viele Hunde (und Kinder). Von Natur aus können Hunde Langeweile ganz gut aushalten, aber mit all unseren Bemühungen, ständig für Unterhaltung und Action zu sorgen, haben wir sie daran gewöhnt, ständig Bespaßung von uns zu erwarten. Doch das Leben ist kein Unterhaltungsprogramm, es ist auch mal reizarm, langweilig, ereignislos. Es ändert sich ja meist schnell genug wieder – auch deshalb schadet es nichts, Langeweile aushalten zu können.

Offen für den Menschen

Natürlich hat der Mensch ein großes Eigeninteresse an einem selbstbeherrschten Hund – es lebt sich einfach besser mit einem gelassenen Zeitgenossen zusammen. Wir haben aber auch ein Interesse daran, dass der Hund seine geistigen Potenziale ausschöpfen kann und die nötige Ruhe dafür hat, denn wir möchten mit unseren Anliegen zu ihm durchdringen. Als Mensch steht man in der Aufmerksamkeit des

Hundes in einer permanenten Konkurrenz. Ob weggeworfene Fischbrötchen, andere Hunde oder jagdbares Getier – viele Eindrücke buhlen um die Aufmerksamkeit des Hundes, Reize aus der belebten und unbelebten Umwelt bieten Ablenkung. Um angesichts dieser Mitbewerber bestehen zu können, muss man als Mensch schon ganz schön interessant sein.

Im Idealfall sieht das so aus: Du bist für deinen Hund so interessant, dass er mit seiner Aufmerksamkeit jederzeit bei dir sein kann. Erinnere dich an das unsichtbare Band. Auf Grundlage von Vertrauen sind Mensch und Hund miteinander verbunden; dein Hund steht mit dir in Kontakt und Austausch. Mit genügend Frustrationstoleranz kann er Grenzen akzeptieren und Impulsen widerstehen. Mit Leckerli ist das nicht getan, da muss es schon eine stärkere Motivation geben, das Fischbrötchen links liegenzulassen – dich nämlich und eure Verbindung, mit starker Frustrationstoleranz als Teil der Selbstbeherrschung, die du ihm über einen längeren Zeitraum beigebracht hast.

Direkt in solchen Situationen mit einem starken Reiz mit dem Üben zu beginnen, ist übrigens oft schwierig, weil es den Hund unter Umständen überfordert. Das Training der Selbstbeherrschung sollte schon früher beginnen, und du musst dich auch schon früher glaubwürdig als Kapitän in eurer Beziehung qualifiziert haben, sonst dringst du in schwierigen Situationen nicht zu deinem Hund durch. Nur eine wirklich spannende Instanz kann eine ernsthafte Konkurrenz gegenüber dem Reiz sein. Und diese spannende Instanz für deinen Hund willst *du* sein! Ansonsten hast du keine Chance gegen das Fischbrötchen – und erst recht nicht gegen das Kaninchen.

Ganz natürlich und sogar wichtig: Aggression

Mit Frustrationstoleranz kann der Hund Grenzen hinnehmen und aushalten, wenn es einmal nicht nach seiner feuchten Nase geht. Auf dieser Grundlage kann er aber noch etwas anderes fundamental Wichtiges lernen: mit seiner Aggression umzugehen.

Aggression ist ein heiß diskutiertes Thema. Bei diesem Begriff haben viele Menschen unschöne, medial inszenierte Bilder vor Augen. Diese unschönen Szenen gibt es tatsächlich, und wenn sich die Aggression eines Hundes gegen Menschen richtet, gibt es kein Pardon. Grundsätzlich aber ist Aggression Teil des natürlichen Verhaltens. Aggression ist unverzichtbarer Bestandteil von Kommunikation, und zwar – so verwunderlich es klingen mag –, um Konflikte mit Gewalt und Blutvergießen zu verhindern. Sie hat den Zweck, das eigene Leben, die individuellen Ressourcen wie Nahrung und Trinkwasser, das Territorium, den sozialen Status oder Handlungsfreiräume zu schützen (Feddersen-Petersen 2013, 294). Aggression ermöglicht es Kontrahenten, das Kräfteverhältnis auszutarieren, ohne dass es zu einer Eskalation kommen muss. Voraussetzung ist, dass beide Konfliktparteien die aggressive Kommunikation gelernt haben. Ob es überhaupt zu aggressivem Verhalten kommt, hängt von bisher erlernten Strategien und Taktiken sowie von der Veranlagung des Individuums ab. Wenn sie eingesetzt wird, ist sie eine Möglichkeit, wichtige Botschaften rüberzubringen. Inhaltlich geht es oft um ziemlich simple und fast immer im Außen veranlasste Angelegenheiten: beispielsweise den Verlust von Nahrung, eine unterschrittene Individualdistanz oder gestörte Ruhe.

Ein Zusammenhang: Aggression und Angst

Doch schauen wir noch genauer hin. Als eine der Aggression zugrunde liegende Emotion gilt die Angst. Angst prägt das Leben auf individuelle Art und Weise. Sie warnt uns vor Gefahren, fordert aber auch Entscheidungen ein und beeinflusst damit unsere Reaktionen. Die Akzeptanz und Bewältigung von Angst ist die Voraussetzung von persönlicher Reifung: »Das Annehmen und das Meistern der Angst bedeutet einen Entwicklungsschritt, lässt uns ein Stück reifen. Das Ausweichen vor ihr und vor der Auseinandersetzung mit ihr lässt uns dagegen stagnieren; es hemmt unsere Weiterentwicklung und lässt uns dort kindlich bleiben, wo wir die Angstschranke nicht überwinden.« (Riemann 2017, 19) Auf das Wesentliche reduziert, dreht es sich beim Umgang mit Angst im Kern um die Entscheidung zwischen Flucht oder Kampf, um Vermeidung oder Annäherung. Interessanterweise sind Annäherung und Aggression zwei verwandte Konzepte. Das wird in der ursprünglichen Bedeutung des Begriffs Aggression erkennbar: Lateinisch aggredi bedeutet »heranschreiten, angreifen«, das aus ad – »heran, hinzu« und gradi – »schreiten, gehen« entstanden ist. Angst kann damit nur in der Auseinandersetzung mit der Umwelt überwunden werden, indem man sich der Welt annähert. Dazu muss man einen Schritt nach vorn machen, statt zu fliehen.

Die Notwendigkeit, mit Konflikten umgehen zu müssen, ergibt sich im Laufe der Kindheit. Zu Beginn stillen die Eltern die Bedürfnisse des jungen Wesens, doch nach und nach entwickelt es eigene Wünsche und Vorstellungen, die immer mehr im Gegensatz zu denen seiner Eltern stehen. Immer größer wird die Notwendigkeit, eigene Lösungsmöglichkeiten zu finden »zwischen seinem Eigenwillen und dem Gehorchenmüssen, zwischen Sich-Durchsetzen und Sich-Anpassen« (Riemann 2017, 159). Es kommt zu »ersten Zusammenstößen seines Wollens mit dem Sollen und Müssen, dem Dürfen und Nicht-Dürfen, indem die Weichen gestellt werden für die Freiheit oder Unfreiheit seiner Willensimpulse […] sowie für den Grad seiner unbefangenen Spontanität oder aber Gehemmtheit durch überwertige Selbstkontrolle« (Riemann 2017, 160). Riemann bezieht sich hier auf Menschenkinder, doch auf Hunde trifft dies absolut ebenfalls zu.

Aggression als Grundlage für die Reifung

Der Umgang mit Aggression – also das Erlernen der Fähigkeit, mit den Anforderungen des Lebens und der Bewältigung der Angst umzugehen – gehört wesentlich zum Erwachsenwerden dazu. Mehr noch: »Die reife Form der Aggressionsverarbeitung kann man nur dadurch erwerben, dass man Erfahrungen mit seiner Aggressivität macht. Die gesunde und gekonnte Aggressivität ist ein wesentlicher Bestandteil unseres Selbstwertgefühls […].« (Riemann 2017, 94)

In einem gewissen Umfang ist Aggression für ein Individuum also notwendig, damit es Selbstständigkeit, Durchsetzungsvermögen und die Fähigkeit zur Problembewältigung lernen kann (Bischof-Köhler 2011, 169). Um angemessene Entscheidungen zu treffen, muss das Individuum zudem in der Lage sein, eine Risikoabschätzung vorzunehmen. Wann lohnt es sich zu kämpfen, wann ist Rückzug die bessere Entscheidung? Dazu braucht das Individuum eine Vorstellung von sich selbst, aber auch Empathie für das Gegenüber. Wo stehe ich – und was kann ich bewirken? Für so ein Verständnis der eigenen Selbstwirksamkeit braucht es Empathie und ein Gespür für die vielen Grautöne des Lebens.

Aggression und ihr Ruf

Halten wir fest: Aggression ist nicht per se schlecht und bis zu einer gewissen Grenze sogar notwendig. In einer erweiterten Definition kann man unter Aggression all jenes Verhalten verstehen, das nicht Passivität und Zurückhaltung bedeutet. Nach Bach umfasst Aggression Verhaltensweisen wie den direkten und persönlichen Ausdruck von Ärger und Ablehnung, Wutausbrüche, Willensäußerungen, aber auch »offene Konfrontationen mit anderen, aktive Annäherung an Situationen und Menschen anstelle von passivem Abwarten, Konflikte aussprechen und ausforschen, offene Machtkämpfe und die Fähigkeit, mit der gleichen Unbefangenheit und Direktheit ›Nein‹ zu sagen, mit der wir gewohnheitsmäßig nur ›Ja‹ sagen können; außerdem gehören auch körperliche Äußerungen wie Schreien, Kreischen und Schlagen dazu. Aggressive Energie, wie wir sie verstehen, schafft kritische Vitalität für den Lebensprozess. Sie kann die Tiefe und Wirklichkeit des Lebens intensivieren.« (Bach 2014, 14)

In unserer Gesellschaft hat Aggression dennoch einen schlechten Ruf. Wir setzen Aggression nämlich oft mit ihren sehr unterschiedlichen Äußerungsformen gleich: mit Anfeindung, Gewalt und Verletzung – also Repräsentationen, die auftreten können, aber keinesfalls müssen. Und damit wird Aggression nicht nur zur Folge, sondern zugleich auch zu einer Quelle für Angst. Das ist nicht unproblematisch, denn die Angst bewirkt zum einen, dass wir immer schlechter erkennen können, ob es sich um eine tatsächlich oder nur vermeintlich gefährliche Situation handelt. Das äußert sich in vielen Lebensbereichen, in denen wir uns zum Beispiel von Gewaltverbrechen bedroht fühlen, auch wenn Statistiken belegen, dass dies tatsächlich seltener passiert, als viele Menschen glauben. Zum anderen fördert diese Angst wiederum auch destruktive Aggression – ein Teufelskreis.

Konstruktive oder destruktive Aggression?
Auch das Verhältnis zwischen Mensch und Hund ist von der Wechselwirkung zwischen Aggression und Angst geprägt. Optimal wäre eine Anleitung, bei der der Hund Freiraum für Exploration hat und ein gesundes Verhältnis zu Aggression entwickeln kann. Häufig beobachte ich jedoch genau das Gegenteil. Gerade Halter von jungen Hunden haben Angst davor, dass ihr Hund verletzt wird oder sich gar selbst aggressiv verhält. Sie haben im Kern Angst vor Kontrollverlust. Wenn sich Welpen aggressiv auseinandersetzen, fühlt sich der Mensch überfordert, bedingt auch durch das Unwissen über das

hündische Verhalten. Viele Menschen haben keine Kenntnis darüber, dass eine Auseinandersetzung auch konstruktive Inhalte lehrt, und sehen nur Destruktives. Einen Kontrollverlust erleben sie auch bei der Entscheidung, ob und wie sie in eine »Klopperei« einschreiten müssen oder nicht. Dafür haben viele Hundehalter kein Gefühl, weder bezogen auf das Verhalten ihres eigenen Hundes, noch auf das Verhalten anderer Hunde. Hunde mit solchen Haltern bekommen in diesem Bereich nicht die geeignete Plattform, um genau das zu üben, was sie später mal gut können müssen: adäquat sozial zu reagieren. Denn ein Hund kann sich im Rahmen von Aggression konstruktiv verhalten lernen, aber auch destruktiv – dafür ist der Mensch verantwortlich. Dem Menschen kommt damit eine zentrale Bedeutung zu, denn er hat unmittelbaren Einfluss.

Unsere (Menschen-)Gesellschaft ist darauf ausgerichtet, dass insbesondere körperliche Aggression vermieden wird. Die Austragung von Konflikten wird delegiert, zum Beispiel an die Polizei (Rottmaier 2018). In unserer gesellschaftlichen Logik hat dies gute Gründe, doch verlangen wir von unseren Hunden im Prinzip das Gleiche: dass sie ihre natürlichen Kompetenzen in der Konfliktbewältigung abgeben sollen, und zwar an uns Menschen. Dafür ist ein hohes Maß an Vertrauen wichtig, weshalb auch hier die Bindungsqualität zum Menschen bedeutsam ist. Und eine Erziehung, in der dem jungen Hund nicht ständig jeder Wunsch von den Augen abgelesen wird – doch dazu später noch mehr.

Wenn man einmal über die landläufige Definition der Aggression hinausblickt, kann man Aggression auch als notwendige Erregung verstehen, um den Anforderungen des Lebens zu begegnen und die Angst zu bewältigen, als Kompetenz, die wir unseren Hunden und uns selbst unbedingt einräumen sollten. In dieser Definition von Aggression steckt noch keine Wertung. Zerstörungspotenzial hat Aggression erst unter bestimmten Bedingungen. Daraus ergibt sich die

Frage: Unter welchen Bedingungen beginnt Aggression zum Problem zu werden? Wo verläuft die Grenze?

Welche Ausprägungen von Aggression als problematisch gesehen werden, ist im hohen Maße gesellschaftlich bedingt. Kulturelle Normen entscheiden darüber, was akzeptabel ist und was nicht. Das gilt für Menschen wie für alle sozial lebenden Lebewesen. Wir Menschen haben bestimmte geschriebene und ungeschriebene Regeln zum Umgang damit gefunden, an die sich unsere Hunde anpassen müssen – ob sie wollen oder nicht.

Selbstbeherrschung als eine zentrale Kompetenz

Hier kommt wieder die Frustrationstoleranz ins Spiel, die im Zusammenhang mit Aggression eine Schlüsselrolle spielt. Ärger durch Frustration kann Aggression zur Folge haben. Die Aggression folgt als Reaktion auf eine Situation, in der das Individuum ein Ziel nicht erreichen kann und den Ärger mit einer aggressiven Bewältigungsstrategie beantwortet. Wenn das Individuum Aggressivität als erfolgversprechende Strategie kennengelernt hat, wird es sich gewissermaßen darauf spezialisieren und entsprechende Verhaltensweisen immer wieder einsetzen. Bischof-Köhler schreibt zu aggressivem Verhalten bei Kindern: »[…] Kinder, die tolerant gegenüber Frustrationen sind, [vermögen] ihre Aggression besser zu kontrollieren. Solche Kinder ärgern sich zwar auch bei Frustration, sind dann aber doch in der Lage, sozial kompetentere und geeignetere Handlungsstrategien zu wählen als aggressive Verhaltensweisen.« (Bischof-Köhler 2011, 178) Genau darum geht es auch bei Hunden. Zentral ist dabei der Zusammenhang, dass Frustration einerseits Aggressivität hervorrufen kann, aber andererseits eben auch das Gegenteil, nämlich eine Aggressionshemmung – vorausgesetzt, der Hund erfährt von Anfang an eine wohldosierte, kompetente Anleitung. Es liegt also an den Erziehenden, zweierlei zu verstehen und zu vermitteln: Aggression ist die Voraussetzung für Eigenständigkeit und Selbstwirksamkeit und muss erfahrbar und erprobbar sein. Zweitens muss der Hund in einem gesunden Maß Frustration kennenlernen und dazu angeleitet werden, sie auszuhalten, mit dem Ziel, angemessene Strategien zu entwickeln, um Aggression konstruktiv einzusetzen. Hier sind wir Menschen gefragt. Eine frustrations- und widerstandslose Erziehung ist nicht hilfreich, tatsächlich kann sie sogar schaden, denn der Hund versäumt, mit dem Baukasten seiner Emotionen und Reaktionen umzugehen und sie angemessen einzusetzen.

Ein Hund, der sich schon früh im Spiel in Aggression übt, erweitert damit seinen Erfahrungsschatz und erfährt einen wahrlich nachhaltigen Wert fürs Leben. Aggressive Kommunikation ist »unverzichtbarer Bestandteil des Sozialverbandes, ein Regulativ für das Zusammenleben […] in geschlossenen, hierarchisch strukturierten Verbänden, in Rudeln oder Gruppen« (Feddersen-Petersen 2001, 8). Dies ermöglicht eine entscheidende weitere Erfahrung: Der Hund lernt, dass er sich gegenüber Menschen nicht aggressiv verhalten darf. Das ist seit Anbeginn der Domestikation wie eine Art Grundgesetz für das Zusammenleben von Mensch und Hund, gegen das nicht verstoßen werden darf. Egal wie groß die Frustration, destruktive Aggression darf niemals zu Tage treten. Dazu braucht der Hund die zentrale Kompetenz der Selbstbeherrschung. Ohne Selbstbeherrschung ist Aggression das Schlimmste, was passieren kann. So ein Hund ist gefährlich, nicht sozialverträglich, nicht umweltsicher. Deshalb steht und fällt so viel mit der Fähigkeit der Selbstbeherrschung.

Durch den Wind: Jagdverhalten

Auch Jagdverhalten (manchmal auch als Beutefangverhalten bezeichnet) ist Teil des natürlichen Verhaltens von Hunden. Es ist ein Überbleibsel jenes Verhaltens, das den Urahnen unserer Hunde einen vollen Bauch und damit das Überleben gesichert hat. Hunde gewinnen ihre Energie aus Nahrung. Wild lebende Tiere stehen stets miteinander in Konkurrenz um die beste Nahrung, die möglichst viel Energie bringt. Die meisten Hunde bekommen ihre Nahrung zwar vom Menschen, das Ziel lautet jedoch immer noch: die Energie in gezielte Aktivität umzuwandeln. Ganz simpel heruntergebrochen sind die drei wichtigsten Dinge im Leben Nahrungserwerb, Gefahrenvermeidung und Fortpflanzung (Coppinger/Feinstein 2018, 216). Das Jagdverhalten ist damit ein Mittel zum Zweck und besteht aus einer Verknüpfung von Verhaltenstechniken, die das Ziel haben, mit möglichst geringem Aufwand und kleinstmöglichem Risiko die Nahrung zu sichern. Das Verhalten richtet sich nach der Devise: Der Nutzen muss immer größer sein als der Aufwand.

Der komplexe Ablauf der Techniken des Jagdverhaltens gliedert sich in sogenannte Sequenzen – dazu gleich mehr. Wie der Hund jagt, wird durch seine genetischen Voraussetzungen wie zum Beispiel sein Körperbau, sozial erlernte Strategien und die zur Verfügung stehenden Beutetiere mit ihren Besonderheiten bestimmt.

Der Mensch hat die Fähigkeiten, die sich daraus ergeben, durch Zucht noch verstärkt, modifiziert oder reduziert. Deshalb ist das Jagdverhalten nicht bei allen Rassen gleich stark ausgeprägt, und es äußert sich auch in unterschiedlichem Verhalten. Bei manchen Hunderassen wurden die Jagdfähigkeiten besonders gestärkt, nämlich bei denen, die dem Menschen über Generationen bei seiner Arbeit wie zum Beispiel der Jagd geholfen haben. Auch innerhalb einer Rasse zeigen manche Hunde mehr und manche Hunde weniger Jagdverhalten. Manche Rassen sind zudem auf bestimmte Sequenzen spezialisiert, und nicht alle Rassen führen alle Sequenzen der Reihe nach durch. Stattdessen können Hunde bei jeder Sequenz einsteigen und auch einzelne Sequenzen unabhängig voneinander ausführen.

Typischerweise verläuft die Verhaltenskette der Jagd in mehreren Sequenzen, die nacheinander ausgeführt werden: Orten, Fixieren,

Heranpirschen, Hetzen, Packen, Töten und Fressen der Beute. Die Sequenzen folgen fließend nacheinander, die nächste schließt sich wie in einer Kette immer der vorangegangenen Sequenz an. Im Einzelnen sieht dies so aus:

Orten
In der Sequenz des Ortens zeigt der Hund seine Appetenz, also eine suchende Aktivität, die gerichtet oder ungerichtet sein kann. Grundsätzlich geht es darum, ein Beutetier zu orten. Bei gerichteter Appetenz sucht der Hund beispielsweise aktiv aus Hunger einen Ort auf, an dem er ein Beutetier erwartet. Verfolgen von Fährten über Geruchsreize, Aufstöbern oder flächendeckendes Absuchen des Terrains sind Beispiele für gerichtete Appetenz. Dazu braucht der Hund eine Vorstellung, welche möglichen Beutetiere in seinem Territorium es überhaupt gibt und wie er diese Beute finden kann. Gezüchtete Jagdhunde zum Beispiel haben ideale körperliche und geistige Voraussetzungen, um aus Umwelterfahrungen selbstständig Strategien zur Jagd entwickeln zu können. Von ungerichteter Appetenz spricht man hingegen, wenn der Hund überraschend durch einen Sinnesreiz über die Anwesenheit eines Beutetieres informiert wird. Ungerichtete Appetenz findet sich somit bei jedem Hund, der aktiv an seiner Umwelt teilnimmt. Je offener für Reize, je niedriger die Reizschwelle, desto mehr ungerichtete Appetenz zeigt ein Hund. Das ist rassebedingt, aber auch vom Individuum abhängig. Schon ausgeprägte Neugier und die innere Bereitschaft, einem Umweltreiz körperlich zu begegnen, kann eine Bewegungsreaktion beim Hund auslösen. Aus dem »Hinwollen« wird schnell ein »Habenwollen«, wenn sich der entsprechende Reiz zu entziehen versucht – das Kaninchen zum Beispiel wegläuft.

Fixieren

In dieser Sequenz beobachtet der Hund fokussiert und konzentriert das Beutetier. Verschiedene Prozesse laufen dafür auf Hochtouren: Das Gehirn muss die eingehenden Sinnesreize verarbeiten, das Beutetier identifizieren, mit vorhergehenden Erfahrungen abgleichen und eine geeignete Vorgehensweise finden, die zur Motorik des Bewegungsapparates genau dieses Tieres passt – Ziel ist ja, mit dem geringstmöglichen Risiko und Energieaufwand die erwartete Flucht des Beutetieres zu vereiteln.

Heranpirschen

Diese Verhaltenstechnik ist sinnvoll, wenn das Beutetier den Hund noch nicht bemerkt hat. Für den Hund ist es natürlich erstrebenswert, so nah wie möglich an das Beutetier heranzukommen, denn je kürzer die Fluchtdistanz, desto höher die Chancen auf Erfolg. Gleichzeitig gibt das Heranpirschen dem Hund Zeit, das ausgewählte Opfer zu beobachten und einzuschätzen. Wie aufmerksam nimmt das Beutetier die Umgebung wahr, wie schnell oder nervös reagiert es auf Sinnesreize, wie sieht die Fluchtbewegung aus? Wichtige Informationen, um es überwältigen zu können! Wie exzessiv dieses Heranpirschen gezeigt wird, variiert je nach Terrain, der Art des Beutetieres und auch nach den körperlichen Voraussetzungen des jeweiligen Hundes, ob er zum Beispiel sehr groß und robust oder ein ausdauernder Läufer ist.

Hetzen

Das typische Bild des jagenden Hundes ist das eines hetzenden Hundes. Er ist extrem fokussiert, seine Energiereserven werden explosionsartig freigegeben. Dabei erzeugen körpereigene Botenstoffe einen Rauschzustand, der Hemmungen oder Ermüdung unterdrückt. Das ist auch notwendig, wenn der Beutegreifer ein anderes Lebewesen überwältigen will. Eine Hatz ist ein anspruchsvoller Wettstreit in läuferischen Fähigkeiten, Durchhaltevermögen und Orientierung.

Packen und Töten/Fressen

Ist der Hund nah genug an das Beutetier herangekommen, muss er es zu Fall bringen und töten. Allerdings: Nicht immer wird das Beutetier getötet und gefressen. Der Hund in unserer Gesellschaft strebt nicht in erster Linie die Auseinandersetzung mit der Beute selbst an, sondern vor allem den Kick bei der aufregenden Jagd, speziell dem Hetzen.

In einer naturgegebenen Jagdsituation kommen im Organismus des Tieres mehrere Transmittersysteme zum Einsatz, die in komplexer Wechselwirkung zueinander stehen. Die beteiligten Botenstoffe, darunter Acetylcholin, Noradrenalin und Dopamin, sorgen dafür, dass der Hund zu den teils sehr differenzierten und anspruchsvollen geistigen und körperlichen Leistungen in der Lage ist.

Jagen ist nicht gleich Jagen

Jagdverhalten kann durch unterschiedliche Reize ausgelöst werden: Tiere wie Kaninchen oder Katzen, Bälle oder Stöcke, aber auch Radfahrer oder Jogger. Ihnen ist gemeinsam, dass sie sich schnell bewegen und das Interesse des Hundes auf sich ziehen. Weitere Auslöser können Geräusche und Gerüche sein. Unabhängig vom Auslöser: Der Hund befindet sich beim Jagen in einer starken Erwartungshaltung. Das liegt unter anderem an der Ausschüttung von Dopamin, was das Jagen zu einer lustvollen Angelegenheit macht. Man spricht in diesem Zusammenhang auch von selbstbelohnendem Verhalten: Dopamin motiviert zu einem Verhalten, das eine Belohnung verspricht – hier der Jagderfolg –, und versetzt den Hund in eine Art Rauschzustand, der dem bei suchthaftem Verhalten ähnelt. Diesen Mechanismus gibt es nicht zufällig. Er ist von der Natur klug eingerichtet, denn unter

anderem bewirkt das Dopamin, dass sich der Jäger mächtig und überlegen fühlt, was während der Jagd seine Erfolgschancen erhöht, weil
er so den Kampf gegen das Beutetier gewinnen kann – was schließlich
seinem Selbsterhalt dient. In anderen Situationen als der Jagd hat
dieser rauschhafte Zustand aber keine sinnvolle Funktion.

Daraus ergibt sich eine problematische Konkurrenz zwischen
Selbstbeherrschung und selbstbelohnendem Verhalten. Denn auch
ohne Kaninchen und Co. kommen manche Hunde regelmäßig mit
selbstbelohnendem Verhalten in Kontakt, oft ohne dass die Besitzer
ahnen, was sie da fördern. Schnelles, hektisches Objektspiel gleicht
einer unvollständigen Simulation einer Jagdsituation. In der Natur
geht es um den Nahrungserwerb, der Hund würde die Jagd mit dem
Töten und gegebenenfalls Fressen der Beute beenden, sobald er den
Kampf gewonnen hat und die Jagd damit ihren natürlichen Abschluss
findet. Stattdessen hetzt er immer wieder einem toten Gegenstand
hinterher, dem »flüchtenden« Ball – ohne den Kampf zu gewinnen
oder zu verlieren. Ein wahrer Jagderfolg bleibt aus. So ein Hund kann
in eine Dauerschleife fehlgeleiteten Jagdverhaltens geraten, bei der
die große Gefahr besteht, dass die Lust nach Jagderfahrungen auch
auf andere Bewegungsreize übergreift, zum Beispiel auf Jogger, Autos
und im schlimmsten Fall auf Kinder. Eine Differenzierung von Bewe-
gungsreizen, die das Jagdverhalten auslösen können, findet in diesem
Fall nicht statt. Das trifft vor allem auf Hundetypen zu, die genetisch
bedingt ein starkes Kontrollbedürfnis haben. Sie neigen bei ungelös-
ten Aufgaben dazu, in den Bereich der Verhaltensstörungen zu geraten. Hüte- und Treibhunde sind dafür ein populäres Beispiel, da sie
aufgrund ihrer Selektion durch Bewegungsreize besonders stark
stimuliert werden. Ausführlicher um das Thema Sucht wird es noch
im Kapitel »Krankheiten« gehen.

Jagdverhalten versus Selbstbeherrschung

Jagdverhalten liegt auch deshalb weniger im Einflussbereich von Selbstbeherrschung, da beim Jagen unterschiedliche Gehirnbereiche regelrecht um die Kapazität des Organismus konkurrieren. Einige der Jagdsequenzen beanspruchen die Aktivität ganz anderer Gehirnteile als die Fähigkeit der Selbstbeherrschung. Während des Hetzens beispielsweise sind hauptsächlich Bereiche des Mittelhirns aktiv, welche für die muskuläre Ansteuerung des Bewegungsapparates zuständig sind. Dafür gibt es sozusagen eine direkte Schnittstelle, das Mittelhirn sendet ohne kognitive oder emotionale Kontrolle des Großhirns das Go für die Durchführung der entsprechenden Jagdsequenz an die Muskeln, zum Beispiel »sofort losrennen«. Eine Umleitung über die kognitive Zentrale des Großhirns würde viel zu lange dauern und zu verzögerten Reaktionen führen. Gerade in der Sequenz des Hetzens ist es deshalb so schwierig, über kognitiv abgespeicherte Signale das Verhalten des Hundes zu beeinflussen. Größere Chancen bestehen hierbei über Reize, die über die Amygdala auf das Gefahrenbewusstsein zugreifen und ebenfalls eine direkte vegetative und motorische Verbindung besitzen. In anderen Sequenzen werden je nach Aufgabenstellung und Lösungsansatz weitere Bereiche des Gehirns aktiv. Das bedeutet konkret: Wenn dein Hund dem Kaninchen hinterherrennt, ist es eigentlich schon zu spät, ihn noch zu bremsen. Denn dein Versuch, ihn auf der kognitiven Ebene zu erreichen, läuft ins Leere. Viel wichtiger ist es, schon vorher zu erkennen, was vor sich geht.

Deshalb ist es auch zu einfach, Jagdverhalten auf schlechte Erziehung oder eine schwache Bindung zum Menschen zu reduzieren. Das unsichtbare Band zwischen Mensch und Hund wird beim Thema Jagen auf eine harte Probe gestellt, denn der Hund reitet gewissermaßen auf seiner ganz eigenen Welle, wenn er in die Jagddynamiken einsteigt. Allerdings trifft auf ziemlich viele unerwünscht jagende Hunde zu, dass sie zusätzlich eine schwach ausgeprägte Selbstbeherr-

schung haben. Das zu unterscheiden, gelingt erst, wenn man die zugrunde liegenden Prinzipien verstanden hat und erkennt, was der
Hund gerade tut. Insofern ist eine solide Selbstbeherrschung immer
auch die Voraussetzung dafür, mit dem Jagdverhalten einigermaßen
klarzukommen.

Jagdverhalten und Aggression: eine Frage der Motivation

Interessant ist noch einmal der Blick auf die Aggression und ihr Zusammenhang mit dem Jagdverhalten. Aufgrund der unterschiedlichen Funktionen wird angenommen, dass es sich um zwei nicht
zusammenhängende Funktionskreise handelt. Aggression hat eine
soziale Motivation, bei der es darum geht, das Verhältnis zum Gegenüber auszutarieren und das eigene Überleben zu sichern. Jagdverhalten dient der Nahrungsbeschaffung und damit ebenfalls dem Überleben.

Doch einmal weiter gedacht, gibt es in einem alternativen Denk-
modell noch weitere Ähnlichkeiten. Auf die Wortbedeutung von
Aggression im Lateinischen (nicht nur »angreifen«, sondern auch
»heranschreiten, annähern«) wurde oben schon hingewiesen. Man
könnte schlussfolgern, dass Aggression ein grundlegender Antrieb
für das Handeln in allen Motivationen ist, die erfordern, dass man
auf ein Gegenüber aktiv zugeht und einwirkt. Das ist beim Jagen absolut der Fall. Wie wir gesehen haben, enthalten die einzelnen Jagdsequenzen tatsächlich Elemente eines Kampfes. Das Bestreben nach
Kontrolle über eine Situation oder ein Gegenüber findet sich sowohl
im Aggressionsverhalten als auch im Jagdverhalten wieder – in einem
Fall über einen Gegner, im anderen Fall über die Beute. Das Fixieren
kommt bei jeder Art von Kontaktaufnahme vor, bei Sozialpartnern
ebenso wie bei potenziellen oder tatsächlichen Feinden und bei

Beutetieren. Wer bist du, wie stark bist du, was ist dein Plan? Die »aggressiven« Verhaltenstechniken eines Kampfes, bei denen im Hintergrund Gefahrenabwägung, motorische Steuerung und kognitiv-strategische Elemente ablaufen, kommen auch beim Hetzen, Packen und erst recht beim Töten zum Einsatz. Ohne diese im Kern aggressiven Verhaltenstechniken könnte ein Hund keine Beute greifen und fressen. Andersherum beruhen soziale Auseinandersetzungen oft genug auf Überrumpelung, Einschüchterungsversuchen und der Abwehr nicht vollständig kalkulierter Fähigkeiten.

Um das Verhalten eines Hundes zu beurteilen und es in das richtige Fahrwasser zu bringen, ist es wichtig, die Motivationen dahinter zu erkennen. Wenn man die grundlegende Funktionsweise hinter dem Jagdverhalten verstanden hat, lässt sich einschätzen, ob und in welchen Handlungsweisen Aggression dabei ist. Das ist natürlich nicht immer ganz einfach, doch kann der Mensch dann viel gezielter auf den Hund einwirken. Ob sich ein Hund mit einem Kontrahenten prügeln möchte, ob er »einfach nur rennen« oder etwas kontrollieren will, lässt sich nicht immer auseinanderhalten – der Hund rennt.

Der Mensch in der Pflicht

Die Aufgabe des Hundebesitzers ist es, den Hund dabei zu unterstützen, sich selbst zurückzunehmen. Gerade junge Hunde sollten durch ihren Menschen die nötige Kontrolle bekommen, das Jagdverhalten gar nicht erst kennen- und lieben zu lernen. Zu einem handlungsauslösenden Reiz von außen muss nämlich immer auch die grundsätzliche Handlungsbereitschaft zum Jagen kommen, und je größer diese ist, desto weniger äußere Reize reichen aus, um Jagdverhalten zu provozieren. Hier sehe ich Hundehalter in der Pflicht, gerade ihren jungen Hunden keine maßlose Freiheit einzuräumen – denn Freiheit heißt auch, zu tun, was man will. Ein Hund kann durchaus seine Umwelt erkunden, nach und nach mehr Freiheit bekommen und zugleich kontrolliert von seinem Menschen begleitet werden. Bekommen unkontrollierte Hunde erst einmal Geschmack am Jagen, wollen sie mehr, immerhin sorgt das Jagen für ein gutes Gefühl. Gerade bei der Erziehung von jungen Hunden ist das Verständnis dieser Mechanismen wichtig. Welpen zeigen noch kein oder wenig gerichtetes Jagdverhalten, wohl aber spielerische Komponenten von Verfolgung und körperlicher Auseinandersetzung. Daraus entwickelt sich je nach Rasse ab einem Alter von etwa sechs Monaten plötzlich Interesse an der Jagd, weshalb es viele Hundebesitzer so unvorbereitet trifft. In diesem Alter beginnen Hunde, zwischen der Umwelt und ihrem Sozialverband zu differenzieren. Ausführlicher geht es darum im Kapitel über Welpen und Junghunde.

Verzicht als Option
Egal, ob jung oder alt: Das Ziel ist es, dass es der Hund als Option begreift, eben nicht zu jagen – obwohl er könnte. Dieser willentliche Verzicht braucht natürlich Kraft und Übung. Auch bei Menschen ist er Ausdruck von geistiger Stärke. Thomashoff schreibt über die Askese: »Sie symbolisiert und feiert den Triumph des Bewussten über das Unbewusste. Verzicht kann so zu einer Quelle von Zufriedenheit werden.« (Thomashoff 2014, 35) Keine kleine Aufgabe für den Hund – aber eine, deren Ergebnis sich für alle Seiten sehr lohnt.

3. Kurs nehmen

Selbstbeherrscht zu sein, ist eine anspruchsvolle Aufgabe. Selbstbeherrschung fällt nicht vom Himmel – vielmehr muss man sie kontinuierlich pflegen. Im Folgenden nehmen wir die verschiedenen Faktoren in den Blick, die auf die Selbstbeherrschung und deren Erlernen wirken: Stress, Persönlichkeit und Genetik, die Welpen- und Junghundeentwicklung, Ruhe und Regeneration, Bewegung, Ernährung, Krankheiten und die Einstellung des Hundehalters. Wie schnell deutlich wird, wirkt dabei kein Faktor losgelöst von den anderen – das Gefüge dieser Faktoren ist ein kommunizierendes System, in dem alles auf alles wirkt. Deshalb ist es wie in vielen Bereichen des Lebens sinnvoll, das große Ganze in den Blick zu nehmen. Für ein möglichst friedvolles Zusammenleben zahlt es sich aus, Balance herzustellen, einen klaren Kopf zu bewahren und die Nerven nicht zu verlieren – auch, wenn es mal turbulent zugeht.

Stress

Kennst du dieses schreckliche Gefühl, wenn dein Herz plötzlich zu rasen beginnt, dir flau in der Magengegend wird, du zu schwitzen beginnst und deine Hände ganz zittrig sind? Du fühlst dich ohnmächtig, stehst aber zugleich total unter Strom. Vielleicht ist es dir so schon einmal ergangen, als du vor Publikum sprechen musstest. Oder als du im dunklen Park ein merkwürdiges Geräusch gehört hast. Oder als du eine große Spinne gesehen hast. Vielleicht fallen dir noch andere Merkmale ein, die in einer Stresssituation für dich typisch sind. Möglicherweise hast du auch schon einmal in der Lage gesteckt, dass dich der Stress nachts hat wachliegen lassen oder du aufgrund von Stress sogar krank geworden bist. Vegetativ-hormonelle Reaktionen sind neben Herzklopfen, Übelkeit und Schwitzen auch Engegefühle in der Brust und im Hals, Erröten oder Erblassen und Kurzatmigkeit. Typische muskuläre Reaktionen sind Zittern, verspannter Kiefer oder Zähneknirschen, Rückenschmerzen oder verspannter Nacken, Fuß- oder Handwippen, Stottern, nervöse Gestik, starre oder verzerrte Mimik. Auch dein Hund kennt Stress, die körperlichen Reaktionen sind ganz ähnlich wie bei dir – und der Stress beeinflusst seine Selbstbeherrschung. Um zu verstehen, warum das so ist, schauen wir uns einmal an, was Stress eigentlich genau ist.

Was ist Stress?

Stress ist eine durch hauptsächlich äußere Einflüsse hervorgerufene körperliche und psychische Reaktion zur Bewältigung besonderer Herausforderungen. Im allgemeinen Sprachgebrauch steht Stress für Hektik, Konkurrenz, Tempo, Informationsflut, Erschöpfung, Überforderung, Reizüberflutung im sich beschleunigenden Takt des Lebens. So gut wie jeder Mensch kennt Stress: Leistungsdruck, Zeitdruck,

Doppelbelastungen, ungelöste Konflikte in Beziehung und Familie oder unerfüllte Wünsche. Schon Kinder haben Schulstress, so mancher Zeitgenosse verspürt sogar Freizeitstress. Ganz schön traurig und irgendwie typisch für unsere Zeit – zumal auch Hunde Stress empfinden können.

Stress gehört aus guten Gründen zum Leben. Er ist Teil des Lebensprinzips der Homöostase (von Griech. Gleichstand), das in dynamischen Systemen nach Balance strebt, zum Beispiel zwischen Aktion und Ruhe oder Anspannung und Entspannung. Herrscht Ausgeglichenheit zwischen diesen Zuständen, funktionieren Körper und Geist am besten. Stress ist eine körpereigene Reaktion, wenn dieses Gleichgewicht aus dem Lot zu geraten droht. Dann steigt die Spannung, und je höher diese Spannung, desto größer ist die Gefahr, dass die Belastung zu einer unkontrollierten Stressreaktion führt. Deshalb lernt jedes Säugetier durch seine Eltern oder durch Bezugspersonen, im Rahmen seiner Möglichkeiten möglichst flexibel mit Spannung umzugehen. Je breiter und flexibler der Zugriff auf die eigenen Fähigkeiten, desto besser.

Hinter Stress steckt Angst

Stress entsteht, wenn ein Individuum sich einer Situation gegenübersieht, der es sich nicht gewachsen fühlt. Wie bei so vielen Dingen ist auch beim Stress die Dosis entscheidend: Ob ein Individuum Stress empfindet, hängt davon ab, wie oft und wie lange es den belastenden Reizen begegnet und wie stark diese wirken. Ein entsprechender äußerer oder innerer Reiz, der den Stress auslöst, wird auch Stressor genannt.

Was konkret Stressoren sind, ist sehr individuell. Der Organismus teilt Reize grundsätzlich in positiv und negativ ein. Reize mit angenehmer, befriedigender Wirkung sind positiv; Unangenehmes, Bedrohliches oder Überforderndes ist negativ und ein potentieller Stressor. Manchmal werden sogar eigentlich positive Reize zu Stressoren, wenn sie zu stark oder unerwartet sind, das Individuum sie nicht bewältigen kann oder dies zumindest befürchtet. In dieser Unsicherheit und Überforderung bei der Beurteilung einer Situation steckt selbst schon Stress. Das gilt für Menschen ebenso wie für Hunde. Grundsätzlich können Stressoren physisch, kognitiv, emotional oder sozial bedingt sein, meist wirken sogar mehrere Faktoren zugleich.

Wie ein Individuum auf einen Stressor reagiert, hängt von seiner Einschätzung der Möglichkeiten ab: Kann ich die Situation bewältigen? Das wiederum ist abhängig davon, ob es Strategien hat, mit denen das Problem gelöst werden kann. Man spricht hier von Copingmechanismen oder -strategien (von engl. to cope, etwas schaffen, bewältigen). Ob ein Individuum solche Bewältigungsstrategien hat und wenn ja welche, ist in seiner Persönlichkeit, seiner Konstitution und auch darin begründet, welche Erfahrungen er mit dem Stressor in der Vergangenheit schon gemacht hat.

Die Ursache für Stress ist Angst (Hüther 2013, 39). Wenn du dir stressige Situationen im Alltag genau anschaust, wird sichtbar, dass stets Angst dahintersteckt: die Angst vorm Versagen, die Angst davor, verlassen oder ausgeschlossen zu werden, Angst vor Misserfolg, Enttäuschung, Ärger; davor, negativ aufzufallen, einer Herausforderung nicht gewachsen zu sein, nicht mehr mitzukommen, abzurutschen, zurückzufallen, etwas zu verpassen; ganz allgemein vor dem Verlust von etwas, was für uns persönlich bedeutsam ist. Oder die zumindest in Europa recht irrationale Angst, von einer Spinne getötet zu werden.

Stress oder Herausforderung?

Wichtig ist dabei allerdings: Nicht jeder Stress ist grundsätzlich schlecht. Stress kann auch Kräfte mobilisieren und Energie freisetzen, die Menschen oder Hunde befähigt, Unglaubliches zu leisten und neue Bewältigungsstrategien zu entwickeln. Unterschieden wird zwischen

- zeitlich begrenztem, kontrollierbarem, aktivem und
- unkontrollierbarem, passivem Stress.

Kontrollierbarer Stress

Kontrollierbarer Stress bezeichnet herausfordernde Situationen, die gemeistert werden, und Probleme, die gelöst werden können. Sie haben einen stimulierenden Einfluss auf das Gehirn. Ist die Neugier geweckt, kommt das Individuum in eine positive Erwartungshaltung und ist motiviert, sich der Aufgabe zu stellen oder die Herausforderung zu meistern. In freudiger Erwartung, das Ziel zu erreichen, wird Dopamin ausgeschüttet, denn eine Belohnung – in Form der Aufgabenbewältigung – ist in Sicht. Auf geht's!

Bei kontrollierbarem Stress suchen wir in dem großen Fundus unserer Erfahrungen nach einer Lösung für das Problem. Oder wir probieren etwas Neues aus. Ist die Lösung gefunden, mildern sich die körperlichen Merkmale der Stressreaktion, die erfolgreiche Bewältigung der Herausforderung empfinden wir als befriedigend und belohnend. Die neuronalen Strukturen im Gehirn, die zur Lösung des Problems herangezogen wurden, verstärken sich und stehen für die nächste Gelegenheit zur Verfügung. Nach dem Motto: Hurra, die Strategie hat funktioniert, die merke ich mir fürs nächste Mal! Wenn sich jedoch dann die Aufgabe als nicht lösbar, das Ziel als nicht erreichbar herausstellt, entsteht Frust und der Stress steigt – weshalb Frust nicht automatisch schädlicher Stress sein muss, aber dazu werden kann. Umso wichtiger ist es deshalb, dass das Individuum lernt, auch Frust aushalten zu können. Noch schneller befindet sich das

Individuum in Alarmbereitschaft, wenn die Reize nicht neugierig machen, sondern Gefahr vermitteln.

Diese Funktionsweise ist auf mehreren Ebenen absolut sinnvoll: Wenn klar wird, dass eine Stresssituation kontrollierbar ist, wird die Bedrohung zur Herausforderung. War das Individuum zu Beginn vielleicht noch ängstlich, wird es mit jeder gemeisterten Herausforderung mutiger. Es weiß, dass es auf sein Können vertrauen kann, und ist berechtigterweise zufrieden mit dem Erreichten. Die Entspannung, die auf die Erregung folgt, ist Teil des Belohnungsgefühls, das sich dann einstellt. Bei kontrollierbaren Bedrohungen werden die Verschaltungen gestärkt, die auf Verhaltensweisen und Strategien beruhen, mit denen wir das Problem lösen oder ein Hindernis bewältigen konnten. Das Gehirn »merkt« sich die erfolgreiche Strategie und verstärkt die Bahnung (also das Zustandekommen, die Erleichterung der Verbindung von Nervenzellen), die in der Folge künftig ebenso gut oder sogar noch besser funktioniert. Damit ist das Gehirn also »nicht nur der Ausgangspunkt, sondern auch ein wichtiges Zielorgan der Stressreaktion.« (Hüther 2013, 38)

Das bedeutet, dass kontrollierbarer Stress sogar gut und wünschenswert ist. Deshalb sollten Hunde mit passenden Aufgaben und Situationen herausgefordert werden. Diese sollten inhaltlich und auch hinsichtlich der benötigten Selbstbeherrschung angemessen sein, damit sie zu bewältigen sind. Damit kann der Hund Sozialverträglichkeit und Umweltsicherheit üben, also die Anpassung an immer neue Bedingungen und wechselhafte Belastungen – eine Voraussetzung für die Selbstbeherrschung. Das gelingt am besten mit vielen unterschiedlichen, unkontrollierbaren Belastungen, um die Reaktionen des Hundes zur alltäglichen Routine werden zu lassen.

Man könnte auch sagen:

Zu bewältigende psychische Belastungen dienen der Fähigkeit, das Verhalten an die Veränderungen anzupassen und Neues zu lernen. Wer belastbarer ist, ist weniger anfällig für Stress; wer weniger belastbar ist, hat ein eher hohes allgemeines Erregungslevel und leidet leichter, schneller und länger unter Stress.

Gleichwohl erreichen übrigens nicht alle Menschen, die über Stress klagen, die Grenzen ihrer Leistungsfähigkeit. Eine echte Stressreaktion läuft erst ab, wenn Individuen vor einer tatsächlich nicht mehr zu bewältigenden Situation stehen (http://www.gerald-huether. de/free/personalmagazin.pdf).

Unkontrollierbarer Stress
Unkontrollierbarer Stress liegt vor, wenn keine der vorhandenen Bewältigungsstrategien dienlich ist, die Situation in den Griff zu kriegen. Aus Angst wird Verzweiflung, Ohnmacht und Hilflosigkeit (Hüther 2013, 37). Passiert das immer wieder, kann es zu einem Zustand kommen, in dem sich das Individuum in einer passiven Haltung einrichtet, die geprägt ist von mangelndem Selbstvertrauen und einem hilflosen, abhängigen Selbstbild. So ein Grundgefühl ist zugleich keine gute Ausgangslage für Selbstbeherrschung.

Ist die Stresssituation zeitlich begrenzt, puffert der Körper die freigesetzten und nicht genutzten Energien ab. Manchmal richtet sich der Körper sogar gegen sich selbst. Problematisch wird es, wenn der Körper durch anhaltenden Stress in Daueralarmbereitschaft steckt. Die Stresstoleranz sinkt, auch eigentlich unverfängliche Situationen können dann zu einer vermeintlichen Bedrohung werden – eine verhängnisvolle Spirale. Das kann zum Beispiel durch subtile Stressoren wie Lärm und Reizüberflutung noch verstärkt werden.

Dauerhafter Stress hat negative Auswirkungen, die umso stärker sind, je länger er andauert: Wer ständig Stress hat, ist zum Beispiel nicht offen für neue Lösungsansätze, denn wie wir gesehen haben, wirkt sich Stress nicht nur auf den Körper, sondern auch auf das Gehirn aus. Der Körper wird mit Stresshormonen gewissermaßen geflutet, was das Denken, Fühlen und Handeln tiefgreifend beeinflussen kann. Die Labilisierung kann eine Vielzahl körperlicher und geistiger Erkrankungen begünstigen (Hüther 2013, 73;76), und auch die Selbstbeherrschung oder das Erlernen von Selbstbeherrschung wird erschwert. Stress wirkt auf das »heiße System«, wie Mischel es nennt, gewissermaßen wie ein Brandbeschleuniger. Eine »kühle Repräsentation« einer Situation oder eines spezifischen Reizes ist nicht mehr möglich.

Die Chemie des Stresses

Hat ein Lebewesen Stress, werden unterschiedliche Substanzen freigesetzt, die systematisch auf das Nervensystem wirken. Die wichtigsten Stresshormone, die dann vermehrt ausgeschüttet werden, sind die Katecholamine Adrenalin und Noradrenalin. Ein weiteres Stresshormon ist Kortisol, das zu den Glukokortikoiden zählt.

Was passiert bei anhaltendem Stress im Gehirn genau? Stressoren aktivieren zunächst das sogenannte noradrenerge System, wodurch Adrenalin und Noradrenalin ausgeschüttet werden. Diese Stoffe erhöhen zum Beispiel den Blutdruck und machen die Atmung schneller.

Hält die stressige Situation an und hält das Individuum sie für unkontrollierbar, bildet der Hypothalamus das Corticotrope Releasing Hormon (CRH). Das CRH wirkt auf die Hypophyse und veranlasst sie dazu, das Adrenocorticotrope Hormon (ACTH) auszuschütten. Dieses ACTH gelangt in den Blutkreislauf und wirkt nun auch außerhalb des Gehirns, genauer auf die Nebennierenrinde, welche jetzt Kortisol bildet. Auch das Kortisol geht in den Blutkreislauf über und steuert in den verschiedenen Organen, ob gekämpft oder besser geflüchtet werden soll. Das Geschehen rund um diese beteiligten Organe und Substanzen nennt man »Achse«, Hypothalamus-Hypophysen-Nebennierenrinden-Achse (HPA-Achse, von engl. hypothalamic-pituitary-adrenal axis, um genau zu sein). Chronischer Stress hat zur Folge, dass diese HPA-Achse dauerhaft aktiviert und das System überlastet ist.

Das Kortisol hat allerdings gewissermaßen eine Doppelfunktion: Zum einen sorgt es dafür, dass dem Körper die Energie zur Verfügung steht, damit er blitzschnell auf die Gefahr reagieren kann. Zum anderen bremst es genau diese Reaktion aber auch wieder ab, damit der Körper nicht zu lange im Ausnahmezustand bleibt: Über den Blutkreislauf gelangt es ins Gehirn und veranlasst indirekt über den Hippocampus, dass die Produktion von CRH im Hypothalamus wieder gesenkt wird. Bremsend auf die Stressreaktion wirken zudem auch Oxytocin und Serotonin.

Das noradrenerge System bewirkt, dass die neuronalen Verschaltungen, die dabei helfen, eine Belastungssituation zu meistern, besser nutzbar gemacht werden (Hüther 2013, 63). Es wirkt sich positiv auf die Aufmerksamkeit und Motivation aus und fördert die Plastizität des Gehirns, also die Veränderbarkeit der neuronalen Verschaltungen, indem diese durch wachstumsfördernde Substanzen verstärkt werden.

Das bei andauerndem Stress ausgeschüttete Kortisol hat genau die gegenteilige Wirkung. Es werden weniger wachstumsfördernde Substanzen ausgeschüttet, vorhandene Verschaltungen werden instabil und demontieren sich schließlich, was zu Veränderungen des Empfindens und Handelns führen kann. Besonders betroffen von dieser Wirkung sind die Gehirnregionen des präfrontalen Kortex und des limbischen Systems, also gerade die Regionen, die für die Selbstbeherrschung von Bedeutung sind.

Das ist eine immer noch vereinfachte Beschreibung der Abläufe, die kompliziert klingt, aber seit Jahrtausenden funktioniert – und zwar bei allen Säugetieren bis heute nahezu gleich.

Handeln oder nichts tun?

Dabei empfinden nicht nur wir Menschen – und Tiere – der Neuzeit Stress. Bedrohliche Situationen gab es zu jeder Zeit, und Stress ist eine natürliche und entwicklungsbiologisch uralte Reaktion des Körpers in bedrohlichen Situationen. Schon unsere Urahnen hatten Stress, wenn auch ganz anderer Art, doch ihre Reaktionen darauf waren ähnlich. Ablauf und Funktionsweise sind heute im Prinzip noch dieselben wie damals: Bei einer Veränderung von außen – etwa dem Erscheinen des berüchtigten Säbelzahntigers – ist der Körper in Millisekunden in höchste Alarmbereitschaft versetzt. Über die Produktion bestimmter Stoffe im Gehirn, die ins Blut übergehen und die Produktion von Hormonen ankurbeln (siehe Chemie des Stresses), kann der Körper blitzschnell reagieren, um in Gefahrensituationen überleben zu können. Die sogenannte Stressreaktion aktiviert sämtliche Energie und versetzt das Individuum durch erhöhte Aufmerksamkeit und körperliche Reaktions- und Handlungsfähigkeit in die Lage, sofort fliehen oder angreifen zu können. Eine weitere Möglichkeit als Reaktion auf die Situation ist das Erstarren – denn manchmal kann es sinnvoller sein, gar nichts zu tun als etwas Falsches.

Erstarren: der letzte Trumpf

Das Erstarren, das auch »Freeze« (engl. einfrieren) genannt wird, wirkt wie eine körpereigene Sicherung. Sie ist wie der letzte Trumpf, den der Körper ohne bewusstes Zutun aus dem Ärmel schüttelt, eine letzte Überlebensstrategie: Alle Funktionen werden abgeschaltet. Die bis hierher aufgebaute starke Spannung, die ja weder durch Kampf noch durch Flucht abgebaut werden kann, wird eingefroren. Das Individuum fühlt sich starr vor Schreck oder »wie gelähmt«. In diesem Zustand ist die Großhirnrinde, der kognitiv wirksame Teil des Gehirns, wie vom Rest entkoppelt. Außerdem ist – als weitere Schutzfunktion – das Schmerzempfinden deutlich reduziert. Eine ähnliche, noch weitergehende Wirkung hat der Totstellreflex beziehungsweise die Ohnmacht mit völligem Verlust der Körperspannung.

Die Funktionen der Stressreaktion haben sich evolutionär zum Zeitpunkt der Entwicklung der Säugetiere herausgebildet. Sie ist uns Menschen wie den anderen Säugern bis heute erhalten geblieben – immer mit dem Ziel, die Situation in den Griff zu bekommen, den Stress zu beenden und aus dem Zustand der Anspannung in die Entspannung zurückzukehren.

Heutzutage ist Flucht oder Angriff allerdings nur noch begrenzt möglich. Das liegt an den vollkommen anderen Situationen und Anforderungen, in denen wir heute Stress empfinden. Statt uns auseinanderzusetzen, reagieren wir aggressiv – mit verbalen Drohungen, einige sogar mit Fäusten. Oder wir vermeiden die Auseinandersetzung, was einer Flucht entspricht. Heutige Situationen lassen sich mit den alten Mechanismen also nicht mehr recht entschärfen.

Stress für die Selbstbeherrschung

Jüngeren Studien zufolge wirkt Stress auch auf den präfrontalen Kortex. Wir erinnern uns: Dieser Bereich ist für die exekutiven Funktionen zuständig, darunter die Selbstbeherrschung. Als, evolutionär gesehen, junger Gehirnbereich reagiert er empfindlich auf die Stoffe, die während der Stressreaktion ausgeschüttet werden. Bei starkem Stress arbeitet er nicht wie gewohnt, es ist, als würde das Gehirn durch die hohe Aktivität blockiert. Tatsächlich ist es so, dass Systeme, die nicht unmittelbar dem Überleben und der Bewältigung des Stresses dienen, zurückgefahren werden. Gefühle schalten ruhige, logische Überlegungen und der Situation angemessenes Verhalten aus. Noradrenalin und Dopamin hindern die Neuronen im präfrontalen Kortex daran, wie gewohnt zu funktionieren, indem sie die Synapsen zeitweilig »kurzschließen« (Arnsten/Sinha/Mazure 2015, 7). Als Folge ist die Selbstbeherrschung des Individuums eingeschränkt. Verstärkt wird das durch das Kortisol. Stattdessen übernehmen evolutionär ältere Gehirnteile die Arbeit: »Im Wesentlichen verlagert sich dabei die übergeordnete Gedanken- und Gefühlskontrolle weg vom präfrontalen Kortex hin zum Hypothalamus und anderen ›archaischen‹ Hirnstrukturen« (Arnsten/Sinha/Mazure 2015, 6), etwa der Amygdala, dem sogenannten Angstzentrum. Wenn diese Gehirnstrukturen die Oberhand gewonnen haben, verspürt das Individuum lähmende Angst oder geht Impulsen nach, denen es sonst widerstehen kann. Das Individuum greift unbewusst auf bereits gemachte Erfahrungen zurück, die auch sehr weit zurückliegen können. Deshalb verfallen wir bei Stress gern in alte Verhaltensmuster. Angesichts der Hilflosigkeit und Ohnmacht ist das Selbstwertgefühl eingeschränkt, was auch in aggressives Verhalten münden kann, quasi als letzte Abwehrmaßnahme mit allen noch verfügbaren Reserven – im Versuch, ein sicheres Identitätsgefühl wiederherzustellen (Kast 2014, 58).

Dauerhafter Stress kann also die Funktionstüchtigkeit der Kontrollinstanzen im Gehirn erheblich behindern. Auf das Individuum wirkt die Komplexität der Situation und die von ihr ausgehende Gefahr verunsichernd. Die Situation gerät außer Kontrolle, man beherrscht weder die Situation noch sich selbst. Der Grundstein für diese Dynamik kann unter Umständen schon im Mutterleib gelegt werden: Schüttet die Mutter während der Schwangerschaft unter Stress Kortisol und andere Stoffe aus, wirken diese Substanzen auch auf das Ungeborene. Sein Gehirn wird damit sozusagen empfänglich gemacht für die Stoffe, obwohl es den Stress nur indirekt erfährt, das Stresssystem bleibt lebenslang leichter erregbar. Manche Individuen und sogar Vertreter bestimmter Rassen sind also in puncto Stressresistenz schlechter gestellt als andere, und das schon von Anfang an. Detaillierter wird es darum auch noch im Kapitel »Persönlichkeit und Genetik« gehen.

Stress versus Selbstbeherrschung

Bei Stress haben überlebenswichtige Systeme gegenüber den Bereichen des Gehirns Vorrang, die für die Selbstbeherrschung zuständig sind. Je größer der Stress, desto weniger Kraft steht für die Selbstbeherrschung zur Verfügung.

Stress und Evolution

Unkontrollierbarer Stress, der nicht beendet werden kann, wirkt also regelrecht zerstörerisch. Er hat organische, emotionale, soziale und kognitive Auswirkungen: Dass man bei Dauerstress nicht lernen kann, ist ein Effekt. Die Stresshormone bewirken zudem, dass das Gehirn weniger Glukose – also den Treibstoff fürs Gehirn – aufnimmt und damit weniger Energie zur Verfügung steht (Kubesch 2016, 147). Auch die körpereigene Immunabwehr wird geschwächt, wenn der Kortisolspiegel über einen längeren Zeitraum erhöht ist. Der Schlaf ist gestört, der oder die Betroffene findet nicht zur Ruhe. Unterdrückt wird auch die Bildung von Sexualhormonen – was nicht so banal ist, wie es klingt, denn auf Populationen bezogen, kann das in letzter Konsequenz ihr Aussterben nach sich ziehen.

Damit ist die Stressreaktion auch maßgeblich beteiligt an der Evolution. Evolutionsbiologisch gesehen waren sämtliche Vorfahren jetzt lebender Tiere und Menschen nämlich in der Lage, erfolgreich auf die jeweiligen Stressoren der Vergangenheit zu reagieren. Ihr Überleben und ihre Fortpflanzung verdanken sie der Tatsache, dass sie Strategien gefunden haben, wie sie mit sich verändernden äußeren Einflüssen umgehen konnten. Sie machten sie wachsam gegenüber Gefahren und bewahrten sie, leichtfertig große Risiken einzugehen. Nur so kamen sie mit heiler Haut davon. Die anderen, denen das nicht gelang, gingen im Laufe der Generationen an ihrer dauerhaft aktivierten Stressreaktion und ihren nicht angepassten Strategien zugrunde.

Übrig blieben Individuen und Arten mit immer besserer Anpassungsfähigkeit, also lernfähigeren Gehirnen.

Umgang mit Stress

1. Stressoren identifizieren
   Was stresst den Hund?
   Wenn gefunden: Stressoren ganz beseitigen, die Häufigkeit oder die Ausprägung reduzieren
2. Verhalten in der Situation selbst
   Hochschaukeln vermeiden
   Eskalation verhindern
3. Stressresistenz üben, selbstbeherrschter werden
   Herausforderungen suchen und anbieten, die der Hund meistern kann
   Mensch-Hund-Beziehung stärken
   den Hund dabei begleiten, Stressoren nach und nach anders zu bewerten

Hat mein Hund Stress?

Du fragst dich jetzt vielleicht, ob und wenn ja, wann dein Hund Stress empfindet. Der häufigste Auslöser für unkontrollierbare Stressreaktionen sind psychosoziale und emotionale Konflikte, also Probleme mit dem eigenen oder anderen Menschen beziehungsweise Hunden. Das ist besonders für solche Hunde der Fall, die kein gutes Sozialverhalten entwickeln konnten. Oft sind das Hunde, die sich nicht im Welpenalter und im Rahmen ihrer Jugendentwicklung mit Artgenossen und Bezugspersonen soziale und emotionale Kompetenzen aneignen konnten und auch später im Leben keine Gelegenheit dazu hatten, angemessene Bewältigungsstrategien zu entwickeln. Besonders betroffen sind auch Hunde, die im Laufe ihrer Entwicklungsgeschichte ein Trauma erfahren haben, das verhindert hat, dass wichtige Bedürfnisse erfüllt wurden, sowie Hunde, die krank sind oder Schmerzen haben.

Stressanzeichen erkennen

Manche Anzeichen für Stress bei Hunden drängen sich förmlich auf, andere kannst du nur erkennen, wenn du den Hund sehr gut kennst. Manche Hunde pendeln hin und her, sie reagieren übereilt und der Situation nicht angemessen, wirken in ihrem Verhalten und Reagieren ungebremst, rastlos und wie aufgezogen; sie sind laut, bellen oder schreien. Andere entziehen sich dem Stress, indem sie sich in eine stille Ecke verziehen, in einen Bereich, in dem sie durchatmen können. Zeichen für Stress können heftiges Hecheln sein, mit dem der Hund sich instinktiv Kühlung verschaffen will; starker Speichelfluss, Schweißpfoten, Schuppenbildung, erkennbar gesträubtes Fell, gesteigerte Aktivität als Ausdruck der bereitgestellten Energie im ganzen Körper; Störungen des Verdauungssystems, da während der Stressreaktion Kreislauf und Atmung zwar angeregt, die Verdauungstätigkeit hingegen gehemmt wird; heftiges Gähnen, Strecken und Schütteln zur Lockerung angespannter Muskeln. Weitere Anzeichen sind Nervosität, Schreckhaftigkeit, Verunsicherung, Wut und Gereiztheit sowie auf der kognitiven Ebene schlechte Konzentrationsfähigkeit, verminderte Aufmerksamkeit und Denkblockaden: Durch die Stressreaktion ist der Hund wie blockiert, er kann den Fokus nicht auf dich richten und auf deine Anweisungen hören. Manche Hunde äußern ihren Stress durch Stereotypien und Zwangshandlungen, etwa übermäßiges Lecken an Pfoten oder anderen Körperteilen bis zum Wundsein, dem Jagen von Licht und Schatten oder der eigenen Rute durch kreisförmige Drehungen. Sämtliche Anzeichen können auch andere Ursachen haben, entscheidend ist immer der Gesamteindruck. Achte ruhig auf dein Bauchgefühl, denn du kennst deinen Hund am besten: Wie wirkt er in welchen Situationen? Bist du selbst gestresst? Welche Situationen mit deinem Hund empfindest du als stressig?

Entscheidend: die subjektive Bewertung

Wenn du über den möglichen Stress deines Hundes und womöglich über deinen eigenen grübelst, ist noch ein Punkt von Bedeutung: Ob jemand – egal ob Mensch oder Hund – eine im Außen auftretende Veränderung als Bedrohung empfindet oder als willkommene neue Herausforderung, ist individuell total unterschiedlich. Wie bei so vielen Dingen ist auch dies eine Frage der persönlichen Interpretation. Was manche Hunde interessant und im positiven Sinne aufregend finden, ist für andere Hunde eine Bedrohung. Das Großstadtleben mit all seinen Reizen und vielen Hunden auf engem Raum zum Beispiel kann super sein oder eine unkontrollierbare Bedrohung – das hängt vom Hund und seiner Konstitution, seinen sozialen Kompetenzen und Bewältigungsstrategien ab. Ob ein Individuum Stress hat, hängt also nicht nur von der Dauer, Häufigkeit und der Intensität der Reize ab, sondern auch davon, wie es die Situation beurteilt – als bedrohlich und nicht zu bewältigen oder als lösbar und mit den zur Verfügung stehenden Mitteln zu meistern.

Erfahrungen, Anlagen und Bindung

Beeinflusst wird diese Interpretation einer Situation von den individuellen Erfahrungen und von den Anlagen – also dem, was wir gemeinhin als Persönlichkeit bezeichnen. Details dazu folgen im nächsten Kapitel. Es gibt noch einen weiteren Faktor: Neben den Anlagen, gelernten Fähigkeiten und Strategien kommen wir sozial organisierten Lebewesen auch dann mit Stress besser zurecht, wenn wir wissen, dass wir nicht allein sind und auf die Unterstützung von Sozialpartnern zurückgreifen können. Eine wichtige Rolle spielt hier der Neurotransmitter Oxytocin, der bei wohltuendem Kontakt ausgeschüttet wird und der den Stress dämpft. Bei Hunden merkt man das daran, dass sie die Nähe ihres Menschen suchen – eine gute Bindung vorausgesetzt.

Für die Mensch-Hund-Beziehung verdeutlicht das, wie wichtig es ist, dem Hund das Gefühl zu geben, dass wir an seiner Seite sind und den Überblick behalten. Ich bin bei dir – diese verlässliche und bei guter Bindung entlastend wirkende Botschaft ist vermutlich das größte Geschenk, das wir unseren Hunden machen können.

Stressfaktor Mensch?

Eine gute Bindung zum Menschen kann den Hund also vielleicht erstmal nicht vor bedrohlichen Situationen bewahren, doch sie kann ihn dabei unterstützen, Situationen umzudeuten. Aus einer belastenden oder sogar bedrohlichen Situation kann mit etwas Übung eine interessante oder zumindest als neutral bewertete und damit eine (er)tragbare Situation werden – ohne zerstörerische Wirkung auf seine Selbstbeherrschung.

Am Schluss noch eine Anmerkung zur Rolle der Hundehalter. Hunde in ihrer Empathie und Anpassungsfähigkeit können Stress auch durch ihren Menschen empfangen. Deshalb darf sich jeder Hundemensch auch einmal an die eigene Nase fassen: Wie viel Stress habe ich eigentlich selbst – und welchen Anteil bringe ich in die Mensch-Hund-Beziehung? Im schlimmsten Fall kann der Stress von Dritten oder die Erwartung, den Bedürfnissen anderer Individuen Vorrang vor den eigenen zu geben, zu großer Überforderung führen und selbst zu einem akuten Stressfaktor werden (Shanker 2016, 251). Nicht zuletzt darf ein Hund grundsätzlich mehr Ruhe- und Regenerationszeiten als Aktivitätszeiten haben, um im inneren Gleichgewicht zu sein und zu bleiben. Auch dafür ist der Mensch verantwortlich. Die Bedeutung von Ruhe und Regeneration werden wir später noch eingehender betrachten.

Hund & Stress

- Schütze deinen Hund vor unkontrollierbarem und langanhaltendem Stress.
- Unterstütze ihn dabei, kontrollierbaren Stress im Sinne von lösbaren Herausforderungen zu erfahren, denn das ist gut für die neuronalen Vernetzungen.
- Was unkontrollierbarer Stress ist, hängt von der individuellen Interpretation ab.
- Eine gute Bindung zu dir hilft deinem Hund.

Persönlichkeit und Genetik

Was macht die Persönlichkeit eines Hundes aus? Welchen Einfluss hat sie auf seine Fähigkeit zur Selbstbeherrschung – und was bedeutet das für den Menschen? Wir werfen unter anderem einen Blick auf die Frage, ob Verhalten erlernt oder geerbt ist, was der Unterschied zwischen Persönlichkeit und Temperament ist und wie man Persönlichkeit beschreiben und typisieren kann.

Temperament und Persönlichkeit

Jeder Hund hat eine ganz besondere Persönlichkeit und dieses oder jenes Temperament – darin sind sich wohl alle Menschen einig, die mit Hunden leben. Die Frage ist, welchen Zusammenhang zwischen der Persönlichkeit und der Selbstbeherrschung eines Hundes es gibt. Schauen wir uns dazu zunächst an, was »Persönlichkeit« und »Temperament« überhaupt genau bedeuten.

In der Forschung werden die beiden Begriffe meist unterschieden. Stark vereinfacht gesagt, sind mit Temperament in der Regel die Wesenszüge gemeint, die schon beim Welpen erkennbar sind; von

Persönlichkeit ist meist im Zusammenhang mit dem erwachsenen Hund die Rede. Genauer: Die Persönlichkeit definiert sich durch ein »Spektrum an Verhaltensmerkmalen«, die das Ergebnis von genetischen und umweltbedingten Einflüssen sind (Miklósi 2011, 344). Die Persönlichkeit entwickelt sich insbesondere von der Geburt bis zur Reifung. In dieser Zeit – also wenn das Individuum noch jung ist – ist der Einfluss der verschiedenen Faktoren besonders groß. Gerade umweltbedingte Einflüsse wirken während der Reifung stärker als danach. Der Begriff repräsentiert demnach »jene Charakteristika eines erwachsenen Individuums, die konsistente Muster von Fühlen, Denken und Verhalten beschreiben und begründen« (Miklósi 2011, 345). Es umfasst »die Gesamtheit an Wesenszügen, Verhaltensmerkmalen und Neigungen, die über längere Zeiträume und unterschiedliche Situationen hinweg relativ stabil gezeigt werden und damit ein Individuum unverwechselbar machen« (Kotrschal 2014, 140).

Damit geht einher, dass der »genetische Beitrag zur Persönlichkeit besser in frühen Entwicklungsstadien zu erkennen« ist (Miklósi 2011, 344). Für diese Merkmale, die bereits in frühen Entwicklungsstadien des Individuums zu Tage treten, wird meist der Begriff Temperament verwendet. Die Merkmale zeigen sich gerade beim neugeborenen Welpen und in der Übergangs- und Sozialisationsphase, von denen auch im folgenden Kapitel noch die Rede sein wird. Sie unterliegen genetischen Einflüssen; aber auch Vorgänge während der Schwangerschaft beziehungsweise Trächtigkeit spielen eine Rolle.

Wie entsteht Persönlichkeit?

Jeder Mensch und jeder Hund kommt also bereits mit einer Disposition zur Welt: All das, was genetisch und an äußeren Faktoren schon vor seiner Geburt wirkt, mündet in einer einzigartigen Kombination. Bei der Geburt sind wir alle bereits unterschiedlich, nicht nur vom

Aussehen her, sondern wir haben auch schon Veranlagungen und Neigungen. Zu Temperamentmerkmalen, die wahrscheinlich vor allem genetisch bedingt sind, zählen das allgemeine Erregungsniveau, die Reaktionsschnelligkeit und die Geschwindigkeit, mit der neue Informationen verarbeitet werden, sowie Verhalten und Anpassungsfähigkeit gegenüber neuen Situationen« (Roth 2017, 29). Manche sind lauter, andere leiser; manche ruhiger und gelassener, andere unruhiger und offener für Reize. Diese Grundausstattung hat dein Hund damit bereits, wenn er Teil deines Lebens wird. Er ist das einzigartige Ergebnis einer Mischung aus genetischer Veranlagung und äußerer Einflüsse, die schon vor seiner Geburt auf ihn gewirkt haben. Diese Grundausstattung bestimmt gewissermaßen die Ausgangslage, von der aus ihr euren gemeinsamen Weg beginnt. Von hier aus willst du deinen Hund mit all seinen Facetten abholen und ihn durch euer gemeinsames Leben führen. Während der Sozialisierungsphase, durch Umwelterfahrungen und auch durch gezielte Erziehung entwickelt er sich weiter und formt seine Persönlichkeit aus.

Je genauer du diese Ausgangslage kennst, desto besser kannst du entscheiden, welche der Anlagen du fördern willst und wo du lieber im übertragenen Sinne den Deckel drauflässt. Wenn ein Hund zum Beispiel ohnehin schon reizoffener ist als andere, dann wirst du dir vermutlich sehr genau überlegen wollen, wie vielen und welchen Reizen und für welche Dauer dieser Hund in seinem Alltag ausgesetzt sein soll. Entscheidend ist also auch die Art und Weise, wie du diesen Voraussetzungen, die dein Hund mitbringt, begegnest.

Anlagen zur Entfaltung bringen

Ein reizbareres Temperament kann man durch gezielte Erziehung beruhigen. Gleichzeitig kann aber auch ein eigentlich gelassenes Temperament in einem Umfeld, das durch Unruhe und Dauerstress

1

paziergang in der Natur: Gelassenheit ermöglicht den Blick auf das Wesentliche im Leben.

Das Auto hält, die Klappe geht auf: einfach rausspringen?

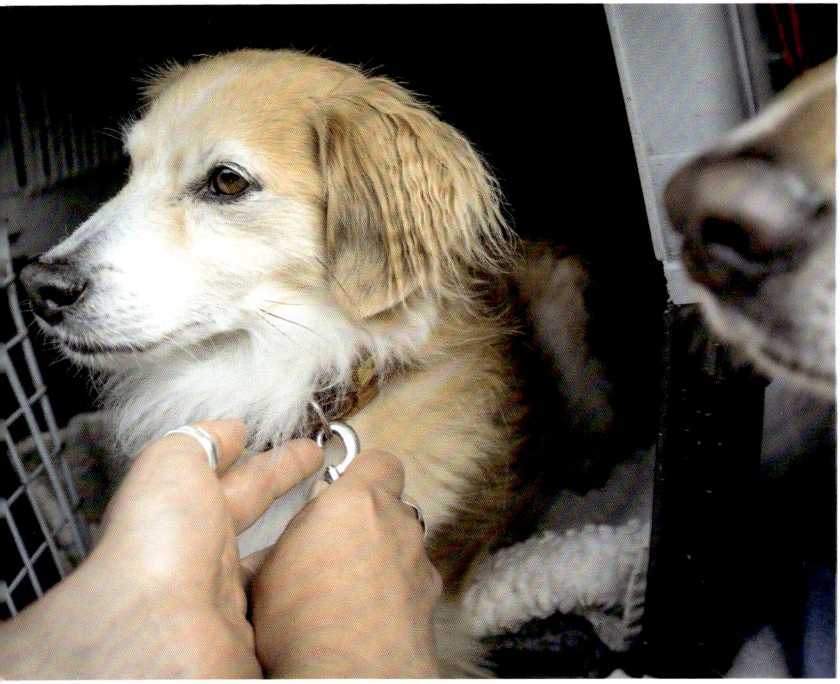

Besser: Erst nach Aufforderung, eventuell durch eine Leine gesichert …

… in Ruhe aussteigen und sich draußen erstmal sammeln. Erst dann geht es los.

Alltag Nahverkehr:
Die U-Bahn fährt ein,
die Hunde bleiben
ruhig und voller
Vertrauen direkt bei
mir.

Glück gehabt –
Platz gefunden!
Trotz Bewegungen
des Zuges und
Geräuschen ist
die Fahrt ganz
4   problemlos.

Umsteigen bitte!
Was erwartet uns
oben? Wenn das
unklar ist, heißt
es hier: zusammen-
bleiben.

5

Beste Aussichten – mit der Hochbahn geht es für uns ganz entspannt weiter.

6

Nähe und Körperkontakt fördern die Produktion des »Glückshormons« Oxytocin.

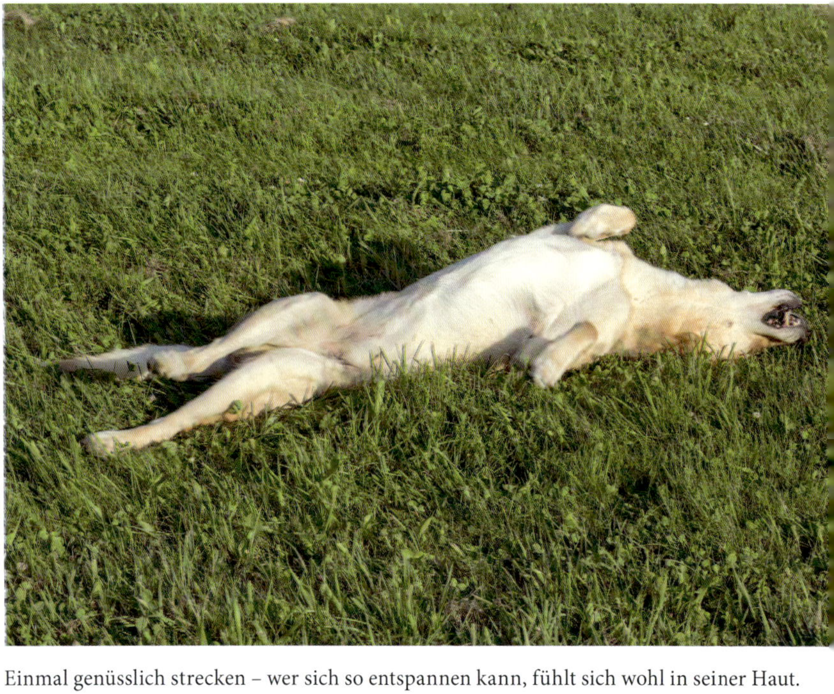

Einmal genüsslich strecken – wer sich so entspannen kann, fühlt sich wohl in seiner Haut.

Der Hund symbolisiert die Natur und das Unverfälschte.

8

In nicht so alltäglichen Situationen geht es darum, eine gute Balance zu finden.
Der kleine Gringo passt sogar auf den Schoß.

Mit Sicherheit geht hier so leicht keiner über Bord.

Mit dem nötigen Halt lassen wir uns ganz entspannt den Wind um die Nase wehen.

Die Aufmerksamkeit muss nicht rund um die Uhr auf dem Hund liegen ...

. und er braucht auch keine Dauerbespaßung – auch Langeweile ist mal okay.

Objekte der Begierde oder sinnvolle Erziehungshilfe?

…lle können Spaß machen, wenn sie die Auseinandersetzung mit der lebendigen Umwelt …d die Kommunikation mit dem Sozialpartner zulassen und fördern.

…icht alle Hunde haben die Neigung zum Balljunkie. Bestimmte Rassen sind anfälliger …s andere, auch die Biografie des Hundes ist entscheidend.

14 Bewegung ist gesund für den Körper und hält auch das Gehirn fit. Wie viel Bewegung angemessen ist, hängt von unterschiedlichen Faktoren ab.

Grundlage fürs Lernen: Licht, Luft und Natur stimulieren die Sinne – in Bewegung, aber auch ganz in Ruhe.

Gemeinsames Spiel
macht Spaß und fühlt
sich gut an. Es fördert
unter anderem Bewe-
gung und Kommuni-
kation …

… Kooperation und
Fairness …

… sowie Bindung und
Vertrauen. All das
braucht der Hund
auch für eine gute
Selbstbeherrschung.

16

Willkommene und unwillkommene Ablenkungen lauern gerade in der Stadt hinter jeder Ecke. Wer sich hier im Griff hat, hat eindeutig die Nase vorn.

Gelassenheit ist ein Zustand, um den wir im Alltag allzu oft ringen. Die Kunst ist es, trotz Alltagsstress zu erkennen, was wir brauchen, um uns auf bestmögliche Art und Weise zu entfalten. Das gilt für den Menschen wie für den Hund.

Einfach im Hier und Jetzt sein …

Hunde sind ein wohltuendes Gegengewicht zur Schnelllebigkeit und Komplexität der Zeit.

20 Der Weg zur Selbstbeherrschung geht über die Frustrationstoleranz. Der Alltag bietet ständig Möglichkeiten, den Hund darin zu schulen.

Das Ziel: Der Hund lernt Gelassenheit und Souveränität, auch wenn er an einer menschgemachten Situation selbst nichts ändern kann.

Wenn er einfach nur ruhig abwarten muss …

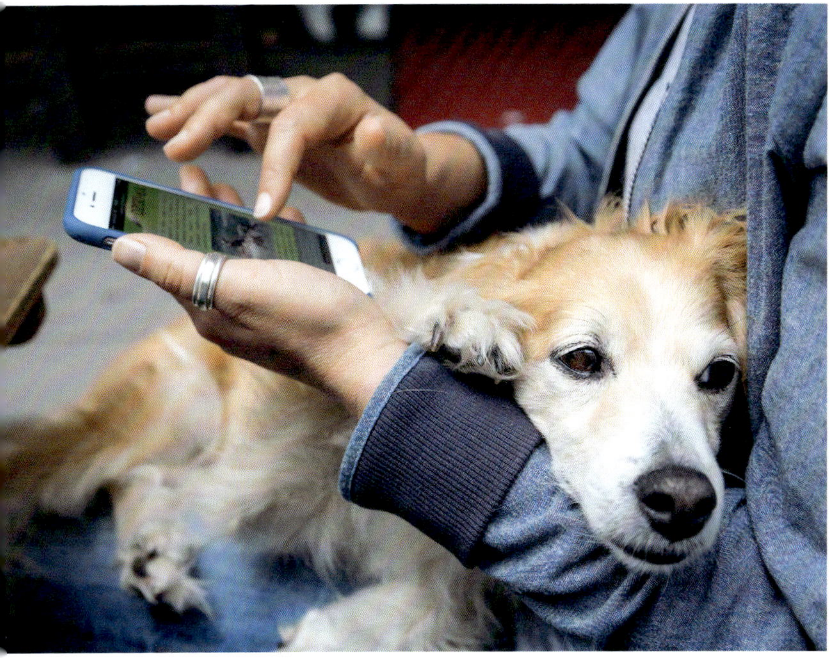

… oder gerade nicht an der Reihe ist.

22 Nur nicht auffallen: An Hunde werden hohe Anforderungen gestellt.

Sie dürfen sich nicht aggressiv verhalten, nicht jagen und müssen stets unauffällig und freundlich sein – so will es die moderne Gesellschaft.

in freudiges Naturell ist Pflicht. Hunde sollen jederzeit einwandfrei funktionieren.

e enger der urbane Raum, desto kleiner der Radius für den Hund.

Als Vorbild für den Hund gibt der Mensch die Koordinaten vor und hat damit wesentlichen Einfluss auf das Verhalten des Hundes. Wir setzen Grenzen und Regeln und geben damit den Rahmen vor, innerhalb dessen der Hund sich einrichten darf.

Wie mit einem unsichtbaren Band sind Mensch und Hund idealerweise miteinander verbunden. Der Hund orientiert sich mühelos an seinem Menschen …

25

… und kann seine Aufmerksamkeit jederzeit auf den Menschen richten.

26 Wo Selbstbedienung draufsteht, ist nicht für alle Selbstbedienung drin. Natas hat gelernt, dass nicht immer alle Bedürfnisse befriedigt werden.

Schon gar nicht an der Futtertheke. Dazu braucht ein Hund eine stabile Frustrationstoleranz.

Gelassenheit ist eine Tugend. Auch beim Shoppen.

Es gilt, ein Gespür zu entwickeln für einen förderlichen Rahmen, der dem Hund einerseits den nötigen Schutz, …

… ihm andererseits aber auch den Freiraum gibt, in dem er eigene Lösungsstrategien entwickeln kann.

28

Kontrolle ist gut – Vertrauen auch.

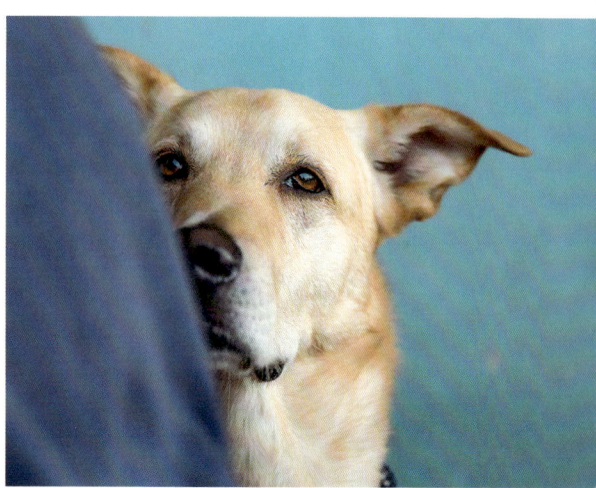

oslassen zu können, bedeutet auch, so viel Freiraum zu geben wie möglich, ohne den otwendigen Halt zu vernachlässigen. Dafür braucht jedes Mensch-Hund-Team den ndividuell richtigen Mittelweg zwischen Freiheit und Einschränkungen.

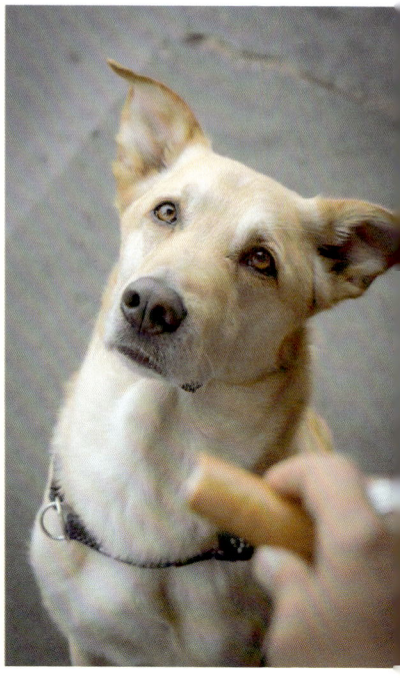

Orientierung am Menschen … ... kann leckere Vorteile bringen.

Oder auch Verzicht bedeuten – zum Beispiel bei diesem Fischbrötchen.

Bei einem Hund, der einen soliden Umgang mit Verzicht gefunden hat, darf es auch mal eine Ausnahme geben.

Ruhe macht in Muscheln Perlen: Gelassene Hunde brauchen eine Umgebung, in der sie auch so sein können.

geprägt ist, kaum Mechanismen zur Selbstbeherrschung entwickeln. Deshalb ist es auch an dir, die individuell passenden Bedingungen für deinen Hund zu schaffen, damit er seine Anlagen zu Stärken entwickeln kann. Die Ausführungen von Hüther und Bonney zur Erziehung von Kindern gilt entsprechend auch für Hunde: »Unsere genetischen Anlagen zeichnen sich eben nur dadurch aus, dass sie die Herausbildung eines hochkomplexen, zeitlebens lernfähigen Gehirns ermöglichen. Ob aber unsere Kinder ein solches Gehirn tatsächlich entwickeln oder ob sie nur eine Kümmerversion dessen ausbilden, was daraus hätte werden können, hängt nicht von ihren Genen ab, sondern davon, ob und wie gut es uns gelingt, die zur optimalen Entfaltung dieser Anlagen erforderlichen Voraussetzungen zu schaffen und aufrechtzuerhalten.« (Hüther/Bonney 2016, 28 f.) Dem zugrunde liegt das Funktionsprinzip des Gehirns, nach dem »neue Interaktionen (also neuronale Verbindungen und synaptische Verschaltungen)« nur »im Rahmen und auf der Grundlage bereits etablierter Interaktionsmuster ausgebildet und stabilisiert werden« (Hüther/Bonney 2016, 30). Gemäß dem Funktionsprinzip: Eine erfolgreiche Strategie des Gehirns bewirkt eine verstärkte Bahnung zwischen den Gehirnzellen.

Geerbt oder erlernt? Veranlagung und äußere Einflüsse

Lange hat man gedacht, Eigenschaften und Verhaltensweisen seien entweder geerbt oder erlernt. Inzwischen gibt es Hinweise darauf, dass die Grenzen zwischen genetischer Veranlagung und den Umwelteinflüssen möglicherweise nicht so starr sind wie bisher angenommen. Damit befasst sich unter anderem das Gebiet der Epigenetik (griechisch »epi« bedeutet dazu, darüber). Dieses noch sehr junge Forschungsgebiet gilt als Bindeglied zwischen Genetik und Umwelteinflüssen. Auf Grundlage dieser Erkenntnisse gehen Forscher davon aus, dass Gene durch verschiedene Einflüsse ein- oder ausgeschaltet werden können, beziehungsweise vorhandene genetische Informationen unterschiedlich stark ausgelesen oder weitergegeben werden. Damit kann das, was genetisch vorhanden ist, durch Steuerung der Bedingungen in unterschiedlichem Maße genutzt werden. Auch wenn es noch wenig Forschungsergebnisse gibt, die sich ausdrücklich auf den Hund beziehen, spricht wegen analoger Funktionsweisen in der Genetik von Säugetieren nichts gegen die Übertragbarkeit der Ergebnisse aus Studien mit Menschen und Labortieren auch auf Hunde (Sommerfeld-Stur 2016).

Der »Werkzeugkasten der Persönlichkeit«

Epigenetische Abläufe wirken direkt an den Genen, und zwar dann, wenn genetische Informationen der DNA im Zuge der Zellteilung kopiert werden sollen, das Auslesen eines Code-Abschnitts jedoch durch angehängte kleine Moleküle blockiert wird. Ein anderer epigenetischer Effekt betrifft einen Teil der DNA, der früher für »genetischer Müll« gehalten wurde. Diese Moleküle, Mikro-RNAs genannt, steuern die Ausprägung dessen, was genetisch angelegt ist. In den Nervenzellen im Gehirn haben sie Einfluss auf das Verhalten oder die Art und Weise, wie wir uns verhalten. Deshalb hat die Epigenetik auch so großen Einfluss auf die Persönlichkeit. Vergleichbar ist sie mit einem Werkzeugkasten, mit dessen Hilfe aus dem vorhandenen Inventar die Persönlichkeit gebaut wird (Birmelin 2014, 59). Sie erklärt unter anderem auch, warum eineiige Zwillinge in ihren Erbanlagen weitgehend gleich sind, aber trotzdem oft völlig unterschiedliche Persönlichkeiten haben.

Bedeutsam ist das auch im Zusammenhang mit vererbbaren Krankheiten. Die Erbfaktoren entscheiden offenbar nicht allein darüber, ob ein Individuum tatsächlich erkrankt – manche Individuen bekommen die Krankheit, manche nicht. Es hängt von einem komplexen Zusammenwirken von genetischen Faktoren und individuellen Erlebnissen ab, auf die jedes Individuum unterschiedlich reagiert.

Epigenetisches Geschehen findet bereits im Mutterleib statt, gerade im Zeitraum kurz vor der Geburt. Doch die Prozesse gehen ein Leben lang weiter. Persönlichkeit ist damit auch das Ergebnis fortwährender epigenetischer Prozesse – was bedeutet, dass sich die Persönlichkeit ständig ändert. Allerdings gibt es Zeitfenster im Leben eines Individuums, in denen Entwicklung schneller stattfindet als in anderen. Diese Zeitfenster liegen vor allem am Anfang des Lebens, bis sich die Persönlichkeit bei Hunden etwa im Alter von ein bis zwei Jahren stabilisiert (Svartberg 2007, zitiert nach Miklósi et al. 2014). Davor liegen für den jungen Hund wichtige Interaktionen und Erlebnisse. Diese Erfahrungen der ersten Zeit wirken auf den jungen Hund und sein jetziges und künftiges Verhalten. Zugleich ist die Persönlichkeit im Rahmen von Erziehung mit zunehmendem Alter schwerer zu beeinflussen.

Die Bedeutung von Stress

Neben den schon im vorigen Kapitel beschriebenen Effekten hat Stress auch einen großen Einfluss auf die epigenetische Ausprägung. Ist die Mutter während der Schwangerschaft starkem Stress ausgesetzt, hinterlässt dieser über das Stresshormon Kortisol epigenetische Spuren in den Genen des Nachwuchses. Erfahrungen wie Gewalt, Angst oder andere starke, psychische Belastungen setzen verschiedene Substanzen im Gehirn der Hündin frei, darunter das Stresshormon Kortisol. Über die Blutbahn wird es an das Gehirn des ungeborenen Welpen weitergegeben, das sich laufend entwickelt und für Umwelteinflüsse empfänglich ist. Das wird dadurch begünstigt, dass die sogenannte Blut-Hirn-Schranke, also die Barriere zwischen dem

Blutkreislauf und dem zentralen Nervensystem, für manche Substanzen vor der Geburt besonders durchlässig ist (Roth 2017, 118). Der ungeborene Welpe bekommt also über seine Mutter, ohne den Stress selbst zu erfahren, etwas vom biochemischen Stresscocktail ab.

Mit drastischen Folgen: Bei ihm entwickeln sich verstärkt Kortisolrezeptoren, die nun ihrerseits auf Stress reagieren können. Über die gestiegene Empfindlichkeit des jungen Gehirns für Kortisol steigt die Stressempfindlichkeit und damit auch die psychische Belastbarkeit in späteren Lebensphasen. Das Stresshormonsystem bleibt also dauerhaft leichter und schneller erregbar, wenn der Hund vor seiner Geburt unter solchen Einflüssen stand (Strodtbeck/Borchert 2013, 20). Biologisch ist das folgerichtig, denn wenn bereits die Mutter Stress ausgesetzt ist, darf auch das Kind für eine stressreiche Umwelt ausgestattet sein. Zugleich ist die Art, wie ein Individuum mit Stress umgeht, wesentlicher Teil seiner Persönlichkeit. Die Rolle der Mutterhündin und die Vermeidung von vorgeburtlichem Stress ist deshalb von großer Bedeutung – ansonsten ist schon das Stresssystem des noch nicht einmal geborenen Hundes in Alarmbereitschaft, ein Zustand, der ihn langfristig beeinflussen kann. Denn es bestimmt, wie gut es später mit Stressoren umgehen kann, wie schnell es sich in belastenden Situationen aufregt, aber auch wieder beruhigen kann.

Stressverarbeitung und Persönlichkeit

Das Stressverarbeitungssystem kann als das wichtigste persönlichkeitsrelevante System gesehen werden, ohne das die Entwicklung der Persönlichkeit nicht zu verstehen ist (Roth 2017, 127 f.). Die Art und Weise, wie ein Individuum mit körperlichen und psychischen Belastungen umgeht, bestimmt »den Kern seiner Persönlichkeit«, der mit der Entwicklung des Kortisolsystems vor und nach der Geburt verknüpft ist (Roth 2017, 128). Dazu gehört schon die Frage, wie sehr und ob sich ein Individuum überhaupt aufregt und wie schnell es sich beruhigt, wenn die unangenehme Situation ausgestanden ist. Kortisol scheint auch im Zusammenhang mit impulsivem und aggressivem Verhalten zu stehen. Dabei kommt es auf das gesunde Gleichgewicht an, denn nicht nur ein zu hoher Kortisolspiegel, sondern auch dauerhaft zu niedrige Werte des Stresshormons haben Auswirkungen auf Impulsivität und Aggression. So zeigen Kinder mit einem ständig niedrigen Kortisolspiegel eine geringe Selbstbeherrschung, aggressives Verhalten und eine hohe Risikobereitschaft (Roth 2017, 129).

Bindung und Persönlichkeit

Eine gute Bindung kann positiv gegen Stress wirken. Damit ist natürlich die Bindung zwischen Welpen und insbesondere der Mutterhündin, aber erweitert auch die zum Menschen gemeint. Ein Mensch, zu dem der Hund eine gute Bindung aufgebaut hat, kann als sicherer Hafen und als sichere Basis wie ein Puffer gegen Stress wirken.

Die Qualität des Bindungsverhaltens wird durch mütterliche und kindliche Eigenschaften und das soziale Umfeld beeinflusst, Stress scheint auch hier ein entscheidender Faktor zu sein. Wieder wirkt eine individuelle Kombination aus genetischer Disposition und äußeren Einflüssen. Der frühkindliche Bindungstyp hängt eng damit zusammen, wie ein erwachsenes Individuum Bindungen eingehen kann, also wie es sich emotional und geistig auf andere einlässt und welche Bedeutung das überhaupt für ihn hat – auch das bestimmt die Persönlichkeit. Neurobiologisch wird Bindungsorientierung von Oxytocin, endogenen Opioiden und Dopamin bestimmt. Mit dem Oxytocin werden endogene Opioide ausgeschüttet. Sie sind der Grund, warum sich soziale Kontakte meist gut anfühlen. Das Oxytocin-Bindungssystem hängt mit dem Belohnungs- und dem Belohnungserwartungssystem zusammen. Das Oxytocin wirkt auf dopaminerge

Zellen, also solche, die auf Dopamin ansprechen, andererseits verstärkt es die Ausschüttung der Opioide. Das macht soziale Kontakte zu einer vielversprechenden Belohnung, weshalb Individuen immer wieder die Nähe von Sozialpartnern suchen. Individuen mit einem regen Oxytocinsystem sind sensibel gegenüber anderen und auch empfindlicher für Stimmungen, Gefühle, Bedürfnisse und Ziele anderer. Über die verstärkende Wirkung von Oxytocin auf die Serotoninfreisetzung haben sie außerdem ein hohes Maß an Impulskontrolle (Roth 2017, 133; 149 f.). Bei Individuen mit einer sicheren Bindungsrepräsentation wird in einer sozialen Stresssituation vermehrt Oxytocin freigesetzt, »während ihr Stresssystem nur mäßig aktiv und ihr subjektives Stresserleben ebenfalls gering« ist. Bei eher schwach gebundenen Individuen wird weniger Oxytocin freigesetzt, ihr Stresssystem stärker aktiviert (Roth 2017, 133).

Weitere Einflüsse auf die Persönlichkeit

Eng verknüpft mit dem Stressverarbeitungssystem ist das Selbstberuhigungssystem. Die beiden Systeme wirken gemeinsam auf die Frustrationstoleranz und bestimmen, wie hoch die Frustrationstoleranz und wie groß das Sicherheitsbedürfnis eines Individuums ist. Das Selbstberuhigungssystem ist eins der ersten Systeme, das sich in der Entwicklung eines Individuums herausbildet. Es steht in Verbindung mit dem serotonergen System, wobei beide wiederum mit dem Stresssystem verknüpft sind. Deshalb ist genügend Serotonin von großer Bedeutung für die Entwicklung des Nervensystems. Es steht im Zusammenhang mit »Passivität in ganz unterschiedlichen Zusammenhängen«, und es wirkt auch auf die Fähigkeit zur Selbstbeherrschung (Roth 2017, 130). Die Fähigkeit, sich in einer stressigen Situation selbst zu beruhigen, zeigt sich zum Beispiel darin, angesichts einer Bedrohung oder Belastung angemessen zu reagieren –

oder auch gar nicht zu reagieren. Auch an dieser Stelle wirkt das serotonerge System.

In einem engen Zusammenhang damit steht der Realitätssinn einer Persönlichkeit beziehungsweise ihre Risikowahrnehmung – ein weiteres wichtiges Persönlichkeitsmerkmal. Dazu gehört es, eine Situation angemessen wahrzunehmen und einschätzen zu können, also »über eine Balance zwischen übertriebenem Optimismus und übertriebenem Pessimismus, zwischen Gutgläubigkeit und Misstrauen, Eigenständigkeit und Bindung zu verfügen«. Das bedeutet auch, die eigenen Kräfte richtig einzuschätzen, »Absichten der anderen richtig zu erfassen, Chancen und Risiken zu erkennen und sie im eigenen Handeln zu berücksichtigen.« (Roth 2017, 136) Neurobiologisch ist dafür ein Gleichgewicht zwischen dem serotonergen und dem dopaminergen System erforderlich, aber auch ein gut funktionierendes cholinerges System. Dieses bildet die Voraussetzung für Fokussierung, Aufmerksamkeit und Lernbereitschaft, es macht es dem Individuum aber auch möglich, eventuelle Belohnungen und Bestrafungen einzuschätzen. (Roth 2017, 136 f.)

Motivation, Belohnung und Impulshemmung

Mit Blick auf Belohnung und Mischels Versuche mit Vorschulkindern wird ein weiterer Aspekt von Persönlichkeit klar: die Motivation! Denn auch die Art und Weise, wie Menschen mit Belohnungen beziehungsweise der Erwartung einer Belohnung umgehen, bestimmt ihr Verhalten wesentlich.

Grundsätzlich handeln wir danach, Angenehmes und Vorteilhaftes zu erreichen und Unangenehmes oder Nachteiliges zu vermeiden. Auch dieses Prinzip wird von angeborenen Antrieben und von unseren Erfahrungen mit der Welt und dem eigenen Handeln beeinflusst. Deshalb kommt es zu einer ständigen Bewertung der Ereignisse hinsichtlich Belohnung und Bestrafung und in der Folge zu bestimmten Erwartungen dazu. Das Belohnungssystem ist mit der Erfahrung von Befriedigung verknüpft. Darauf baut das Belohnungserwartungssystem auf, das über den Botenstoff Dopamin funktioniert. Hier geht es darum, dass man etwas, das in der Vergangenheit zu Belohnungen geführt hat, gerne wiederholt; ein Verhalten, dass unangenehm war, hingegen gemieden wird (Roth/Strüber 2017, 147 f.). Individuen mit einem schwachen Belohnungssystem verspüren ein eigentlich belohnendes Erlebnis nicht als solches und suchen nach besonders starken Impulsen – in der Hoffnung, dass sich dadurch das Gefühl der Befriedigung einstellt.

Anders verhält es sich bei Individuen mit einem geschwächten Belohnungserwartungssystem, die sich nur schwer motivieren können, weil ihr Handeln nicht mit der Erwartung verknüpft ist, dass das Ergebnis zu einem Gefühl der Belohnung führen könnte. Was im Übrigen für ein Individuum eine Belohnung ist, ist vollkommen individuell. Entscheidend ist auch hier, dass die Wirkung der Vorlieben auf die Persönlichkeit umso stärker ist, je früher sie sich entwickeln.

Und das gilt auch für die Fähigkeit, Versuchungen zu widerstehen und gegenüber Belohnungsaufschub stark zu bleiben oder es auszuhalten, wenn sich etwas Unangenehmes nicht sofort ändern lässt. Auch diese Impulshemmung darf ein Hund von Anfang an und im Laufe seiner Reifung immer weiter lernen. Wir erinnern uns: Damit ein Individuum seine Impulse kontrollieren kann, müssen das limbische Stirnhirn und die Amygdala entsprechend zusammenspielen, denn eine gut ausgebildete Interaktion zwischen beiden wirkt hemmend. Eine wichtige Rolle spielen dabei das impulsive Dopaminsystem und das hemmende Kortisolsystem. Auch die Freisetzung von Serotonin und Dopamin in limbischen Bereichen des Gehirns und bei männlichen Individuen die Höhe des Testosteronspiegels wirken auf die Impulskontrolle. Wenn bei Stress schnelles, impulsives Handeln notwendig wird, wird vermehrt Dopamin ausgeschüttet. Ist hingegen Zurückhaltung erforderlich, wird die Dopaminfreisetzung vermindert und stattdessen Serotonin ausgeschüttet. Das Serotonin bewirkt eine Verhaltenshemmung und lässt das Individuum weniger bereitwillig Risiken eingehen, was wie oben beschrieben über das Selbstberuhigungssystem geregelt wird. Ein hoher Serotoninspiegel steht deshalb im Zusammenhang mit starker Impulskontrolle, und Individuen mit einem hohen Serotoninspiegel verfolgen ihre Ziele ausdauernder und sind weniger leicht ablenkbar (Roth 2017, 134).

Auf hirnorganischer Ebene ist es also dieses Ausreifen der überwiegend hemmenden Interaktion zwischen präfrontalem Kortex und der Amygdala, die es dem Hund überhaupt erst ermöglicht, Impulskontrolle und Selbstbeherrschung zu haben – und auch sie machen eine Persönlichkeit aus.

Die sechs Wirkungssysteme der Persönlichkeit

Die Persönlichkeit ist zum einen bedingt durch genetische Einflüsse. Geprägt wird sie zudem durch Sozialisierung und Umwelterfahrungen, auch in Form von gezielter Erziehung. Beides – Genetik und Umwelt – ist untrennbar miteinander verknüpft, z. B. durch epigenetische Prozesse.

Sechs psychoneurale Grundsysteme wirken auf die Persönlichkeit:
- Das Stressverarbeitungssystem,
- das Selbstberuhigungssystem,
- das Bewertungs- und Belohnungssystem,
- das Impulshemmungssystem,
- das Bindungssystem und
- das System des Realitätssinns und der Risikobewertung (Roth/Strüber 2017, 144 ff.).

Sie werden beeinflusst durch das komplexe Gefüge der Neurotransmitter und Hormone (siehe Kapitel »Was ist Selbstbeherrschung?«), die auch in vielfältiger Weise aufeinander wirken.

Der Sitz der Persönlichkeit

Man geht außerdem davon aus, dass die Persönlichkeit mit ihren Emotionen und Motiven im limbischen System angesiedelt ist. Wir erinnern uns: Das limbische System dient den Funktionen Emotion, Antrieb und Lernen. Es hat die Aufgabe, Situationen und Verhalten danach zu bewerten, mit welchen Folgen für das Individuum zu rechnen ist, was Einfluss auf das Verhalten hat. Bei dieser Bandbreite an Funktionen handelt es sich beim limbischen System deshalb nicht um ein einzelnes Zentrum im Gehirn, sondern um mehrere, unterschiedlich gebaute Zentren, die sich an verschiedenen Stellen im Gehirn befinden (Roth/Strüber 2017, 63). Unterschieden werden drei Gehirnebenen, auf denen die Bestandteile von Persönlichkeit verortet sind. Diese Ebenen entstehen während der Entwicklung des Gehirns teils nacheinander, teils parallel (Roth 2017, 122). Sie bilden das »emotionale Grundgerüst« und formen die zentralen Eigenschaften unserer Persönlichkeit (Thomashoff 2014, 65).

Die erste, untere limbische Ebene bilden Hypothalamus, Hypophyse und die vegetativen Zentren des Gehirns. Sie werden bestimmt von epigenetischen Prozessen vor der Geburt. Hier entsteht das Temperament, die »psychische Grundausstattung« eines Individuums, mit der es bereits zur Welt kommt. Die mittlere limbische Ebene ist die der emotionalen Konditionierung. Bindungserfahrungen in den ersten Lebenswochen und -monaten des jungen Hundes (beim Menschen: in den ersten zwei bis drei Jahren) beeinflussen vorwiegend diese Ebene. Die Sozialisierung und Erziehung des Individuums beeinflusst die obere limbische Ebene. Sie wirkt auf das kognitiv-rationale Verhalten (https://www.roth-institut.de/roth-wissens-journal/wie-das-gehirn-die-seele-formt/; Roth/Strüber 2017, 151 f.).

Die oben vorgestellten sechs psychoneuralen Grundsysteme setzen sich aus Bestandteilen dieser limbischen Ebenen zusammen. Die ersten vier Systeme – also das Stressverarbeitungssystem, das Selbstberuhigungssystem, das Bewertungs- und Belohnungssystem sowie das Impulshemmungssystem – sind vor allem auf der unteren und der mittleren Ebene verortet. Über soziale Erfahrungen können sowohl das Impulshemmungssystem als auch das System der Bewertung und Belohnung gestärkt werden. Die mittlere und obere Ebene bestimmen das Bindungssystem, also zunächst Erfahrungen mit der Mutter oder einer anderen Bezugsperson und später weitergehende soziale Erfahrungen mit Verwandten und Freunden, in Kindergarten und Schule beziehungsweise Geschwistern aus dem Wurf, anderen Hunden und Menschen. Das System des Realitätssinns und der Risikobewertung entwickelt sich »auf der Grundlage unserer Kernpersönlichkeit im Zuge von Erfahrungen auf der oberen limbischen Ebene« und – bei Menschen – der Ausreifung der kognitiv-sprachlichen Ebene. Auch hier ist die Impulshemmung von Bedeutung (Roth/Strüber 2017, 151 f.).

Wenn man sich vergegenwärtigt, aus welchen Hirnregionen sich das speist, was wir als Persönlichkeit wahrnehmen, wird klar, warum sie so komplex ist.

Selbstbeherrschung und Rassezugehörigkeit

Manche Hunde sind aufgrund ihrer Rassezugehörigkeit mit besseren Voraussetzungen zur Selbstbeherrschung ausgestattet. Die Hunderassen entstanden im Laufe der Jahrtausende durch Einwirken des Menschen, der sich die Hunde als Gefährten und Arbeitstiere aussuchte, die ihm besonders entsprachen, also weil sie besonders zahm und friedlich waren, oder aber weil sie durch ihre Fähigkeiten oder ihr Verhalten für bestimmte Aufgaben geeignet waren. Bestimmte Verhaltensweisen wurden durch gezielte Selektion besonders gefördert: »Den meisten rassetypisch genutzten Verhaltensformen liegt eine Variation des Jagdverhaltens der Wölfe zugrunde.« (Sommerfeld-

Stur 2016, 158) Zur Erinnerung: Das Jagdverhalten besteht aus mehreren Abschnitten, auch Sequenzen genannt, die bei einem vollständigen Ablauf nacheinander ausgeführt werden (siehe dazu auch die Kapitel »Warum ist Selbstbeherrschung so wichtig?«, Seite 84 und »Welpen- und Junghundeentwicklung«, Seite 148). Um diese Sequenzen auszuführen, braucht der Hund ein ganzes Arsenal an Fähigkeiten: Seine Sinne müssen funktionieren, um die Beute ausmachen und aufspüren zu können, seine Bewegungsabläufe müssen so funktionieren, dass er die Beute hetzen, packen, töten und vertilgen kann, und er muss auch über die entsprechenden Gehirnleistungen verfügen, zum Beispiel Motivation, Ausdauer, Selbstbelohnung und Schmerzempfindlichkeit (Sommerfeld-Stur 2016, 158 f.). Je nachdem, auf welche Aufgabe er im Rahmen der Selektion spezialisiert ist, sind auch unterschiedliche Verhaltensweisen ausgeprägt. So reagiert zum Beispiel ein Hütehund, der auf Schnelligkeit, Beweglichkeit und Ausdauer spezialisiert ist, stark auf Bewegungsreize und bringt auch grundsätzlich Wachsamkeit und Offenheit für alle möglichen Reize mit. Die Selektion auf bestimmte Fähigkeiten hat dazu geführt, dass die Rassen neurobiologisch unterschiedlich ausgestattet sind. Die Ausstattung der Nervenverbindungen in den Gehirnen von Huskies, Border Collies und Herdenschutzhunden sowie die Ausschüttung von Neurotransmittern unterscheidet sich zum Beispiel stark – je nach den rassespezifischen Erfordernissen an die Fähigkeiten dieser Hunde sind ihre Gehirne gewissermaßen anders »programmiert« (Coppinger/ Coppinger 2001, 212).

Aggressive Impulse beherrschen

Auch bestimmte Reaktionsmuster können zu Rassekennzeichen werden, zum Beispiel Aggressionsbereitschaft, die zu einem Teil erblich bedingt ist. Manche Rassen wurden ganz bewusst dahingehend gezüchtet, dass die Tiere eine möglichst starke Verteidigungs- und Angriffsbereitschaft zeigen, um ihre Menschen zu beschützen. Da diese Verhaltensmuster natürlich auch vom Umfeld des Hundes beeinflusst werden, ist es gerade bei Hunden dieser Rassen besonders wichtig, dass sie lernen, ihre aggressiven Impulse zu beherrschen.

Falls du noch vor der Anschaffung eines Hundes stehst, solltest du dich also auf jeden Fall über typische Rassemerkmale informieren, statt dich bei deiner Wahl vom Zufall, übersteigerten Erwartungen oder vom Aussehen des Hundes leiten zu lassen. Und es verdeutlicht auch, dass rassetypische Verhaltensweisen weder mal so eben »wegzuzüchten« noch wegzutrainieren sind. Umso wichtiger ist es, sich gut zu informieren und bereit und in der Lage zu sein, einem Hund mit ausgeprägtem rassespezifischen Verhalten ein geeignetes Umfeld – und die richtige Einstellung – zu bieten. Und nicht außer Acht zu lassen, dass eine gute Mensch-Hund-Beziehung auch schlicht davon abhängt, wie Mensch und Hund zueinander passen, also von Persönlichkeit und Temperament der Beteiligten.

Persönlichkeit beschreiben

Die Erkenntnisse, was auf neurobiologischer Ebene auf die Persönlichkeit deines Hundes wirkt, sind als Ergebnisse moderner Forschung noch relativ jung. Der Wunsch, Persönlichkeit zu beschreiben und zu kategorisieren, ist jedoch uralt. Schon die Gelehrten der Antike definierten Theorien zur Persönlichkeit von Menschen. Tieren wurde eine eigene Persönlichkeit lange abgesprochen, unter anderem, weil man eine unzulässige Vermenschlichung vermeiden wollte. Doch das, was jeder Mensch spürt, der mit Hunden zusammenlebt, nämlich die Unverwechselbarkeit dieses einen Individuums, ließ sich nicht leugnen. Inzwischen gibt es auch wissenschaftliche Hinweise darauf, dass sich nicht nur bei Säugetieren wie

Hunden, Katzen und Kühen, sondern auch bei Vögeln und sogar Fruchtfliegen und Kraken einzelne Individuen von anderen in ihrem Verhalten unterscheiden und etwas haben, das man Persönlichkeit nennen könnte.

Einteilung nach Typen: A-Typ und B-Typ

Eine bekannte Systematik ist die Unterteilung in A- und B-Typen. Dies stützt sich auf die Mediziner Meyer Friedman und Ray H. Rosenman, die in den 1950er Jahren zu den Ursachen von koronaren Herzerkrankungen bei Menschen forschten. Sie untersuchten tausende Menschen und ihre Verhaltensweisen und entwickelten auf dieser Grundlage mehrere Risikofaktoren. Der von ihnen beschriebene Typ A, der deutlich stärker gefährdet ist, einen Herzinfarkt zu erleiden, ist in seinem Verhalten geprägt von Aktivität und Schnelligkeit, aber auch Aggressivität und Reizbarkeit (Friedman/Rosenman 1975). Entsprechendes Verhalten tritt vor allem in stressigen Situationen zu Tage. A-Typ-Hunde werden beschrieben als »forsche, extrovertierte und wagemutige Gesellen, die sich – auch in Stresssituationen – durch aktives Verhalten auszeichnen«. Die Hormone, die ihn in solchen Situationen steuern, »sind das ›Fluchthormon‹ Adrenalin, das ›Kampfhormon‹ Noradrenalin und auch die ›Selbstbelohnungsdroge‹ Dopamin. Die Stressreaktion der A-Typen bezeichnet man als ›Fight or Flight‹« (Strodtbeck/Borchert 2013, 46). Exakt das Gegenteil ist der B-Typ. Er ist eher introvertiert, gekennzeichnet durch Zurückhaltung und Passivität, beobachtet eher, statt zu agieren. Gesteuert wird er in einer Stressreaktion durch das Kortisol; statt Kampf oder Flucht ist es eher sein Muster, zu erstarren (Strodtbeck/Borchert 2013, 47). Innerhalb der beiden Typen wird noch einmal zwischen stabil und instabil unterschieden. Damit kommt man auf eine recht griffige Unterteilung von vier Grund-Typen in unterschiedlicher Ausprägung. Vielen Hundehaltern hilft es, wenn ich meine Einschätzung darüber mit ihnen teile, zu welchem Typ ihr Hund gehört. Es versetzt sie in die Lage, den Hund besser zu verstehen, sein Verhalten vorherzusehen und besser darauf zu reagieren.

Big Five: Persönlichkeitsmerkmale
Es gibt weitere hilfreiche Möglichkeiten der Kategorisierung. Viele Forscher setzen auch für Hunde statt auf Typen vielmehr auf bestimmte Merkmale, die ein Kontinuum bilden und auf deren Achsen man Persönlichkeit abbilden kann. Aus der Verortung im Gefüge der Achsen lässt sich ebenfalls ein Typ beschreiben, doch die Variationsmöglichkeiten sind viel größer.

Dieses Prinzip liegt auch den sogenannten Big Five zugrunde, was man sich als »Klassifizierungssystem ähnlich dem Periodensystem der Elemente in der Chemie« vorstellen kann (Lang 2008, 34). Entwickelt wurde dieses Modell der Persönlichkeitspsychologie ab den 1930er Jahren aus einem lexikalischen Ansatz, also beruhend auf der Annahme, dass sich Persönlichkeit in Sprache und der Benutzung von bestimmten Begriffen äußert. Man suchte viele tausend Begriffe, die menschliche Eigenschaften beschreiben. Daraus zog man möglichst klar voneinander abgegrenzte Merkmale. Übrig blieben einige wenige Persönlichkeitsmerkmale, die kulturunabhängig gelten. Die heute meist verwendeten Merkmale Extraversion, Verträglichkeit, Gewissenhaftigkeit, Neurotizismus und Offenheit für Erfahrung beruhen auf der Arbeit der Psychologen Paul Costa und Robert McCrae aus den 1980er und 1990er Jahren. Jeder dieser Faktoren kann stark oder schwach ausgeprägt sein. Allerdings werden sie nicht übereinstimmend beschrieben. Das liegt auch daran, dass die Ausprägung der fünf Faktoren heute meist mit Fragebogen-Methoden erfasst wird, bei der auch die Übersetzung der Begriffe eine Rolle spielt. Je nach Sprache können die Begriffe in ihrer Bedeutung leicht voneinander abweichen, mal eine breitere, mal eine engere Bedeutung haben.

Extraversion: Damit ist die Quantität und Intensität der Beziehungen zur Umwelt gemeint. »Extraversion bezieht sich auf die Tendenz, mit Vertrauen und Enthusiasmus Kontakt zur Umwelt zu suchen und Erfahrungen positiv auszuleben.« (Lang 2008, 39) Eine hohe Ausprägung ist dadurch gekennzeichnet, dass das Individuum gesellig, gesprächig, freundlich, aktiv, offen, durchsetzungsfähig, selbstbewusst, optimistisch und enthusiastisch ist; manchmal wirkt es überschäumend. Geringe Ausprägung: introvertiert, zurückhaltend, reserviert, ruhig, bedachtsam; diese Individuen sind gern allein, ohne dabei unglücklich zu sein. Unterfacetten der Extraversion sind Herzlichkeit, Geselligkeit, Durchsetzungsfähigkeit, Aktivität, Erlebnishunger und Frohsinn.

Verträglichkeit: Bei der Verträglichkeit geht es um die Qualität der Beziehung. Bei einer hohen Ausprägung ist das Individuum hilfsbereit, entgegenkommend, gutmütig, vertrauensvoll, kooperativ, feinfühlig und wohlwollend. Bei einer niedrigen Ausprägung ist es egozentrisch, misstrauisch, wenig kooperativ, undankbar und wettbewerbsorientiert. Unterfacetten sind Vertrauen, Freimütigkeit, Altruismus, Entgegenkommen, Bescheidenheit und Gutherzigkeit.

Gewissenhaftigkeit: Sie umfasst die Beständigkeit des Verhaltens und Impulskontrolle, Erfolgs- und Aufgabenorientierung, Organisation und Gründlichkeit. Hohe Ausprägung: Zielstrebigkeit, Willensstärke, Entschlossenheit; Individuen sind ordentlich, organisiert, überlegt und pflichtbewusst. Niedrige Ausprägung: Solche Personen verfolgen ihre Ziele mit weniger Engagement, sind eher unordentlich und sorglos, nachlässig, inkonsequent, vergesslich und unzuverlässig. Unterfacetten von Gewissenhaftigkeit sind Kompetenz, Ordnungsliebe, Pflichtbewusstsein, Leistungsstreben sowie Selbstdisziplin und Besonnenheit.

Neurotizismus: »Dieser Faktor beschreibt, wie stark positive und negative Emotionen erlebt werden.« (Lang 2008, 40) Eine hohe Ausprägung beinhaltet, dass das Individuum insgesamt empfindlicher und leichter aus dem Gleichgewicht zu bringen ist; auf Stresssituationen reagiert es eher, zum Beispiel angespannt, ängstlich, besorgt, verärgert, erschüttert oder verzagt. Individuen mit einer niedrigen Ausprägung dieses Faktors sind eher ruhig, ausgeglichen, zufrieden, emotional stabil und nicht so schnell aus der Fassung zu bringen. Sie erleben Gefühlszustände nicht sehr stark. Unterfacetten von Neurotizismus sind Reizbarkeit, Ängstlichkeit, Depression, Befangenheit, Impulsivität und Verletzlichkeit.

Offenheit für Erfahrungen: Bei diesem Faktor geht es um die Offenheit für Neues und entsprechendes Verhalten. Eine hohe Ausprägung zeigt sich in einem »Interesse an neuen Erfahrungen, Erlebnissen und Eindrücken«. Die Individuen sind einfallsreich und wissbegierig, haben »eine rege Phantasie, lassen sich auf neue Ideen ein und sind unkonventionell in ihren Wertvorstellungen«. Bei einer geringen Ausprägung dieses Faktors ziehen die Individuen eher »Bewährtes dem Neuen vor und ihr Interessenbereich ist eingeschränkt« (Lang 2008, 40). Eine andere Bezeichnung dieses Faktors ist »Intellekt«. Unterfacetten sind Phantasie, Ästhetik, Gefühle, Handlungen, Ideen und Werte (Faktoren und Ausprägungen nach Lang 2008).

Bei Menschen werden die Faktoren meist durch einen Fragebogentest erfasst. Die Testperson selbst oder ein Testleiter entscheidet auf einer Skala von eins bis fünf, ob eine Aussage über die Person zutrifft. Das Ergebnis kann zum Beispiel im Abgleich mit Tätigkeitsanforderungen im Beruf verwendet werden. Ein weiterer Anwendungsbereich neben dem beruflichen Bereich ist die psychologische Beratung.

Big Five für Hunde

Unter anderem die Psychologen Samuel Gosling und Amanda Jones beschäftigten sich mit der Übertragbarkeit beziehungsweise der Anwendbarkeit der Big Five auf Hunde. Die menschlichen Eigenschaften, mit denen eine starke oder schwache Ausprägung beschrieben werden, sind nicht passgenau auf Hunde übertragbar. Gosling und Jones suchten deshalb nach Merkmalen, mit denen Hunde durch Beobachtung oder Tests in ihrem individuellen Verhalten in Studien beschrieben wurden. Grundsätzlich, so die beiden, lassen sich die Big Five – mit Abweichungen – auch auf die Persönlichkeiten von Hunden anwenden. Lediglich ein Merkmal, nämlich die Gewissenhaftigkeit, ließ sich auf die Persönlichkeit von Hunden nicht anwenden (Gosling et al. 2003). Ausgerechnet auf dieses Merkmal entfallen aber auch Aspekte von Selbstbeherrschung, nämlich Impulskontrolle und Beständigkeit des Verhaltens, Erfolgs- und Aufgabenorientierung. Ausprägungen dieses Faktors halte ich deshalb für durchaus charakteristisch auch für die Persönlichkeit von Hunden. Zu einem ähnlichen Schluss kommen Miklósi et al. (2014).

Zu diskutieren ist vielleicht die Anwendbarkeit des Begriffs »Gewissenhaftigkeit« selbst (im englischen Original conscientiousness), denn ein Gewissen im Sinne eines übergeordneten, verbindlich geltenden Wertesystems haben Hunde nicht. Stattdessen richten sie sich nach menschlicher Autorität und verhalten sich den Regeln des Zusammenlebens entsprechend (Feddersen-Petersen 2013, 361). Die Frage, ob ein Hund ordnungsliebend oder nachlässig ist, stellt sich nicht, da sich ein Hundeleben in diesen Kategorien schlicht nicht abspielt. Schließlich räumt der Vierbeiner leider weder die Spülmaschine ein noch tut er sich beim Staubsaugen hervor. Doch stecken in diesem Faktor gerade viele Aspekte, die unser Thema der Selbstbeherrschung berühren. Hier darf man auf weitere Forschung zur Persönlichkeit von Hunden gespannt sein.

Systematisierungen: Hilfestellungen für ein gutes Miteinander

Unabhängig von der Anzahl und genauen Auslegung der Faktoren liegt aber auf der Hand, dass eine Systematik der Persönlichkeit, ähnlich wie beim Menschen im Arbeitskontext, auch bei Hunden sehr sinnvoll sein kann. Gosling und Jones und andere entwickelten entsprechende Fragebögen (Jones 2008), die zum Beispiel den gezielten Einsatz von Hunde-Persönlichkeiten erleichtern können, etwa als Sport-, Rettungs- und sonstige Diensthunde. Sie vereinfachen auch die Auswahl von Hunden für die Vermittlung, ein Tierheim könnte beispielsweise besonders gut passende künftige Besitzer auswählen. Und schließlich kann die Systematisierung auch in der Beratung, beim Training und in der Therapie hilfreich sein, da das Instrument des Fragebogens griffige Antworten auf die Frage gibt, mit wem man es zu tun hat.

Die Persönlichkeit deines Hundes beschreiben

Welche Systematik ist nun sinnvoller – Typ A und B oder die Big Five? Das ist so pauschal nicht zu beantworten. In meinen Coachings nutze ich sowohl die griffige Einteilung nach Typ A und B als auch nach Big Five-Merkmalen, je nachdem, was dem dazugehörigen Menschen ein besseres Verständnis für seinen Hund ermöglicht. Gerade bei Tieren, die sich mir in ihrer Persönlichkeit ganz eindeutig präsentieren, ist es oft gar nicht nötig, vielschichtigere Modelle heranzuziehen.

Letztlich ist es also egal, welche Systematik die Persönlichkeit deines Hundes für dich treffend beschreibt – wichtig ist, dass sie dir eine Hilfestellung gibt, deinen Hund in all seinen Facetten zu erkennen. Wenn es dir hilft, darfst du auch ein eigenes Persönlichkeitsmodell entwerfen! Entscheidend ist, dass du die Persönlichkeit deines Hundes zwar nicht ändern, aber an ihr arbeiten kannst. Eine impulsive Persönlichkeit wird niemals die Ruhe in Person, doch sie kann durch

Erziehung ruhiger werden. Es liegt in deinem Handlungsspielraum, wie du den Eigenheiten deines Hundes begegnest.

Das gilt übrigens auch für ältere Hunde. Ein Senior, dessen Mutter vielleicht schon nicht gut versorgt war und der durch seine Erlebnisse sein Päckchen zu tragen hat, wird auch bei einer guten Bindung zu seinem Menschen seine Persönlichkeit nicht mehr grundlegend verändern. Doch bis zu einem bestimmten Grad lassen sich die epigenetischen Schaltungen der ersten Lebenswochen durch gute Bedingungen und gezieltes Einwirken korrigieren. Je früher der Hund nach einem schwierigen Start gute Bedingungen erfährt, desto besser. Das zumindest ist ganz einfach.

Welpen- und Junghundeentwicklung

Kaum eine Zeit im Leben eines Individuums wirkt so prägend wie die Kindheit und die Jugend. In den sensiblen Phasen werden die Weichen für späteres Verhalten gestellt. Die Möglichkeiten für das Lernen in dieser Zeit sind riesig. Die bunte Welt hält Erfahrungen und Erlebnisse bereit, mit denen der junge Hund umgeben sein darf, gemeinsam mit dem Menschen, an den er sich bindet. Der Hund lernt, dass ihm nichts geschieht, er mit seinem Menschen auch zunächst unangenehme Situationen meistern kann und er selbstbewusst an Neues herangehen darf – Voraussetzungen für die Fähigkeit zur Selbstbeherrschung. Wenn dein Hund erst im Erwachsenenalter zu dir gekommen ist, kann dir das Wissen über die Entwicklung von Welpen und Junghunden helfen, das Verhalten deines Hundes besser zu verstehen.

Lernfenster zur Welt

In der Entwicklung gibt es sogenannte sensible Phasen, in der Hunde besonders schnell und nachhaltig lernen. In der ersten sensiblen Phase befindet sich ein junger Hund zwischen seiner 4. und etwa der 18. Lebenswoche, der Welpenzeit. In einer zweiten sensiblen Phase ist er in seiner Jugend, etwa zwischen dem 6. und 9. Monat, also dem Beginn der Pubertät (die Zeitangaben variieren individuell und nach Rasse). Neuronale Verbindungen im Gehirn bilden sich in den sensiblen Phasen besonders effektiv, Erfahrungen aus dieser Zeit werden dauerhafter gespeichert als die gleiche Erfahrung zu einem anderen Zeitpunkt (Feddersen-Petersen 2013, 239 f.). Da die Erfahrungen in dieser Zeit bedeutsam sind, spricht man hier auch von prägungsähnlichem Lernen. Sensible Phasen gleichen offenen Fenstern für das Lernen, die sich mit deren Ende wieder schließen. Natürlich lernt der Hund auch zwischen diesen Phasen und bis an sein Lebensende. Vor allem aber über diese offenen Fenster der ersten Zeit macht der junge Hund jedoch wichtige Bindungs- und Kommunikationserfahrungen, die es ihm unter anderem erst möglich machen, Fähigkeiten zur Selbstbeherrschung zu lernen und zu festigen. Werden diese Phasen für die so wichtigen Erfahrungen nicht genutzt, kann das zu Problemen in der Entwicklung führen. Solche Hunde haben später häufig gravierende Schwierigkeiten im Sozialverhalten und Anpassungsvermögen.

Deshalb kann es für ein behutsames Üben der Selbstbeherrschung kaum zu früh sein. Gefragt ist erst der Züchter, dann du – mit dem Einzug des Hundes sollte es losgehen. Es ist wichtig, das zu wissen – denn bei so kleinen Hunden verspüren wir Menschen kaum einen Anlass, ihm irgendetwas beizubringen. Sie sind einfach nur niedlich! Doch der Hund wächst in einem atemberaubenden Tempo heran, und irgendwann kann aus niedlichem, ungestümem Verhalten ein ausgewachsenes Problem werden. Während zum Beispiel das Hochspringen am Menschen bei einem Welpen vielleicht noch charmant ist, kann sich das bei einem immer größer werdenden Hund schnell ändern. Oder wenn der Mensch dem Hund jeden Wunsch von den Augen abliest, kann eine solche permanente Erfüllung tatsächlicher oder angeblicher Wünsche zu einem vehementen Wollen und Einfordern werden und in der Folge sogar in Wut und aggressives Verhalten münden, wenn ein Wunsch einmal nicht bedient wird. Zu einem späteren Zeitpunkt Versäumtes nachzuholen, ist zwar nicht unmöglich, aber wesentlich mühsamer – das Fenster ist eben schon wieder geschlossen. Oder anders: »Ein Verhalten, das einmal ›gelernt‹ wurde, kann nicht mehr – zumindest nicht leicht und nicht vollständig – verlernt werden.« (Coppinger/Coppinger 2001, 117)

Sozialisation: eine Notwendigkeit

Nach der Geburt durchläuft der Welpe verschiedene Entwicklungsphasen. Ungefähr ab der vierten Woche beginnt – nach der neonatalen und der Übergangsphase – die Sozialisationsphase. Die körperliche Entwicklung setzt sich laufend fort, ab jetzt geht es aber insbesondere um den Aufbau von sozialen Beziehungen und den Voraussetzungen dafür. Der Welpe beginnt, das noch undifferenzierte soziale Verhalten an Artgenossen und Menschen zu erproben. Er befasst sich mit seiner ganzen Umwelt, also Dingen ebenso wie anderen Lebewesen. Zu diesem Zeitpunkt sammeln Hunde auch Erfahrungen mit hierarchischen Gefügen. Stabile soziale Gefüge entsprechen ihrem Sicherheitsbedürfnis und dienen als Grundlage für weitere Erfahrungen, weshalb sie sich bereitwillig einfügen. Und sie machen Erfahrungen mit Kommunikation, Aggression und Jagdverhalten, zum Beispiel im Spiel, womit wesentliche Grundlagen für das spätere Verhalten und auch die Selbstbeherrschung gelegt werden, wie wir weiter unten sehen werden.

Entwicklung als Prozess

Die Grundausstattung eines Individuums ist eine Art genetisches Programm, das in erster Linie das Überleben der Gattung und des Individuums sichert. Das Programm lässt das Individuum sich an die wechselnden Bedingungen seiner Umgebung anpassen. Diese flexible Anpassung an die Welt, in der wir leben, ist das Ziel von Entwicklung. Auf Grundlage von genetischen Dispositionen wirken aber auch Einflüsse von außen auf die Entwicklung. Hier kommt der Mensch ins Spiel, der lenkend eingreifen kann und sollte, um dem Hund zu größtmöglicher Sozialverträglichkeit, angemessenem Verhalten und Umweltsicherheit zu verhelfen. Die genetischen Veranlagungen des Hundes kann der Mensch nicht verändern, auf die Anstöße von außen kann er jedoch Einfluss nehmen – so viel, dass selbst eine starke Disposition nicht zum Ausdruck kommen muss.

Entwicklung kann man als Prozess verstehen, durch den jeder Entwicklungsschritt auf Grundlage des vorigen gefestigt wird. Feddersen-Petersen (2013) formuliert:»Das, was in einem Entwicklungsabschnitt geschieht, ist niemals unabhängig von dem, was vorher geschah, und wird das beeinflussen, was folgt.« (238) So baut sich Schritt für Schritt ein Referenzsystem der Erfahrungen auf, auf das das Individuum zugreifen kann. Bereits von Anfang an lernen Welpen im Rahmen der sogenannten Habituation, also der Gewöhnung an die Bedingungen, zum Beispiel, sich an Umweltreize zu gewöhnen; in der Phase der Sozialisierung lernen sie den Umgang mit anderen Individuen, also Hunden, aber auch Menschen und anderen Tieren. Die Formulierung »von Anfang an« legt nahe, dass alles mit der Geburt des Hundes beginnt. Tatsächlich kann aber bereits vor der Geburt Stress eine starke Wirkung auf den ungeborenen Welpen haben, wie im Kapitel »Persönlichkeit« erläutert.

Spielerisch lernen: Beißhemmung

Ein anschauliches Beispiel für das so wichtige soziale Training in den ersten Lebenswochen und -monaten ist die sogenannte Beißhemmung, die nicht angeboren ist. Sie ist ein erlernter Schutzmechanismus, Teil der ritualisierten, aggressiven Kommunikation, und bezieht sich darauf, unter welchen Umständen ein Hund überhaupt zubeißt, und darauf, mit welcher Kraft er beißt. Eine gesunde Beißhemmung befähigt Hunde, die eigene Kraft, die Kraft des Gegenübers und mögliche Folgen des Beißens einzuschätzen und mit der eigenen Kieferkraft hauszuhalten.

Im Idealfall erwerben und festigen sie diese Fähigkeit im Spiel mit anderen Welpen, mit älteren Hunden und mit dem Menschen ab den ersten Lebenswochen, wenn sie Milchzähne bekommen, und in einer Kernzeit bis zum dritten oder vierten Lebensmonat, also bis zum Beginn des Zahnwechsels. Auch danach wird die Beißhemmung immer wieder geübt. Sie ist wichtiger Bestandteil dessen, was ein Hund in seiner Sozialisationsphase lernen muss.

Das Wirkprinzip ist einfach

Wenn ein Welpe im Spiel zu fest zubeißt, wird er zurückgebissen oder das Spiel wird durch den Gebissenen abgebrochen, was der zu stark beißende Welpe allerdings nicht will. Beim nächsten Mal wird er deshalb also vorsichtiger beißen, um das Spiel aufrechtzuerhalten – neues Spiel, neues Glück. Mit der Zeit lernt er, wie er seine Kieferkraft dosieren kann. Über den gegenseitig zugefügten Schmerz entwickeln die Hunde so eine gebremste Aggressionsbereitschaft. Nach dem Motto: Ich überlege mir gut, wie fest ich zubeiße oder ob ich überhaupt beiße, denn ich weiß, was es bedeutet, zurückgebissen zu werden! Die Angst vor dem Schmerz des Gebissenwerdens sorgt dafür, dass der Hund zögert. Er wägt ab, ob er einen Angriff starten soll, beziehungsweise mit welcher Intensität seiner Kieferkraft er dem

Kontrahenten im Falle einer Auseinandersetzung begegnen muss, um Schlimmeres zu verhindern. Eskaliert die Auseinandersetzung, greift diese Hemmung nicht, denn dann muss sich der Hund ja wirklich verteidigen.

Differenzierte Auseinandersetzung
Eine solide Beißhemmung wirkt sich wie alles, was in der Sozialisationsphase angelegt wurde, günstig auf spätere Lebensphasen aus. Hunde, die ihr Verhalten früh im Leben mit anderen Hunden üben durften, lernen auch grundsätzlich, ob und wann es lohnt, sich aggressiv auseinanderzusetzen. Statt sich auf eine Beißerei mit ungewissem Ausgang einzulassen, setzen sie sich kommunikativ differenzierter auseinander und finden so einen souveränen Umgang mit Kontrahenten. Sie können sich länger im Bereich der Drohung aufhalten, damit Durchhaltevermögen beweisen und die Auseinandersetzung in der Folge ohne Eskalation entscheiden. Das zeugt von sozial-emotionaler Kompetenz.

Die Beißhemmung sollte auch im Spiel mit dem menschlichen Sozialpartner geübt und gefestigt werden. Schließlich muss er lernen, dem Menschen sanft zu begegnen. Das gilt auch für alle anderen Fähigkeiten, die in der Sozialisationsphase angelegt werden.

Aggression und Spiel
Wie das Beispiel der Beißhemmung zeigt, hat das Spielen auch im Zusammenhang mit Aggression eine Bedeutung. Aggression ist, wie wir schon festgehalten haben, natürliches Verhalten und wichtiger Bestandteil von Kommunikation und Annäherung, um in Konflikten eine Eskalation zu vermeiden. Im Idealfall dürfen sich Hunde früh mit anderen Welpen aggressiv auseinandersetzen, können in der Folge später besser mit ihren Emotionen haushalten und haben sich insge-

samt besser im Griff. Wenn sich dann später ein Kontrahent nähert, kann ein Hund souverän und mit Nerven aus Stahl reagieren, auch wenn der Kontrahent noch so sehr provoziert. Er kann situativ angemessene Antworten geben, in der nun folgenden Kommunikation den Kopf behalten und viel differenzierter kommunizieren. Als Welpe hat er nämlich gelernt, in welchen Situationen es lohnt, sich aggressiv auseinanderzusetzen, und kann sich deshalb länger im Bereich der Drohung aufhalten. Hunde, die das als Welpen hingegen nicht gelernt haben, sind hier insbesondere auf die Hilfe des Menschen angewiesen – sonst kommen sie allzu leicht zu kopflosen und vielleicht sogar gefährlichen Antworten, die sie aus negativen Erfahrungen generalisiert haben. Konkret heißt das, dass sich Welpen durchaus aggressiv miteinander auseinandersetzen dürfen – und es sogar sollten. Sichere hundliche Signale zur Drohung sind eindeutig und keinesfalls willkürlich. Dazu Feddersen-Petersen: »Signale haben unmittelbar mit der von ihnen vermittelten Botschaft zu tun und liefern genau den Weg, der zur Konfliktlösung benötigt wird. Es gibt für jede Drohung, wie für jede Botschaft, optimale Signale.« (2013, 235) Diese Signale sind einem Hund nicht angeboren, sondern er muss sie lernen. Der Hund lernt im Spiel zum Beispiel, dass auf einen Angriff Ignoranz folgen kann oder eindeutige Signale zum Einstieg in einen Kampf; oder aber Signale der Kapitulation zu erkennen und sich vom Gegner zurückzuziehen. Bei Hunden, die keine Gelegenheit dazu hatten, dies spielerisch zu erfahren, ist später die Gefahr eskalierender Auseinandersetzungen größer. Das Spiel hat damit zum Ziel, das Repertoire an Verhaltensweisen des jungen Hundes zu vergrößern. Nicht der Kampf selbst steht im Mittelpunkt der Lernerfahrung, sondern Möglichkeiten der Deeskalation und das Gleichgewicht von Angriff und Verteidigung beziehungsweise Annäherung und Vermeidung. Durch die Ritualisierung aus festgelegten Signalen wird Aggression für die Beteiligten einschätzbar. Deshalb sollten sich Welpen durchaus auch aggressiv

miteinander auseinandersetzen dürfen, damit sie spielerisch Lösungsansätze für Konflikte erproben, soziale Kompetenzen entwickeln und
lernen können, sich emotional im Griff zu haben – vorausgesetzt
natürlich, die Kräfte sind in etwa gleich verteilt.

Spiel: unverzichtbares Training für später

Spiel bedeutet, genetische Anlagen so zu fördern und reifen zu lassen,
dass sie später gut eingesetzt werden können und zur gemeinsamen
Lebenswelt von Mensch und Hund passen. Selbstbeherrschung ist
direkt mit dem Spielen und den resultierenden Lernerfahrungen verbunden. Spielen dient nämlich nicht nur der Bewegungskoordination
und sorgt für körperliche Auslastung, sondern ist auch wichtig für
das Üben sozialer Verhaltensweisen, verknüpft mit entsprechenden
Gefühlen und dem Erlernen hundlicher Kommunikation. Es wirkt
im Gehirn zu einem entscheidenden Zeitpunkt begünstigend auf die
Entwicklung der Selbstbeherrschung.

Doch was ist überhaupt mit Spielen gemeint? Wenn du dabei erstmal an Hundespielzeug oder Ähnliches denkst, umfasst das nur einen
kleinen Teil des Spektrums, wie, mit wem und was Hunde spielen.
Feddersen-Petersen (2013) fasst es so zusammen: »[Spiel subsumiert]
Verhaltensformen von Mensch und Tier, die einen anderen Realitäts-
charakter als das Ernsthandeln (besser: das Nicht-Spiel) besitzen
und denen entwicklungsfördernde Funktionen (Körperfunktionen,
Sozialverhalten, Kommunikation, kognitive Fähigkeiten u.a.) zuge-
schrieben werden.« (473) Zu betonen sind »insbesondere die soziale
Kommunikation, die gelernt wird, die Kontrolle der eigenen Aggression, die Entwicklung sozialer Bindungen und das Einüben von sozialen Rollen in fein strukturierten, sozialen Organisationsformen«
(Feddersen-Petersen 2013, 291). Letztlich geht es also um das Leben
in einer Gruppe, um den Umgang mit Konflikten und Kooperation.

Kooperation als Evolutionsvorteil

Tatsächlich ist Kooperation offenbar ein entscheidender Aspekt, der möglicherweise sogar eine evolutionäre Bedeutung hat. Nicht die Stärksten, sondern die kooperativsten Individuen scheinen im Laufe der Entwicklung diejenigen zu sein, deren Gemeinschaft überlebte: »Wenn die Gruppe zusammenarbeitet, dann erhöht sich die Überlebenschance jedes einzelnen Gruppenmitglieds.« (Bekoff 2008, 132) Statt »die Stärksten überleben« könnte es also treffender heißen, »die Kooperativsten überleben«. Bekoff hält Kooperation für das Hauptelement in der Entwicklung des Sozialverhaltens und für den Schlüssel für das Überleben.

Im Spiel, gerade im Sozialspiel, lernt man sich kennen – sich selbst, seine Artgenossen oder menschliche Spielpartner, mit freiwilligen, aber bindenden Regeln, innerhalb derer mit Kreativität so getan wird, als ob. Es gibt weder Gewinner noch Verlierer, stattdessen oft Rollenwechsel und eine freiwillige Selbstbehinderung. Dabei schränkt der Spieler, der im Vorteil ist, seine Stärken ein, um das Spiel fair und ausgeglichen am Laufen zu halten.

Spiel folgt sozialen Regeln

Das Spiel beginnt oft mit einer »Verbeugung«, der Vorderkörpertiefstellung, die auch zwischen Spielsequenzen wiederholt wird, als gegenseitige Vergewisserung, spielerisch fortzufahren. In den Spielsequenzen stellen die Tiere Szenarien und soziale Verhaltensweisen nach, die sie später im Leben meistern sollen. »Es ist möglich, dass Tiere auf diese Weise wichtige Verhaltensweisen üben und einstudieren, die ihnen dabei helfen werden, zu überleben. Während des Spiels von Tieren ist es nicht ungewöhnlich, höchst variable kaleidoskopische Sequenzen aus dem Paarungsverhalten, dem Kampf, der Beutesuche und dem Vermeiden, selbst jemandes Abendessen zu werden, zu sehen.« (Bekoff 2008, 118 f.) Spiel ist gewissermaßen gebunden an

einen gemeinsamen Vertrag, den die Spielpartner miteinander aus-
handeln, um die Regeln des Spiels zu etablieren und aufrechtzuerhalten. Sie bleiben während des Spiels fortwährend in einem abgleichen-
den Kontakt, mit dem sie sicherstellen, dass es beim Spiel bleibt, alle
Spaß haben und niemand verletzt wird. Tiere spielen gern, weil sich
die soziale Interaktion und der Erfolg der Kooperation gut anfühlen
(Bekoff 2008, 120). Spiel funktioniert selbstbelohnend aus sich selbst
heraus – »es ist sich selbst genug« (Coppinger/Feinstein 2018, 203).

Das Sozialspiel beruht auf dem Prinzip der Fairness. Das impli-
ziert auch Vertrauen, Versöhnung und Demut. Gespielt wird nur,
wenn die Spielpartner bereit sind, miteinander zu kooperieren, und
kein anderes Ziel im Sinn haben als das Spiel. Wenn einer von beiden
stattdessen ernst machen will und die Regeln des Spiels bricht, indem
er seine physische oder soziale Überlegenheit ausnutzt, endet das Spiel
automatisch – ohne Fairness und Kooperation kein Spiel (Bekoff
2008, 113 ff.).

Grundlagen der Selbstbeherrschung

Vertrauensvoll und auf der Basis dieser Fairness übt ein spielender
Hund also in einer entspannten Situation angemessenes Verhalten
für den »Ernstfall«. Er wächst in die sozialen Regeln von Gruppen
hinein und übt spielerisch, was er als erwachsenes Tier später schnell
einschätzen können muss: Wer steht wo in der Hierarchie, wer ist
vertrauenswürdig, wer nicht? Welches Verhalten ist bei diesem Spielpartner angemessen, wo ist die Grenze der Toleranz erreicht? Überflüssig zu erwähnen, dass es um dieselben Kompetenzen geht, die
bei der Selbstbeherrschung zentral sind. Spiel ebnet damit auch der
Fähigkeit zur Selbstbeherrschung den Weg.

Da sich die Spielsituationen und die Spielpartner ständig verändern, wird im Spiel nicht nur flexibles, situationsangepasstes Verhalten, sondern auch das logische Denken geschult. Dazu muss der Hund

natürlich auch verstehen und deuten können, was die anderen Lebewesen ihm mitteilen. Bei ihrer Geburt haben Hunde zwar die Voraussetzungen für das Zeigen der Signale hundlicher Kommunikation, das Verstehen dieser Kommunikation ist jedoch nicht angeboren. Im Spiel können sie lernen, die Signale der anderen Tiere richtig zu interpretieren und angemessen darauf zu reagieren, zum Beispiel im Rahmen der Beißhemmung. Hunde, die zu Beginn ihres Lebens wenig oder nicht gespielt haben, kommen später oft schlechter mit anderen zurecht. Sie können nicht gekonnt interagieren, weil sie schlicht nicht gelernt haben, das Gegenüber – ob Freund oder Feind – richtig zu verstehen oder sich selbst verständlich zu machen. Auch ihre Fähigkeit, Selbstbeherrschung zu lernen, leidet darunter.

Gewappnet gegen Stress

Gerade Sozialspiel – darunter fällt auch spielerisches Kämpfen – ist wichtig für das spätere Verhalten bei Stress. Im Spiel haben die Tiere die Möglichkeit, in einer weitgehend gefahrlosen Probesituation zum Beispiel Auseinandersetzungen und Misserfolg zu üben. Das Sozialspiel lässt dabei die entscheidenden Teile des Gehirns reifen, die den erwachsenen Hund später flexibler und gelassener mit Stress umgehen lassen.

Der spielende junge Hund kann sich auf mehreren Ebenen ausprobieren: sich ohne ernsthafte Bedrohung einer Herausforderung stellen; Neues ausprobieren; sich Konflikten stellen und sie lösen. Das hat unschätzbaren Wert für das junge Gehirn, die Frustrationstoleranz und das Belohnungssystem. Hinzu kommt, dass dem jungen Wesen das Lernen in einer gefahrlosen, entspannten Situation natürlich viel leichter fällt. Die Ausschüttung von Hormonen und Neurotransmittern wie Dopamin, Noradrenalin, Oxytocin und körpereigene Endorphine tut ihr Übriges.

Das alles verdeutlicht, warum es für junge Hunde so wichtig ist, zu spielen, damit sie gedeihen können. Wenn dein Hund noch jung ist, schaffe die entsprechenden Möglichkeiten, und zwar sowohl zum Spielen mit anderen jungen Hunden, an denen er sich messen und entwickeln kann, aber auch mit älteren Hunden und nicht zuletzt mit dir. Immerhin bist du der neue Sozialpartner im Leben deines Hundes, und auch ihr wollt euch auf euer gemeinsames Leben einspielen, im wahrsten Sinne des Wortes.

Junge Hunde und Jagdverhalten

Über den Zusammenhang zwischen Selbstbeherrschung und Jagdverhalten wurde weiter vorn schon einiges gesagt, doch die Welpen- und Junghundezeit ist in dieser Hinsicht besonders bedeutsam. Junge Hunde jagen nicht von Anfang an, beziehungsweise nicht von Anfang an zielgerichtet. Die ersten Anzeichen von späterem »Jagdverhalten« oder einzelner Sequenzen sind spielerisch und finden noch außerhalb des Kontextes ihrer sinnvollen Reihenfolge statt; die Bewegungen sind noch unkoordiniert. Wann es »ernst« wird, ist stark von der Rasse und der entsprechenden Selektion sowie von individuellen Unterschieden abhängig. Die rassetypischen Besonderheiten sind aber oft schon früh im Spiel erkennbar, die Welpen zeigen bereits eine unverwechselbare Neigung zu bestimmten Techniken. Je früher, häufiger und ausgeprägter sie sich zeigen, desto stärker gehört ein Verhaltens- oder Bewegungsmuster zu einem für die Rasse typischen Merkmal. In welcher Ausprägung dieses Verhalten dann aber später gezeigt wird, ist auch davon abhängig, wie das Verhalten gefördert wird. Ein junger Hund hat bereits einen inneren Fahrplan, also eine Grundausstattung für seine Wahrnehmung und Lernentwicklung. Bietet man ihm geeignete Reize, so steuert er wie von selbst in eine bestimmte Richtung. Bei leicht erregbaren Charakteren reichen dafür schon minimale Reize. Doch die Ausprägung solcher genetischen Anlagen hängt von der Umwelt ab, in der der Hund aufwächst: »Wenn die

Stimulation durch die Umwelt fehlt, unterbleibt die epigenetische Reaktion.« (Coppinger/Coppinger 2001, 126) Anders formuliert: Die Umwelt gibt das Signal und setzt die Rahmenbedingungen für die Ausgestaltung eines Verhaltens.

Neugier und Erkundung

Welpen zeigen im optimalen Fall ein gesundes Erkundungsverhalten, sind neugierig und interessiert an ihrer Umwelt. Im Laufe des Heranwachsens wird aus diesem ungerichteten Erkundungsverhalten jedoch mehr. Neugier und Exploration werden differenzierter, das Verhalten zielt auf soziale Auseinandersetzung ab, aber auch auf die Auseinandersetzung mit artfremden Lebewesen. Hier stellt sich auch die Weiche für das Jagdinteresse: Der Hund, der nie eine Vorstellung von jagdbarer Beute erfährt, wird sich mit kontrollierten Ersatzbeschäftigungen befriedigen lassen. Vorausgesetzt, man beachtet die Intensität und Regulation. Bekommt er hingegen durch unbedachte Erfahrungen eine Idee davon, dass es zum Beispiel so etwas wie jagdbare Kaninchen gibt, wird sein Interesse an Fluchtbewegungen gerichtet.

Vom Erkennen und Einschätzen

Wenn solches Verhalten zunehmend koordinierter wird, typische Bewegungsmuster erkennbar werden, ist es für den Menschen höchste Zeit, aufzupassen. Spätestens jetzt sollte man wissen, welche rassespezifischen jagdlichen Verhaltensweisen es gibt und ob man womöglich gerade dabei ist, solches Verhalten zu fördern. Das setzt voraus, dass man sich über die Rasse informiert hat und es erkennt. Das Belohnungssystem ist – gerade in der Pubertät – besonders leicht stimuliert, manche Rassen sind noch zusätzlich »anfälliger« als andere. Sie sind dann besonders empfindlich für die Wirkung des Dopamins und den selbstbelohnenden Effekt des Jagens, was das Verhalten nur noch interessanter macht, somit in rasant wachsendem Verlangen und damit echter Gefahr münden kann. Es kann in dieser Zeit sehr hilfreich sein, einen erfahrenen Trainer an der Seite zu haben. Unabdingbar ist die Bereitschaft, sich auf das Thema einzulassen und die Dinge nicht einfach laufenzulassen – denn dieses Laufenlassen ist im wahrsten Sinne des Wortes ein Selbstläufer.

Für den Menschen ist das oft nicht so leicht. Denn was der Hund gut kann, macht ihm Spaß, und Mensch ist geneigt, ihm diesen Spaß bereitwillig zu gönnen. Hunde, die rassebedingt aufs Hetzen spezialisiert sind, dürfen dann ausdauernd rennen, junge Hütehunde stundenlang, nun ja, hüten. Sie machen es doch so gern – »einfach typisch, diese Rasse«. Hundehalter sollten sich aber ganz genau überlegen, was sie da tun. Denn tatsächlich fördern sie oft unbewusst schon beim ganz jungen Hund die ohnehin vorhandenen Talente. Sie machen den Hund damit zum Spezialisten in einer Disziplin, die gar nicht erwünscht ist. Ein Hund, der vor allem Sozialpartner sein soll, muss nicht Spezialist im ausdauernden Hetzen, im Aufspüren oder Stellen von Beute sein. Mehr noch: Ein solches Talent ist im Alltag unter Umständen sogar höchst problematisch und mündet in unerwünschtem Verhalten, spätestens dann, wenn der Hund lernt, andere Lebewesen als potenzielle »Spaßbringer« zu kategorisieren.

Sinnvoll fördern mit passenden Angeboten

Denn die Förderung eines Talents geht fast immer zulasten anderer – wichtigerer – Fähigkeiten. Stattdessen sollten junge Hunde deshalb in ihren sozialen Fähigkeiten und Potenzialen gefördert werden: mit anderen freundlich umgehen, Enttäuschungen und Rückschläge wegstecken können, sich in Gelassenheit üben. Und selbstverständlich müssen sie ihr Beutespektrum kennenlernen – nämlich dass zum Beispiel Jogger, Radfahrer oder kleine Hunde nicht dazugehören! Mit Förderung ist natürlich kein verbissenes Training gemeint, sondern regelmäßige, in den Alltag eingebundene Angebote im Rahmen der individuellen Fähigkeiten des jungen Tiers. Das betrifft nicht nur das Spielverhalten des Menschen mit seinem Hund, sondern auch von Hunden untereinander, wobei der Mensch es natürlich auch hier in der Hand hat, welches Verhalten er zulässt oder in andere Bahnen lenkt. Energie und Erregung suchen sich ihren Weg. Genau deswegen ist Selbstbeherrschung so wichtig. Es geht nicht darum, einen inneren Antrieb zu deckeln, sondern um Wahlmöglichkeiten und Selbstbeherrschung, um das Anbieten von sozialverträglichen Alternativen. Mensch und Hund sind sehr wohl in der Lage, im Sinne gemeinsamer Interessen zusammenzuwirken, auch wenn es auf den ersten Blick so scheinen könnte, als stünden ihre jeweiligen Interessen im Widerspruch. Der zugrunde liegende Antrieb des Anpassungswunders Hund erlischt dabei nicht, er wird lediglich transformiert.

Ein Referenzsystem für Reaktionen auf Reize
Es liegt in deiner Verantwortung, den Hund im Laufe seiner Entwicklung im Blick zu behalten, gerade in dieser frühen Phase. Guck ihn dir auch in Bezug auf das Jagdverhalten beziehungsweise einzelne Sequenzen an. Reagiert er auffällig stark auf Bewegungsreize – und inwieweit darf er diesen Reizen nachgehen? Wie zeigt er sich im Verhalten, wenn er es nicht darf? Im Extremfall kannst du deinem Hund über vermeintliches Spiel, zum Beispiel über Objekte wie Ball, Stock oder Frisbee, sogar ein Suchtverhalten »antrainieren«. Diese Gefahr ist bei einem jungen Hund besonders groß. Das liegt daran, dass ein junger Hund noch dabei ist, über sein gänzlich argloses Erkundungsverhalten ein individuelles Referenzsystem für alle möglichen Situationen zu entwickeln. Es befähigt ihn dazu, Situationen wahrzunehmen; einzuschätzen, um was für eine Situation es sich handelt und schließlich zu entscheiden, welche Reaktion darauf angemessen ist. Mit Situationen sind dabei Alltagsereignisse ebenso gemeint wie Aus-

nahmesituationen. Ausgelöst werden sie allesamt durch innere Reize wie Hunger und Durst oder äußere Reize. Darauf muss der Hund irgendwie reagieren – auch dann, wenn der Reiz in der Natur gar nicht vorkommen würde, wie beispielsweise das Objektspiel mit einem wiederholt geworfenen Ball.

Konfrontiert der Mensch bereits einen Welpen immer wieder mit einem solchen Reiz, übt sich dieser im schnellen, unüberlegten Reagieren. Er lernt, dass kein Überlegen, kein Abwägen der Situation erforderlich ist, sondern er einfach nur handeln muss, wie es von ihm erwartet wird. Damit ist der Welpe gewissermaßen »gezündet« – und hat er das einmal verinnerlicht, einmal Gefallen daran gefunden, kann sich seine Wahrnehmung im schlimmsten Fall drastisch verschieben. Mit dieser sogenannten gelernten Appetenz sucht der Hund unablässig nach Auslösereizen, um sofort im Handeln zu sein. Er befindet sich in einem Zustand der Dauerortung. Aus einem so durch falsch verstandene Beschäftigung geförderten Welpen kann schnell ein Hund werden, der einen x-beliebigen Bewegungsreiz mit einer blinden, unreflektierten Reaktion beantwortet. Fehlgeleitetes Jagdverhalten können Hunde jedes Alters lernen, denn auch ein älterer Hund kann je nach Typ entsprechend »programmiert« werden. Doch bei einem Welpen steht das Einfallstor für solches Verhalten sperrangelweit offen – und deshalb ist es so wichtig, in dieser Angelegenheit aufmerksam zu sein. Genaueres zu diesem Thema kannst du auch im Kapitel »Krankheiten« nachlesen.

Land unter: Hund in der Pubertät

Und dann kommt irgendwann die Pubertät. Sie kommt für viele Hundehalter überraschend, ist aber ganz natürlich. Diese Phase ist eine weitere sensible Phase, sie beginnt je nach Rasse und Entwicklungsgeschichte mit etwa sechs bis neun Monaten und ist eine der intensivsten Phasen, was das Lernen betrifft. Sie findet zu einer Zeit statt, in der ein Hund im besten Falle seinen sozialen Rang in der Menschenwelt gefunden hat. Er testet nun aber selbst bis hierhin mühelos eingehaltene Regeln und Grenzen umfassend aus und stellt in diesem Bezug Fragen auf ihre Gültigkeit. Manchen Menschen erscheint es, als würde der Hund mehr oder weniger von heute auf morgen die Beziehung aufkündigen wollen, da sie ihr Interesse weg vom Halter und verstärkt nach außen richten. Wie junge Menschen in der Pubertät zeigen sich Hunde launisch, widerspenstig und reizbar. Manche Tiere scheinen schlicht zu »vergessen«, was sie bereits konnten. Es ist, als könnten sie nicht mehr auf ihren bereits gemachten Erfahrungsschatz zurückgreifen.

Der große Umbau

Der Grund: Im Gehirn des pubertierenden Geschöpfs herrscht Ausnahmezustand. Es wird in dieser Zeit auf dem Weg zum Erwachsenwerden gewissermaßen neu verdrahtet, die Aufgaben zwischen den Hirnabschnitten neu verteilt. Tatsächlich verringert sich während dieser Umbauphase des Gehirns die Zahl der Synapsen. Zugleich wird aber das, was wir uns als Leitfähigkeit zwischen den Nervenzellen vorstellen können, im Laufe der Pubertät verbessert. Das Ergebnis der Pubertät ist es also, dass weniger Synapsen besser leiten, ein quasi verkleinertes System gewissermaßen stabiler läuft. War das Verhalten des jungen Hundes noch emotional geprägt, entwickelt es sich mit der Zeit zu eher rationalem, überlegtem Handeln. Zu diesem Zweck bekommen Hirnregionen, die für rationale Entscheidungen und kognitive Leistungen zuständig sind, nach und nach mehr Zuständigkeiten, darunter auch der präfrontale Kortex als Sitz der Selbstbeherrschung. Emotional reagierende Teile des Gehirns bekommen hingegen weniger Zuständigkeiten. Deshalb kann sich der Hund nach der Pubertät rationaler, erwachsener und angemessener verhalten –

aber eben auch erst danach. Der frontale Kortex ist erst nach dem Ende der Pubertät voll ausgereift, was erklärt, warum sich Pubertiere besonders schlecht im Griff haben. Dieser Teil des Gehirns ist als einer der letzten Bereiche ausgewachsen und gefestigt. Die Gehirnteile, die später regulierend auf Emotionen und impulsives Verhalten wirken, sind vorher schlicht noch nicht »fertig«, denn die Reifung der Hirnregionen erfolgt nicht gleichzeitig, sie sind erst mit zeitlichem Abstand erwachsen. Kontrolle von Impulsen, vorausschauendes Handeln und die Abschätzung der Folgen gehören damit zu den Dingen, die ein pubertierendes Geschöpf wirklich schlechter oder gar nicht leisten kann. Warum diese wichtigen Bereiche erst mit der Pubertät reifen? Peer Wüschner begründet es damit, dass sich jede Generation dann bestmöglich an die sich wandelnden Lebensbedingungen anpassen kann, wenn das Training im »prallen Leben« stattfindet: »Das Leben bietet also keinen Trockenschwimmkurs an, sondern hält es aus evolutionärer Sicht für vielversprechender, die Kinder direkt ins Wasser zu werfen, um ihnen das Schwimmen beizubringen.« (Wüschner 2005, 44)

Pubertät: richtig viel los

Hunde in der Pubertät können nicht nur Impulsen viel schwerer widerstehen als später. Denn da das dopaminerge System eine Hauptrolle im pubertierenden Gehirn spielt, ist das Individuum auch gierig nach Stimulation und ständig auf der Suche nach Situationen, die Belohnung versprechen. Gleichzeitig ist es aber auch risikobereiter, weil ja die Gehirnteile, die für die Folgenabschätzung und Impulskontrolle verantwortlich sind, vorübergehend eben schlecht erreichbar sind. Außerdem reagieren sie viel stärker auf emotionale Eindrücke, denn die Amygdala, das Gefühls- und Angstzentrum des Gehirns, ist in dieser Phase besonders aktiv und begegnet eingehenden Reizen mit großen Gefühlen und Gefühlsausbrüchen. Als würde all das noch nicht genügend verwirren, ist das Individuum in der Pubertät auch noch stressanfälliger, weil in dieser Zeit die Nebennierenrinde besonders aktiv ist und das Stresshormon Kortisol herstellt. Auch die Ausschüttung von weiteren Stoffen sorgt für eine hormonelle Achterbahnfahrt. Zusätzlich sorgt das Hormon Testosteron in dieser Phase dafür, dass gerade männliche Hunde in übermäßiges Imponiergehabe verfallen und allein schon deshalb in Schwierigkeiten mit anderen Hunden kommen können. Es hilft also, wenn man sich vor Augen hält, dass pubertierende Wesen nicht unbedingt absichtlich provozieren wollen, sondern im Zweifel selbst verwirrt vom eigenen Verhalten und ihren Gefühlen sind.

Überhaupt, die Emotionen. Das Gehirn eines heranwachsenden Hundes reagiert ganz anders auf emotional gefärbte Eindrücke als das gereifte Gehirn. Beim jungen Hund sprechen die emotionalen Bereiche des Gehirns viel stärker auf Umwelteindrücke an, ihre Reaktionen sind impulsiver und oft wechselhaft. Häufig vermitteln Individuen in der Pubertät den Eindruck, als könnten sie nicht mit den Gefühlen anderer umgehen. Tatsächlich sind sie stark damit beschäftigt, das große Wirrwarr der eigenen Emotionen wahrzunehmen und einzuordnen. Deshalb braucht das Pubertier auch hier Begleitung, um einen guten Umgang mit den eigenen Gefühlen und denen der anderen zu finden.

Dem roten Faden folgen

Die Pubertät ist auch die Zeit, in der die bisher aufgebauten Beziehungen und die Rangordnung auf ihre Verlässlichkeit überprüft werden. Auch der Mensch muss sich immer wieder neu austarieren, wenn der Hund erwachsen wird. Nicht zuletzt ist die Arbeit mit einem jungen Hund auch eine Übung der eigenen Flexibilität – falls du schon einen Hund durch die Pubertät begleitet hast, weißt du, was damit gemeint ist! Wichtig ist es nun, als verlässlicher Partner an der Seite des Hundes zu bleiben und ihm klarzumachen, dass die bisher etablierten Regeln weiterhin gelten und dass er auch möglicherweise neu aufgestellte Regeln einhalten muss. Jetzt ist es wichtig, weiter beharrlich dem roten Faden deiner Bemühungen zu folgen. Die Pubertät ist auch eine Phase der Labilität, und sie birgt das Risiko, dass sich in Bezug auf die Selbstbeherrschung schlechte Gewohnheiten etablieren. Dieses Thema kommt nämlich allerspätestens jetzt auf den Tisch. Manche Hundehalter erwischt es vollkommen unvorbereitet, dass der Hund in dieser Zeit Grenzen austestet und in seiner hormongesteuerten Durchgeknalltheit alles interessanter findet als seinen Menschen. Hunde, die bis hierhin nie geübt haben, auch einmal unangenehme Situationen auszuhalten, machen spätestens in dieser Phase – mit einem größeren, stärkeren Körper, einem größeren Willen und möglicherweise viel Drama – echte Probleme, die nicht von allein verschwinden werden.

In Bezug auf menschliche Jugendliche – Menschen und Hunde in der Pubertät sind sich gar nicht so unähnlich – spricht Peer Wüschner vom »elterlichen Korrektiv, der erfahrenen Instanz, die ihnen im äußeren und inneren Durcheinander Halt und Orientierung gibt und manchmal sagt, wo es langgeht« (Wüschner 2005, 40). Er weist auch auf die Aufgabe hin, ständig abzuwägen und entweder ermutigend auf Möglichkeiten zu verweisen oder zu hemmen und bremsen (Wüschner 2005, 42). Diese Aufgabe steht bei Hunden in der Pubertät ganz besonders auf der Fahne, um dem pubertären Kontrollverlust entgegenzuwirken und ihnen bei der Entwicklung der so wichtigen Problemlösungsstrategien zur Seite zu stehen. Manche heranwachsenden Hunde brauchen Bestätigung und Ermutigung, andere brauchen immer wieder freundliche, aber entschiedene Begrenzung ihrer Impulsivität – und auch mal das eine oder andere, je nach Befinden und Stimmung.

Die Pubertät ist für alle Beteiligten anstrengend, und es ist nicht immer leicht, den Hund in dieser Phase verlässlich, freundlich und bestimmt zu angemessenem Verhalten anzuleiten. Trotzdem kann man die Pubertät auch als Chance und Gelegenheit für neue Möglichkeiten betrachten. Wenn dein Hund in dieser Zeit versteht, dass auf dich Verlass ist, auch in Bezug auf deine Regeln für das Zusammenleben, und er sich von dir ernst genommen fühlt, kann er dich später umso besser als Führungspersönlichkeit anerkennen.

Ein wohlwollender Kapitän

Während der Pubertät kommt es oft zum ersten Mal zu Problemen. Wer für ein junges Lebewesen verantwortlich ist, kommt um das Thema Erziehung deshalb nicht herum. Wenn dein Hund noch sehr jung ist, tust du aus meiner Erfahrung gut daran, dich schon früh mit diesem Thema auseinanderzusetzen und nicht damit zu warten, bis die Pubertät dich quasi dazu auffordert. Der Begriff Erziehung ist emotional und ideologisch aufgeladen, dabei finde ich die Ziele wirklich einfach: Als Kapitän in der Mensch-Hund-Beziehung willst du deinem Hund eine Instanz sein, die beständig Orientierung und Sicherheit gibt und die ihm vermittelt, was sein sozialer Status ist – und das auf der Grundlage einer vertrauensvollen, wohlwollenden Beziehung. Kooperation und Fairness, wovon im Zusammenhang mit Spiel die Rede war, sollten durchaus auch hier als Prinzipien gelten. Wenn der Hund beispielsweise eine Grenze auslotet, solltest du ihn in seinem Anliegen ernst nehmen und angemessen antworten. Das ist fair. Wenn er Probleme nicht allein lösen kann, solltest du ihm kooperativ zur Seite stehen. Dafür schaffst du ihm so früh wie möglich Übungsfelder, damit er an den Aufgaben wachsen und sich für alle Lebenslagen stabil aufstellen kann. Diese Erfahrung festigt die Bindung und das Vertrauen in die Kompetenzen des Menschen. Hunde folgen einer »Autorität im besten Sinne des Wortes« Feddersen-Petersen (2013, 414), und genau davon sollte die Erziehung von

Hunden geprägt sein. Es ist natürlich nie zu spät, die dafür notwendige Bindung zu deinem Hund zu etablieren, aber je eher du damit beginnst, desto besser.

Erziehung auf Grundlage von Selbstbeherrschung

Die Interaktion zwischen Mensch und Hund sollte auf Selbstbeherrschung aufbauen und auf deren Stärkung abzielen – von Anfang an. Der Mensch ist dabei derjenige, der dem Hund helfen muss, sich zu regulieren. Schauen wir uns noch einmal genauer an, was mit Regulierung gemeint ist. Es geht auch hier wieder um die Balance zwischen Anspannung und Entspannung, einem der Lebensprinzipien. Jeder Mensch und jedes Tier ist in seinem Erregungszustand automatisch mal hoch- und mal runtergefahren, je nach Tageszeit und Anforderungen. Junge Hunde – genau wie junge Menschen – brauchen Unterstützung dabei, von einem hocherregten Zustand zurück zu einem ruhigen, entspannten Zustand zu kommen. Dazu Shanker: »Wenn sie sich selbst überlassen werden, bleiben sie oft in einem Erregungszustand stecken. Sie brauchen deshalb unsere Hilfe bei den Übergängen, das heißt beim ›Hochregulieren‹ […] und beim ›Herunterregulieren‹.« (Shanker 2016, 82) Diese Regulierung von außen hilft ihnen zu lernen, entsprechende Selbstberuhigungsmechanismen zu entwickeln. Nichts anderes ist Selbstbeherrschung – sich selbst zu regulieren und mit den damit zusammenhängenden Gefühlen situationsangemessen zurechtzukommen. Das Problem ist allerdings, dass viele hocherregte Hunde gar nicht wissen, wie es sich anfühlt, einen niedrigen Erregungszustand zu haben, also »Energie zu haben, ohne überdreht zu sein« (Shanker 2016, 101). Sie sind vielleicht schon aufgrund ihrer Genetik reizoffen oder lebendiger und haben es auch als junge Hunde nicht gelernt, in einen ruhigen, entspannten Zustand zu kommen – schon gar nicht ohne Hilfe. So ein Hund empfindet das schnelle

Hochfahren und die eigene Überdrehtheit als Normalzustand: von Gelassenheit keine Spur.

Innere Ruhe finden

Für die Dämpfung dieser Erregung ist zunächst der Mensch zuständig, und zwar so lange, bis der Hund auf eigene Mechanismen zurückgreifen kann. Der Mensch lenkt den Erregungszustand des jungen Hundes von außen und unterstützt ihn dabei, Selbstberuhigung und Selbstbeherrschung zu erlernen. Das tut er, indem er selbst ruhig ist und sich eindeutig verhält. Das wiederum gibt dem Hund die nötige Sicherheit, die sozial lebende Säugetiere brauchen, um zu einer inneren Ruhe zu kommen. Ohne diese Ruhe und Sicherheit sind sie nicht zu entspannter Aufmerksamkeit und adäquatem sozialen Lernen in der Lage.

An dieser Stelle wird sichtbar, wie Emotionen und soziale Aspekte verknüpft sind: Erst in einem Zustand der inneren Ruhe kann der Hund das Außen und damit deine Anliegen wirklich wahrnehmen. Und nicht nur deine Anliegen: Er ist dann erst offen für soziale Belange und kann sich überhaupt in einen Bezug zur Umwelt setzen, die sich nicht nur um ihn dreht. Wer stattdessen immer nur um sich selbst kreist, ist nicht empathiefähig, und wenn man die eigenen Emotionen nicht im Griff hat, kann man soziale Interaktionen jeglicher Art schlechter steuern. Wer immer nur »ich, ich!« schreit, kann nur schwer akzeptieren, dass anderen auch etwas vom großen (Hunde-) Kuchen zusteht. Für solche Individuen ist sozialer Austausch oft mit erheblicher Anstrengung verbunden oder kann sogar eine echte Überforderung darstellen. Aggression oder soziale Ausgrenzung können die Folge sein. Soziale Interaktion will gelernt werden, und zwar durchs Tun in realen Situationen. Das gilt natürlich auch für alles andere – am leichtesten wird in Situationen gelernt, in denen Emotionen beteiligt sind, positive wie negative.

Der Dreiklang aus dem Herstellen der nötigen inneren Ruhe, die Regulierung von außen und die schrittweise Befähigung zur Selbstbeherrschung gehört deshalb zu den wichtigsten erzieherischen Aufgaben. Immer mit dem Ziel: die Art und Weise der Emotionen situationsangemessen zu regulieren und Frustration auszuhalten, auch wenn es schwerfällt. Damit werden wir uns gleich noch detaillierter auseinandersetzen, hier nur so viel: Der Mensch tut dem Hund damit nicht nur einen großen Gefallen, er erfüllt damit ein tiefes Bedürfnis des auf Sicherheit ausgerichteten Lebewesens. Keineswegs durch permanente Kontrolle – vielmehr durch einen sicheren Rahmen, in dem sich der Hund erproben und an seinen Aufgaben wachsen und reifen kann.

Grenzen setzen und sich Konflikten stellen

Diese Aufgaben sind nicht immer angenehm. Aber zu deiner Verantwortung gehört es zum einen, Konflikte nicht zu vermeiden, sondern offen anzugehen und verlässlich zu klären; zum anderen, auch Konflikte zu stellen, die den Hund herausfordern. Oft erlebe ich, dass Hundehalter Angst davor haben, ihr Hund könnte sie nicht mehr lieben. Sie befürchten, dass es dem Vertrauen schaden könnte, wenn sie »zu streng« sind oder den Hund »zurechtweisen«. Dabei ist das Gegenteil der Fall: Wenn du dich nicht auch auf dieser Ebene um deinen Hund kümmerst, lässt du ihn im Stich! Viel wichtiger, als es ihm ständig recht zu machen oder alles mit sich machen zu lassen, ist es, als Instanz wahrgenommen zu werden. Das soziale Wesen Hund hat das unabdingbare Bedürfnis, ernst genommen zu werden und in einer verlässlichen Beziehung Halt zu finden, in der er weiß, wo er steht und woran er ist. Das geht nicht ohne Konflikte, doch erst auf Grundlage gut gelöster Konflikte kann die tiefe Verbundenheit entstehen, die sich der Mensch mit seinem Hund wünscht. Du als Mensch hast es in der Hand, einen Konflikt angemessen zu gestalten, nämlich mit Liebe und Wohlwollen, und ohne das Wesen des Hundes an sich in Frage zu stellen. Zeigt dein Hund ein Verhalten, das dir missfällt, solltest du unmittelbar darauf – und auch nur darauf – eindeutig reagieren. Deine Reaktion muss Entwicklung und Erkenntnis für den Hund zum Ziel haben.

Überzeugung statt Leckerli

An dieser Stelle möchte ich davon abraten, die Erziehung primär auf Futterbelohnungen aufzubauen. Schon jetzt darf der Hund akzeptieren, etwas auch zu tun – oder nicht zu tun –, wenn kein Leckerli gereicht wird. Er soll ja keine andressierten Verhaltensweisen abspulen, sondern aus sich heraus und gerne auch mit deiner Unterstützung zu einem anderen Verhalten kommen. Das ist eine ganz andere Motivation als durch eine Futterbelohnung. Ein Streicheln, ein Blick oder körperliche Nähe wirken beziehungsverstärkend und haben deshalb einen viel größeren persönlichen Wert als Futter. Eine Futterbelohnung zieht nämlich mit großer Wahrscheinlichkeit irgendwann nicht mehr, zum Beispiel, wenn der Hund entschieden hat, dass die bisherigen Leckerlis nicht mehr schmackhaft oder nicht mehr interessant genug sind, weil es sie ja schließlich oft genug gibt, oder sein Fokus ganz woanders ist. Je nach Grad eines Konflikts ist für so einen Hund kein Leckerli der Welt mehr interessant. Es kann sogar dazu führen, dass Futter einen Konflikt noch verstärkt. Auch kann es passieren, dass der Mensch seinem Hund ganz unbemerkt unerwünschtes Verhalten beibringt, weil es zu einer Fehlverknüpfung kommt.

Dein Wort, deine innere Ruhe und das unsichtbare Band müssen mehr als jedes Leckerli überzeugen, insbesondere in einer schwierigen Situation. Dem Hund darf klarwerden, dass es sich überhaupt nicht lohnt, sich womöglich aufzuregen, weil es selbstbelohnend genug ist, selbstbeherrscht in einer gelassenen Haltung zu bleiben und sich an dir zu orientieren. Dafür ist ihm gewiss, dass du an seiner Seite bist und Sicherheit und Verlässlichkeit gibst. Erinnere dich noch einmal an das Bild des unsichtbaren Bandes! Dazu darfst du deinem Hund jederzeit ein Vorbild sein und selbstbewusst für ihn mitentscheiden. Du gibst damit den sicheren Rahmen vor, innerhalb dessen sich dein Hund einrichtet. Es ist ein Trugschluss, zu glauben, der Hund sei ein gleichberechtigter Partner. Er ist es nicht, vielmehr trägst du die Verantwortung für den Hund in der Welt des Menschen und darfst für Orientierung und verlässliche Grenzen sorgen. Wenn es keine Grenzen gibt, kann das sogar aus sich heraus für Stress sorgen und negativ auf die Selbstbeherrschung wirken. In dieser wohlgemeinten Begrenzung, die der Hund als Einschränkungen erfährt, steckt nämlich auch Freiheit – denn Einschränkungen ermöglichen überhaupt erst das Empfinden von Freiheit. Hier den goldenen Mittelweg zu finden, ist nicht immer einfach. »Unterstützende Freiheit oder befreiende Unterstützung – befreiender Halt oder haltende Freiheit«, beschreibt Wüschner den schmalen Grat, auf dem sich verantwortungsvolle Erziehung bewegt (2005, 135). Die Kunst ist es, zu erkennen, was ein Hund braucht, um sich auf bestmögliche Art und Weise zu entfalten. Als Faustregel lässt sich festhalten, dass Erziehung so viel Freiheit geben sollte wie möglich, ohne den förderlichen Halt zu vernachlässigen und die zu genau dieser Mensch-Hund-Beziehung passenden Begrenzungen zu setzen.

Erziehung als Teil der Sozialisation

Im Zentrum der erzieherischen Bemühungen steht das Sozialverhalten, das durch soziales Lernen im alltäglichen Umgang miteinander erworben wird. Daneben gibt es auch formales Lernen, mit dem du einem Hund beispielsweise das Sitz, Platz, Fuß beibringst. Formales Lernen kann man gleichsetzen mit Dressur. Dass es bei der Erziehung nicht um Dressur gehen kann, erschließt sich. Doch auch das formale Lernen hat eine Daseinsberechtigung, nicht zuletzt, weil es, gut eingesetzt, quasi einen Teil von Selbstbeherrschung übt. Es sollte aber nicht ohne Bezug zum sozialen Lernen verstanden werden. Formales Lernen kann eine Ergänzung sein, sollte aber immer eine Brücke zum sozialen Lernen schlagen und im weiteren Verlauf darin münden. Das erzieherische Ziel hier: eine stabile Grundlage für angemessenes Sozialverhalten zu schaffen. Sich zu integrieren, sich an seinem Menschen und dessen Wort zu orientieren – das muss ein Hund können. Wie wir bereits wissen, beeinflussen die bisher gemachten Erfahrungen immer auch alles Folgende. Verankert im Gehirn, sind sie das Fundament für kommende Lernerfahrungen und bestimmen Erwartungen, Aufmerksamkeit, Einschätzungen und Reaktionen (Hüther 2013, 12). Diese Erfahrungen, vom Menschen sorgfältig gesteuert, sind der wertvollste Schatz, auf den ein Hund zurückgreifen kann. Pfote drauf.

Einschränkungen schon früh aushalten lernen

Daraus ergibt sich ein weiterer unverzichtbarer Bestandteil der Erziehung von jungen Hunden: ihnen beizubringen, Frustration auszuhalten. Sie entsteht, weil ein Ziel nicht erreicht wird, etwas Gewünschtes nicht eintritt. Mit Blick auf das Sozialverhalten gilt es, die eigenen Wünsche und Bedürfnisse mit dem Außen übereinzubringen. Sie hintenanzustellen oder ganz zu verzichten, enthält Konfliktpotenzial. Es hängt von den individuellen Fähigkeiten und der Disposition des Hundes ab, ob Frustration zu bedrohlichem Stress wird. Deshalb dürfen Welpen und Junghunde schrittweise Stress erfahren, den sie bewältigen können. Am Anfang dürfen es einfache, später komplexe Situationen oder Dinge sein, die dem jungen Hund leichten Frust verursachen und ihn aus der berühmt-berüchtigten Komfortzone herausholen. Es geht dabei um den Aufbau und das Weiten von Frustrationstoleranz, auch wenn das Wort fast zu groß für so einen kleinen

Hund scheint. Je jünger der Hund, desto leichter ist es, ihn mit dieser Erfahrung vertraut zu machen, denn das geöffnete Lernfenster bewirkt, dass er leicht und schnell lernt. Bereits jetzt darf es vorkommen, dass der Heranwachsende mit seinem Menschen an einem anderen Hund vorbeigeht, ohne Hallo zu sagen, dass er mal nicht mitspielen darf oder auch mal an der Leine statt auf Freigang ist, denn er soll lernen, dass er nicht immer überall mitmischen muss. Später wird es sicherlich noch genügend Situationen geben, in denen er das nicht darf. Er darf durchaus mal ein paar Minuten allein sein, um sich daran zu gewöhnen; er darf auch mal in seiner Koje verweilen, mal warten und auch feststellen, dass nicht immer alles sofort nach seinem niedlichen Kopf geht, die Welt sich nicht nur um ihn dreht. Deshalb ist es auch nicht sinnvoll, jeglichen Stress von jungen Hunden fernzuhalten. Behutsam und geschützt durch wohlwollende Menschen soll er stattdessen lernen, wie man mit Einschränkungen und Entbehrungen zurechtkommt – Selbstbeherrschung eben.

Auch in der Natur lernt ein Hund schon sehr früh erste Einschränkungen kennen. Die Hündin beginnt schon während der Sozialisationsphase, den Welpen zu zeigen, wann und ob sie an die Milchbar dürfen. So beginnt sie sehr eindeutig, Grenzen zu setzen. Von dieser Eindeutigkeit kann sich der Mensch so einiges abgucken. Denn die Welpen akzeptieren diese Grenzen problemlos, und ganz offenbar ist es auch nicht zu früh, damit zu beginnen, wenn der junge Hund beim Menschen einzieht. Es darf von Anfang an Einschränkungen und Entbehrungen geben. Gibt es sie erst später, erlebt der Hund sie als Grenzüberschreitung.

Schon Welpen sollten also viel lernen, aber auch nicht reizüberflutet werden. Daraus werden später oft Hunde, die keine Reizarmut aushalten können. Und sie brauchen reichlich Gelegenheit zur Erholung, denn geistige und körperliche Reifung erfordert Kraft. Schlafmangel wirkt sich gravierend auf die Entwicklung des jungen Hundes aus. Gerade auch im neuronalen und emotionalen Chaos der Pubertät muss der Mensch sicherstellen, dass der Hund genügend Schlaf und Ruhezeiten bekommt. Die Bedeutung von Ruhe und Regeneration wird im nächsten Kapitel noch näher erläutert.

Mit anderen Worten: Die Menschen, mit denen ein Hund in seinen ersten Lebensmonaten zu tun hat, können durchaus Fehler machen. Das ist aber erstmal nicht schlimm, wenn es nicht in einer starken Schieflage mündet, denn daraus lernt man, und auch Fehler gehören zum Leben. Umso wichtiger sind verantwortungsvolle Züchter und informierte Menschen, die einen Welpen zu sich nehmen. Gleichzeitig ist diese erste Zeit natürlich eine große Chance, die Weichen für später zu stellen. »Die Welt da draußen ist toll und aufregend, aber manchmal auch frustrierend – doch keine Sorge, denn ich leite dich und bin an deiner Seite.« Diese Botschaft legt bei einem Welpen ein solides Fundament für spätere gute Selbstbeherrschung. Sie ist aber auch die richtige Botschaft an einen älteren Hund. Nicht zuletzt macht es auch Freude, Entwicklung zu beobachten, auch die eigene, die oft unweigerlich damit einhergeht. Erziehen kann auch Spaß bereiten, ein Aspekt, der oft vergessen wird.

Und dein Hund?

Vielleicht hast du im Laufe dieses Kapitels festgestellt, dass die Welpen- und Junghundeerziehung deines Hundes anders hätte laufen können. Oder du hast keine Ahnung, wer sich wie um deinen Hund gekümmert hat, als er jung war, oder ob er Gelegenheit zum Spielen hatte. Das kannst du nicht ändern, aber die Ausführungen helfen dir vielleicht, Zusammenhänge zu verstehen. Das Gehirn zeichnet sich durch seine Plastizität aus. Das bedeutet, dass lebenslang neuronale Vernetzungen gebildet werden können und dass lebenslang gelernt werden kann. Damit ist auch Veränderung lebenslang möglich. Der Prozess dauert nur etwas länger – in welchem Maße, ist ganz individuell. Und selbst ein Hund, bei dem vieles schiefgegangen ist, kann mit Geduld und Spucke später eine gute Bindung eingehen. Vorausgesetzt, er hat gute Unterstützung durch einen wohlwollenden Kapitän an seiner Seite.

Ruhe und Regeneration

Schlafmangel hat Auswirkungen auf das Immunsystem, den Hormonhaushalt und verschiedene weitere Körper- und Gehirnfunktionen. Gerade der präfrontale Kortex reagiert empfindlich auf fehlenden oder schlechten Schlaf. In diesem Kapitel geht es unter anderem darum, dass guter Schlaf zumindest teilweise erlerntes Verhalten ist – und wie der Mensch den Hund dabei unterstützen kann.

Vor Anker: Regeneration des Hundes

Wenn sie ihrem natürlichen Bedürfnis folgen, schlafen Hunde viel. Das individuelle Schlafbedürfnis ist unterschiedlich, es können aber gut und gern 18 Stunden am Tag sein. Das klingt viel, ist jedoch ganz normal und darüber hinaus sogar sehr wichtig. Was passiert mit der restlichen Zeit? Schätzungsweise zwei Stunden lang verbringt der Hund mit körperlicher Bewegung und geistiger Förderung aller Art. Bleiben noch etwa vier Stunden. In dieser Zeit wird der Hund gestreichelt und spielt, gemeinsam »hängt man ab«, »chillt«, pflegt das gemütliche Beisammensein und entspannten sozialen Austausch. Mit so einem Tagesplan sind die meisten Hunde total zufrieden.

Ein »schlafender« Hund ist keinesfalls immer im Tiefschlaf, sondern verbringt einen großen Teil dieser Zeit mit Dösen und Ruhen. Beim Hund dauert ein Schlafzyklus mit verschiedenen Schlafphasen etwa 15 bis 25 Minuten, beim Menschen sind es etwa 90 Minuten.

Innerhalb eines Schlafzyklus wiederholen sich fünf Schlafphasen: die Einschlafphase, leichter Schlaf über mittleren Schlaf und Tiefschlaf, gefolgt vom REM-Schlaf (von engl. rapid eye movement – das Individuum macht schnelle Augenbewegungen hinter geschlossenen Lidern). Besonders wichtig ist es, die Tiefschlafphase zu erreichen. Hier ist die Muskulatur entspannt, der Blutdruck sinkt und der Puls verlangsamt sich. Wie bei Menschen ist auch bei Hunden die Schlafdauer sehr individuell. Wichtig ist die Schlafqualität, die maßgeblich davon abhängt, ob das Individuum eine ungestörte Abfolge der Schlafphasen durchläuft.

Diese sogenannte Schlafarchitektur verändert sich übrigens im Laufe des Lebens. Bei Senioren nimmt die Dauer der Tiefschlafphasen eher ab, die Phasen mit leichtem Schlaf nehmen hingegen zu. Welpen und Junghunde brauchen insgesamt wesentlich mehr Schlaf als ältere Hunde. Für sie ist der Schlaf wichtig für das Wachstum von Körper und Gehirn. Neugeborenen Welpen bietet der Schlaf auch einen Schutz vor einem Zuviel an Eindrücken. Gerade junge Hunde sollten möglichst ungestört schlafen und insbesondere nicht aus dem Tiefschlaf gerissen werden, denn die Unterbrechung bedeutet eine Belastung für das empfindliche Stresssystem.

Ausreichender Schlaf hat viele Funktionen

Durch die körperliche Erholung kann sich der ganze Organismus regenerieren, das Immunsystem wird gestärkt. Genügend Schlaf reguliert auch das Hormongleichgewicht und sorgt dafür, dass Gelerntes in der Erinnerung bleibt und gefestigt wird. Wie genau sich der Schlaf auf die Erinnerung auswirkt, ist noch unklar, eindeutig scheint aber, dass im Schlaf Erinnerungen analysiert und sortiert werden, mit dem Ziel, die Informationen in sinnvolles Verhalten umzusetzen. Das Gedächtnis wertet also im Schlaf aus, was für später wichtig – oder sogar überlebenswichtig – sein könnte. Erfahrungen, die mit Emotionen verbunden sind, werden offenbar bevorzugt gespeichert. Insofern werden neue Erinnerungsinhalte im Schlaf nicht nur sortiert, sondern je nach Bedeutung auch verstärkt (Stickgold 2017).

Schlaflosigkeit macht Stress

Die positiven Auswirkungen von gutem Schlaf gehen nicht sofort verloren, wenn ein Mensch oder Hund einmal vorübergehend wenig oder unruhig schläft. Doch für viele Individuen sind sie bereits nach einer verkürzten Nacht spürbar eingeschränkt. Ein richtiger Schlafentzug kann sogar schlimme Folgen haben. Nicht zufällig wird Schlafentzug illegal als Foltermethode eingesetzt.

Gerade der Hormonhaushalt reagiert empfindlich auf Schlafmangel. Im Tiefschlaf werden bei jungen Hunden Wachstumshormone ausgeschüttet; die Schilddrüse produziert die Hormone T3 und T4. Von Bedeutung sind auch die sogenannten Interleukine, Hormone, die gezielt auf die Zellen des Immunsystems wirken. Zwei weitere Hormone regulieren den Schlaf: Kortisol und Melatonin. Melatonin wird aus Serotonin gebildet, und zwar vor allem bei Dunkelheit. Im Tageslicht sinkt die Produktion. Melatonin wirkt schlaffördernd und steuert unter anderem den Tag-Nacht-Rhythmus. Es versetzt den Körper in die Lage, die Systeme für die Nachtruhe herunterzufahren, leitet den Schlaf also gewissermaßen ein. Den umgekehrten Effekt hat das Kortisol: Im Schlaf sinkt der Kortisolspiegel, was bedeutsam ist, weil dies der Botenstoff ist, der auch bei Stress ausgeschüttet wird und Selbstbeherrschung vereinfacht gesagt behindert. Nach dem Absinken steigt der Kortisolspiegel gegen Morgen wieder an und bereitet den Körper auf das Erwachen vor. Der Körper des Hundes sollte also schon deshalb genügend Schlaf bekommen, um einerseits den Kortisolspiegel abzusenken, andererseits das dringend benötigte Melatonin herstellen zu können.

Gehirnentgiftung im Schlaf

Der Schlaf ist neueren Erkenntnissen zufolge auch wichtig für die Aufräumfunktionen des Gehirns, die mit einem besseren Flüssigkeitsaustausch zwischen Gehirn und Rückenmark zu tun haben. Versuche mit Mäusen zeigten, dass Überbleibsel wie potenziell giftige Proteine über eine Art Drainagesystem des Gehirns abtransportiert werden. Anders als andere Organe hat das Gehirn kein Lymphsystem, das als Teil des Immunsystems Fremdkörper und Krankheitserreger aus dem Körper spült. Eine ähnliche Funktion für das Gehirn scheint aber das sogenannte glymphatische System zu haben. Um Stoffwechselabfälle abzutransportieren, fließt Flüssigkeit in den Zwischenräumen zwischen den Gehirnzellen, nimmt dabei unerwünschte Proteine mit und spült sie schließlich ins eigentliche Lymphsystem des Körpers und in den Blutkreislauf. Der Abbau der Schadstoffe erfolgt dann weit weg vom Gehirn in anderen Organen, zum Beispiel in Niere und Leber. Das glymphatische System arbeitet überwiegend im Schlaf: Der interstitielle Raum, also der Zwischenraum zwischen den Hirnzellen, ist jetzt wesentlich größer als im Wachzustand, weshalb der glymphatische Fluss besser strömen kann. Möglicherweise ist das glymphatische System der Grund, warum Säugetiere überhaupt schlafen müssen – damit sich das Gehirn gewissermaßen entgiften kann (Nedergaard/Goldman 2017).

Schlaflosigkeit macht Stress macht Schlaflosigkeit

Zweifellos gibt es also eine Reihe von Dingen, die nicht oder schlechter funktionieren, wenn ein Individuum nicht genügend erholsamen Schlaf bekommt. Zugleich ist schon länger klar, dass verschiedene psychische Erkrankungen wie Depressionen mit Schlafstörungen einhergehen. Inzwischen vermutet man, dass schlechter Schlaf nicht nur die Folge, sondern zugleich auch eine Ursache für die Depression sein kann. Die Betroffenen stecken in einem Teufelskreis: Aus welchen Ursachen auch immer schlafen sie schlecht und erkranken irgendwann psychisch – was sie wiederum schlecht schlafen lässt.

Die Frage nach der Henne und dem Ei stellt sich auch beim Zusammenhang zwischen gestörtem Schlaf und ADHS. Bei Menschen mit ADHS wird Melatonin erst verzögert ausgeschüttet, was zu Schlafstörungen führt. Betroffene haben es dann am nächsten Tag noch einmal schwerer, ihre Aufmerksamkeit zu bündeln. In der Folge können sie erst recht schlecht schlafen – und immer so weiter.

Schlafqualität im Versuch

Dass auch der Schlaf von Hunden durch Erlebnisse beeinträchtigt sein kann, zeigten nun die Ergebnisse einer Studie. Hunde wurden vor dem Schlafen entweder in eine positive oder in eine negative soziale Interaktion gebracht. In der positiven Situation wurden sie gestreichelt oder spielten Ball, in der negativen Situation wurden sie von ihren Menschen getrennt, sie hatten eine bedrohliche Begegnung und sie wurden mit ausdruckslosem Gesicht angeschaut. Das Schlafverhalten der folgenden drei Stunden unterschied sich in mancherlei Hinsicht: Die Hunde, die in der negativen Situation gewesen waren, schliefen schneller ein – womöglich eine Antwort auf die negative Erfahrung und den damit verbundenen Stress. Die Hunde, die gespielt hatten und die gestreichelt worden waren, durchliefen eine kürzere REM-Phase. In dieser Schlafphase, die auch Menschen durchlaufen, steigen unter anderem Puls und Blutdruck. Die Verkürzung dieser Phase könnte mit dem Hormon Oxytocin im Zusammenhang stehen, das durch die als positiv empfundene Begegnung ausgeschüttet wurde. Es hat auf Puls und Blutdruck eine eher senkende Wirkung. Der Versuch zeigte, dass schon kurze positive und negative Stimulationen einen Einfluss auf das anschließende Schlafmuster haben (Kis et al.

2017). Genau wie uns Menschen Stress und Ärger oft schlechter schlafen lassen, ergeht es offenbar auch den Hunden.

Regeneration durch Berührungen

Neben freundlichen sozialen Interaktionen haben auch wohltuende Berührungen positive Auswirkungen. Auch beim angenehmen Streicheln wird vermehrt Oxytocin ausgeschüttet; die Produktion von Kortisol, das die Selbstbeherrschung ausbremst, wird hingegen verringert. Ein Grund mehr, den Hund viel zu streicheln!

Entspannung durch Abstreicheln

Die allermeisten Menschen lieben es, ihre Hunde zu streicheln und suchen Nähe und Zuwendung. In diesem Zusammenhang möchte ich dich trotzdem einladen, dir beim Streicheln einmal selbst auf die Finger zu gucken. Es gibt nämlich mehrere Arten, zu streicheln – und unterschiedliches Streicheln bewirkt etwas Unterschiedliches. Manche Menschen wühlen freudig durchs Hundefell, zum Beispiel bei einem Hund, der aufgeregt Kontakt sucht. Sie rubbeln ihn ab wie mit einem Handtuch, streicheln die eigene Aufregung quasi in den Hund hinein. Es ist völlig in Ordnung, sich mitzufreuen! Doch aufgeregtes Streicheln pusht den Hund hoch, statt ihn runterzufahren. Ich habe dafür einen eigenen Begriff: Bedachtes, ruhiges Streicheln nenne ich manchmal »abstreicheln«, im Gegensatz zum Aufstreicheln. Wenn du bewusst für Ruhe sorgen willst, statt die Stimmung noch weiter hochzufahren, dann streichle deinen Hund runter – nicht hoch.

Wohltuende Massagen

Auch mit einer Massage – regelmäßig oder nach Bedarf – kannst du deinem Hund zu Entspannung und Wohlbefinden verhelfen. Einen Bedarf gibt es zum Beispiel, wenn dein Hund gerade besonders aufgeregt und nervös ist und nicht zur Ruhe findet. Mit einer Massage kannst du auch am Abend den Schlaf einläuten. Wichtig ist, dass du bei der Sache bist, dir Zeit nimmst und auch selbst ein ruhender Gegenpol für die Unruhe des Hundes bist. Massiere den Hund mit den Fingerkuppen oder der flachen Hand mit langsamen Bewegungen und sanftem Druck in Wuchsrichtung des Fells, weg vom Knochen. Du kannst auch zart zupfen, als würdest du Haut und Fell ein wenig anheben. Dabei ist es natürlich typabhängig, wie stark der Druck sein darf. Manche Hunde wissen die Berührung nicht einzuordnen und können sie zu Beginn nicht annehmen. Nur Mut, bei solchen Hunden darf man dranbleiben, damit sie das Angenehme an der Massage und den wohltuenden Effekt erkennen können. Einmal richtig durchatmen können – auch das dürfen so manche unruhige Vierbeiner erst einmal lernen. Meist merkst du an der Reaktion des Hundes schnell, ob du auf dem richtigen Weg bist. Dann wird er nach einigen Minuten spürbar lockerer, legt sich vielleicht entspannt hin, obwohl er das zunächst in seiner Unruhe nicht wollte.

Wie bei der Massage bei einem Menschen kannst du mit einer ruhigen Umgebung für eine besonders entspannende Atmosphäre sorgen. Oft tut eine Massage auch dem Menschen gut, der sie gibt. Gemeinsam könnt ihr zur Ruhe kommen und die Segel einholen – eine schöne und wertvolle Erfahrung. Wichtig dabei: nicht kitzeln oder toben. Hier geht es um Ruhe und Entspannung.

Massage als Ritual

Die Massage kann sogar zu einem Ritual werden. Wie bei Kindern hilft Hunden ein Ruheritual, um das Selbstberuhigungssystem zu schulen und zu fördern. So ein Herunterfahrritual kann nur aus der Massage selbst bestehen, du kannst sie aber zusätzlich auch mit Begriffen, Klängen oder Gerüchen verknüpfen. Wenn du das Ritual immer gleich durchführst, wird es für den Hund zum Anker für Ruhe,

Entspannung und Vertrauen. Denn auch das ist ein wichtiger Aspekt von Beruhigungsritualen: Durch den immer gleichen Ablauf vermitteln sie Verlässlichkeit und Sicherheit. So kann der Hund mit deiner Hilfe Geist und Körper in die dringend benötigte Entspannung bringen – und Entspannung ist der Schlüssel zum guten Schlaf. Hunde, die entspannt sind, können aus sich heraus wahrnehmen, wann sie Schlaf brauchen, und sich aufs Ohr legen. Andere hingegen brauchen dazu die Unterstützung ihrer Menschen.

Ruhe und Nähe

Ruhepausen und Entspannung haben noch eine weitere Dimension: die der Nähe. Damit dein Hund in deiner Nähe entspannen und schlafen kann, braucht er ein Mindestmaß an Vertrauen. Mit jedem Schlaf, den er ungestört halten kann, und jeder Massage, bei der er sich völlig entspannen kann, wächst auch sein Vertrauen: Du passt auf mich auf, während ich mich erhole. Du gibst mir den Schutz, den ich brauche, um loszulassen.

Viele Hunde zeigen deutlich, wann sie Ruhe brauchen, zumindest wenn man offen für die Signale ist. Wenn Kinder im Haushalt leben, sollten diese wissen, wann der Hund seine Ruhe braucht und tatsächlich schlafen möchte. Das gilt natürlich auch für die erwachsenen Hundehalter, die das richtige Maß zwischen Nähe und Ruhe erkennen sollten. Ein Hund, der bereits viel Aufmerksamkeit hat, braucht irgendwann mal Feierabend.

Willkommener Rückzug

Gerade Hunde, die ohnehin schon hoch touren, brauchen Ruhephasen und Regeneration. Damit der Hund sie bereitwillig annimmt, muss er die Pausen als etwas Angenehmes empfinden. Wer Schlafen als Strafe empfindet, wird sich nicht gern zur Ruhe begeben. Zum Beispiel, weil man ja etwas Wichtiges verpassen könnte! Deshalb sollte der Schlafplatz des Hundes entsprechend geeignet sein. Es ist zwar ein beschränkter Raum, doch trotz der räumlichen Begrenzung darf der Hund ihn als Rückzugsort erkennen lernen. Im Sinne von: Hier werde ich in Ruhe gelassen, hier darf ich sein. Zunächst einmal bedeutet das: Der Hund braucht einen eigenen Schlafplatz. Natürlich können Hunde auch woanders schlafen, aber um klare Regeln zu etablieren und einen geschützten Rückzugsort zu schaffen, muss es einen ausgewiesenen Platz geben. Dieser Platz sollte sich an einem ruhigen Ort befinden, also nicht an einem Durchgang oder dort, wo zum Beispiel ständig Türen auf- und zugehen. Lass bei der Auswahl dein Bauchgefühl mitentscheiden: Im Zweifel sollte der Schlafplatz eher dunkel als im prallen Sonnenlicht oder in greller Beleuchtung sein und eher in einer Ecke als in der Mitte des Zimmers. Auf den Schlafplatz gehört kein Spielzeug oder andere unnötige Ablenkung. Wenn beruhigendes Kauen deinem Hund hilft, kann allerdings ein Kauknochen auf dem Hundeplatz hilfreich sein.

Natürlich spielt das Temperament deines Hundes eine Rolle dabei, wie er ruht und schläft. Doch guter Schlaf ist immer auch erlerntes Verhalten und eine Aufgabe im Rahmen seiner Entwicklung. Wie ein Baby, das das Ein- und Durchschlafen von seinen Eltern lernt, kannst du deinem Hund zu einer gesunden Schlafregulation verhelfen: Indem du erkennst, wie viel Unterstützung er braucht, um zu einer guten Schlafregulation zu kommen, als Taktgeber, aber auch als Torwächter, der Action und Stress von ihm fernhält, wenn er zur Ruhe kommen soll.

Aktivität und Ruhe im Gleichgewicht

Schlaf ist eine Grundlage für gesundes Leben, und Regeneration ist noch mehr als guter Schlaf: Sie ist auch die Unterbrechung von Belastung. Für Erholung sorgt es manchmal schon, sich Zeit zu nehmen für etwas anderes als das, was belastet und anstrengt. Deshalb kann Regeneration auch bedeuten, bei psychischer Belastung die Anspannung zu durchbrechen oder sich zu bewegen, wenn man lange stillsitzen musste. Je nach Art der Belastung gibt es also unterschiedliche Maßnahmen zur Entlastung, und wie bei so vielen Dingen geht es auch hier ums Gleichgewicht, das du für deinen Hund herstellen darfst, wenn er es selbst nicht vermag.

Beruhigende Wirkung hat eigentlich immer auch die Natur. Draußen sein ist gut fürs Gemüt und löst Anspannung – die Elemente spüren, die Reizarmut von Himmel, Wasser und natürlichen Formen sehen, keine Autos oder Geräte hören … Wer kennt das nicht. Das gilt natürlich umso mehr für Hunde, die ohnehin in vielerlei Hinsicht näher an der Natur zu sein scheinen als wir Menschen, doch auch wir empfinden die Natur als wohltuend und heilsam.

Ruhe macht in Muscheln Perlen

Vielleicht gehörst du zu den Menschen, die Ausruhen und Nichtstun fürchterlich langweilig finden. Keine Sorge, damit bist du nicht allein! Doch es hat seine Bewandtnis, auch einmal Langeweile zu haben. Langeweile aushalten zu können, ist Teil von Selbstbeherrschung. Sie aushalten zu können, ist nur ein erster Schritt. Für fortgeschrittene Langeweiler löst sich das Konzept von Langeweile irgendwann ganz auf – sie kennen gar keine Langeweile mehr. Stattdessen tun sie Muße oder haben eine Form der Selbstfürsorge gefunden. Sie sind damit zufrieden, mit sich selbst allein zu sein und ein Loch in die Luft zu gucken. Oder einen Regenwurm im Gras zu entdecken oder einer

Amsel zu lauschen. All das tut besonders jenen Hunden – und ihren Menschen – gut, die ohnehin schon ständig auf Empfang sind. Falls du dich selbst erkennst: Du darfst auch mal gemeinsam mit deinem Hund »nichts tun«! Nebeneinander am Fluss sitzen und aufs Wasser gucken. Auf der Wiese liegen und eine tolle Wolke am Himmel entdecken. Ganz nah neben dem Hund sein und den Geruch seines Fells riechen – ich bin mir sicher, all das tut auch dir gut. Lass das geschehen und komm zur Ruhe, gemeinsam mit deinem Hund. Ein gelassener Hund braucht Ruhe und vermeintliches Nichtstun ebenso wie seinen Schlaf, und er braucht viel davon. Man muss ihn – im wahrsten Sinne des Wortes – einfach lassen.

Bewegung

Bewegung tut gut, das weiß irgendwie jeder. Wer immer nur faul herumsitzt – egal ob Mensch oder Hund –, wird schlapp und träge. Es gibt aber auch einen Zusammenhang zwischen Bewegung und Selbstbeherrschung. Worin er genau besteht, darum geht es in diesem Kapitel.

Raus bei Wind und Wetter

November, Nieselregen. Es ist grau und düster draußen, gerade so, als hätte jemand vergessen, das Licht anzuschalten. Noch dazu fegen Windböen durch die Straßen. Bei diesem Wetter schickt man doch nun wirklich keinen Hund vor die Tür! Na gut, eine kleine Runde, es muss ja sein. Bis zur Straßenlaterne da hinten, dann drehen wir um. Der Hund hat doch auch keine Lust, bei diesem Schietwetter draußen zu sein!

Doch es hilft nichts: Wer einen Hund hat, muss bei Wind und Wetter raus – so ist das nun einmal. So mancher Hundebesitzer ist froh über diese unumstößliche Tatsache, denn damit bekommt der innere Schweinehund einen Fußtritt mit dem Gummistiefel. Dass der Hund nach draußen muss und der Mensch mit ihm, ist einer der Gründe, warum Hundebesitzer im Schnitt gesünder leben als Menschen ohne Hund. Trotzdem werden so manche Vierbeiner nur mal kurz um den Block geführt, oder es geht in den Park, wo Mensch und Tier an der ersten Parkbank haltmachen. Das ist für die allermeisten Hunde – es sei denn, sie sind krank oder sehr alt – nicht ausreichend.

Viele Hunde müssen draußen »Energie loswerden«, mal so richtig losrennen, dass die Ohren wie Segel flattern, das System hochfahren und sich kräftig verausgaben. Andere Hunde brauchen eher einen ausgiebigen, gemächlichen Spaziergang, um zu entschleunigen. Bei ihnen scheint es, als müssten sie sich mit allen vier Pfoten im Matsch erden. Und manche Hunde brauchen beides – es ist von ihrer Persönlichkeit, Rasse und individuellen Umständen abhängig.

Der Mensch bewegt sich zu wenig

Meiner Erfahrung nach ist die Mehrzahl der Hunde, zumindest in der Stadt, körperlich nicht ausgelastet. So richtig überraschend ist das nicht, denn wir Menschen bewegen uns eindeutig zu wenig. Die Weltgesundheitsorganisation WHO empfiehlt für Menschen mindestens 150 Minuten moderater oder intensiver Bewegung in der Woche (World Health Organization 2010). Auf sieben Wochentage verteilt, sind das nicht einmal 22 Minuten am Tag! Erschreckenderweise erreichte das laut Studie einer Krankenversicherung im Jahr 2016 nicht einmal die Hälfte der Deutschen (Froböse/Wallmann-Sperlich 2016). Krass, oder? Viele Menschen arbeiten weitgehend bewegungslos im Sitzen und bewegen sich auch auf dem Weg zur Arbeit und in ihrer Freizeit wenig. Menschen mit Hund bewegen sich zum Glück mehr als Menschen ohne Hund und auch das WHO-Bewegungsziel erreichen die Hundebesitzer deutlich häufiger als die Menschen, die keinen Hund haben. Trotzdem erlebe ich es oft, dass selbst Hunde, die allein durch ihre Rassezugehörigkeit einen starken Bewegungsdrang haben, selten mal so richtig laufen dürfen. Sie haben keine Möglichkeit, ihre körperliche Energie loszuwerden, und das merkt man ihnen auch an.

Dabei sind sowohl der Mensch wie auch der Hund von Natur aus bestens dafür ausgestattet, sich viel zu bewegen. Der Körper des Hundes macht sich in allen Gangarten die Schwerkraft zunutze, um möglichst energiesparend zu funktionieren, insbesondere der Trab hat einen geringen Energieaufwand. Anders als zum Beispiel Katzen haben Hunde sogar einen speziellen Muskelfasertyp, der sie besonders ausdauernd macht. Je gleichmäßiger die Fortbewegung, desto effektiver funktioniert der Energiesparmodus, sogar auf unebenem Untergrund im Gelände (Fischer/Lilje 2011, 57; 124 f.). Ein gesunder, funktionsfähiger Bewegungsapparat sicherte unseren Vorfahren und denen unserer Hunde das Überleben – zur Verteidigung und zum Weglaufen vor Feinden, aber auch zum Auffinden oder Jagen der Nahrung. Davon sind wir Menschen und auch der Großteil unserer Hunde heute weit entfernt.

Wie viel Bewegung ist ideal?

Schauen wir uns den Wolf als Vorfahr des Hundes an. Ein Wolf in freier Wildbahn läuft, um seine Nahrung zu sichern, aber auch zur Markierung des Reviers 400 bis 600 Kilometer im Monat. Nicht jeden Tag gleich viel – wild lebenden Wölfen wurden 0,4 bis 64 Kilometer zurückgelegte Strecke an einem Tag nachgewiesen (Fischer/Lilje 2011, 14). Als Nachfahre des Wolfes hat sich der Hund über die Jahrtausende stark verändert. Er hat im Vergleich ein winziges Revier und wird, statt nach Beute zu jagen, vom Menschen gefüttert. Damit sind zwei Gründe für Bewegung weggefallen, was sich auch auf die Fort-bewegungsorgane ausgewirkt haben dürfte (Fischer/Lilje 2011, 15). Zudem ist das Bedürfnis nach Bewegung von der Rasse abhängig. Insofern bedeutet der Hinweis auf den Wolf natürlich nicht, dass dein Hund ab jetzt mindestens 20 Kilometer täglich laufen muss. Das wäre für so manchen Hund auch zu viel! Doch das Beispiel veranschaulicht, wo der Hund in Sachen Bewegung evolutionär herkommt.

Mit Faustregeln ist es zudem so eine Sache. Die WHO-Empfeh-lung gibt uns Menschen eine Orientierung, welche Mindestdauer an Bewegung gesundheitsförderlich ist. Etwas Vergleichbares gibt es für Hunde nicht – und das ist auch gut so, allein schon wegen der vielen unterschiedlichen Bedürfnisse der Rassen.

Ein Gespür für die individuellen Bedürfnisse

Ich möchte dich ermutigen, nicht nach einer Faustregel zu suchen, sondern ein Gespür dafür zu entwickeln, was für deinen Hund indi-viduell angemessen ist. Viele Hundebesitzer drehen dreimal am Tag eine kleine Runde und legen dabei insgesamt ein oder zwei Kilometer zurück. Wenn sie mit einem Hundesenior unterwegs sind, kann das durchaus ausreichend sein, während es für viele andere Hunde ein-deutig zu wenig wäre. Die Frage lautet wie so oft: Was ist stimmig, was passt zu diesem Hund? Was braucht er in seiner jetzigen Lebens-situation, um weder unter-, noch überfordert zu sein? Auch überfor-derte Hunde gibt es nämlich. Solche, die beim Marathontraining oder neben dem Fahrrad mitlaufen müssen, obwohl es ihnen nicht ent-spricht. Stattdessen darfst du dich genau in den Hund hineinspüren und deinen Blick dafür schärfen, was ihm guttut. Wie wirkt er unter-wegs, wie geht es ihm abends?

Der Körper gibt Hinweise

Falls du es noch nie getan hast, schau dir deinen Hund auch einmal hinsichtlich seiner physischen Voraussetzungen zur Bewegung an. Verschiedene Körperbau- und Bewegungstypen stehen für unterschiedliche Fähigkeiten, zum Beispiel ausdauerndes Traben oder eine große allgemeine Körperkraft. Bestimmte Körperformen stehen dabei stets im Zusammenhang mit der Funktion – der Grund, warum ein Schlittenhund eine andere Statur hat als zum Beispiel ein Windhund (Sommerfeld-Stur 2016, 87 ff.). Dieser Grundsatz von »form follows function«, also dass sich die Körperform aus der Funktion ableiten lässt, gibt dir auch Hinweise auf das Bewegungsbedürfnis eines Hundes, dessen Rasse vielleicht nicht so eindeutig zu bestimmen ist.

Neben Größe, Statur und Muskeln gibt es weitere körperliche Aspekte, die sich auf sein Verhalten und auch auf die Bewegungsfreude eines Hundes auswirken können. Verschiedene Zuchtmerkmale machen es den Tieren schwer, sich unbeschwert zu bewegen: Manche Möpse haben deformierte Atemwege, mit denen sie kaum atmen können; Bassets haben mitunter so kurze Beine, dass der Bauch den Boden berührt; Schäferhunde sind durch ihr angezüchtetes »Fließheck« eingeschränkt; Hütehunde mit zu viel Fell vor den Augen und Chow-Chows, deren Augen von Hautfalten fast verdeckt werden, können kaum etwas sehen (Sommerfeld-Stur 2016, 134 f.). Nicht alle Tiere dieser Rassen haben entsprechende Probleme, doch du darfst trotzdem wachsam dafür sein, was für den Hund individuell möglich ist.

Von den gängigen »fünf Minuten Bewegung pro Lebensmonat« für Welpen halte ich übrigens wenig. Achte bei einem Welpen stattdessen lieber auf Ermüdungszeichen. Wenn er immer langsamer wird, sich hinlegt, auf der Seite ausruht oder sich eindreht wie ein Igel, können das Anzeichen dafür sein, dass er müde ist. Bei weniger eindeutigen Zeichen kannst du das Angebot variieren, um herauszufinden, was stimmig ist. Verkürze oder verlängere eure Spazierrunden und Tobereien und beobachte die Reaktion. Das gilt natürlich für Welpen ebenso wie für andere Hunde jeglichen Alters – immer unter Berücksichtigung der körperlichen Begebenheiten.

Behalte dabei auch im Kopf, dass Bewegung für einen Hund nicht nur das Laufen an der Leine bedeuten sollte. Menschen im Schritttempo sind eher langsamer als ein Hund, der von Natur aus vielleicht eher in einen langsamen Trab fallen würde, weshalb Hunde an der Leine eines Menschen ohnehin immer »zu langsam« unterwegs sind. Wichtig ist deshalb auch freie Bewegung ohne Leine, also Springen, Beschleunigen und Anhalten im Wechsel und vieles mehr. Damit werden die Gelenke und andere Teile des Bewegungsapparates anders beansprucht als bei sich ständig wiederholenden Bewegungsabläufen, also beim Laufen im Schritt, Trab oder Galopp. Wenn Bewegung ohne Leine nicht möglich ist, wenn etwa bei einem Hund die Jagdlust überwiegt und er nicht verlässlich auf den Rückruf hört, gibt es eingezäunte Auslaufgebiete, die du dafür nutzen kannst.

Zu jungen Hunden ist es noch sinnvoll, zu wissen, dass sich ihre Knochen noch im Wachstum befinden und die Gelenke noch nicht so gefestigt sind, weil die Wachstumsfugen in ihren Knochen noch nicht geschlossen sind. Übermäßige Beanspruchung kann der Knorpelschicht in der Fuge schaden. Ihren Bewegungsdrang leben sie – ebenso wie erwachsene Hunde – auch über das Spielen aus, das noch viele weitere Funktionen hat, wie wir im vorigen Kapitel schon erörtert haben. Das Bewegungsspiel trägt gerade bei jungen Hunden zur Bewegung im Rahmen der körperlichen Auslastung bei. Die angemessene Menge und die Art der Bewegung kann sich in der Pubertät und auch in späteren Lebensphasen grundlegend ändern, es ist also auch wichtig, nicht nur einmal hinzugucken, sondern dauerhaft aufmerksam zu bleiben.

Wenn du noch einmal an das Bewegungsprofil der wild lebenden Wölfe mit 0,4 bis 64 Kilometer zurückgelegter Strecke pro Tag denkst, wird außerdem deutlich, dass auch für deinen Hund nach einem bewegungsreichen Tag ruhig mal ein Tag mit weniger Bewegung folgen darf. Auch dafür kannst du mit gutem Einfühlungsvermögen ein Gespür entwickeln.

Positive Effekte von Bewegung

Auf die individuell richtige Menge kommt es also an – aber warum ist Bewegung denn überhaupt gut? Ein Teil der Antwort liegt auf der Hand: Körperliche Betätigung trainiert die Muskeln, mit deren Hilfe das Knochengerüst stabil und flexibel bleibt. Ohne Muskeln wäre keine Bewegung möglich – weder komplexe Bewegungsabfolgen noch das kleinste Zucken. Dabei geschieht ein Teil der Bewegung unbewusst, zum Beispiel in den Verdauungsorganen oder beim Herzschlag. In den Muskeln wirken die Muskelfaserbündel, die aus einzelnen Muskelfasern und diese wiederum aus den Muskelzellen bestehen. Zur Bewegung kommt es, weil sich die Muskeln, gesteuert durch biochemische Prozesse, bei Anspannung zusammenziehen. Durch Training lässt sich die Zahl der Muskelfasern erhöhen oder konstant halten; ohne Training baut der Körper ab. Wenn man sich klarmacht, dass Muskeln bei Hunden etwa die Hälfte ihres Körpergewichts ausmachen (Fischer/Lilje 2011, 98), wird deutlich, warum körperliche Aktivität für die Muskeln so wichtig ist. Sie ist auch für den Stoffwechsel und den gesamten Bewegungsapparat wie Gelenke und Bänder deines Hundes bedeutsam, ebenso wie für die Knochen selbst: Sie brauchen lebenslang regelmäßige Belastung in Form von Bewegung, damit das Knochenwachstum angeregt wird, also die Anlagerung von Knochenmaterial. Bei fehlender Belastung baut der Knochen hingegen ab (Fischer/Lilje 2011, 61).

Auch in Bewegung: Spannung und Entspannung

Die Bewegung des Hundekörpers funktioniert über das Zusammenspiel von Spannung und Entspannung innerhalb der Muskeln. Interessanterweise spiegelt sich dieses Prinzip auch im Wechselspiel von Spannung und Entspannung allgemein: So braucht ein Hund, der sich viel bewegt, auch immer wieder die Möglichkeit zur Entspannung, wie im Kapitel Ruhe und Regeneration aufgeführt.

Bewegung braucht dein Hund aber auch für seine Selbstbeherrschung. Das liegt an der Wirkung von körperlicher Aktivität auf das Gehirn. Deshalb lautet der zweite Teil der Antwort auf die Frage, warum Bewegung so wichtig ist: Das Erlernen und Üben von Selbstbeherrschung fällt deinem Hund mit angemessener Bewegung wesentlich leichter. Du handelst also durchaus in deinem eigenen Interesse, wenn du deinem Hund die Bewegung ermöglichst, die er braucht.

Körperliche Bewegung und das Gehirn

Wie genau wirkt sich Bewegung auf das Gehirn aus? Die Forschung dazu ist noch relativ jung, noch sind nicht alle Zusammenhänge zwischen den komplexen Abläufen geklärt. Einige Erkenntnisse gelten aber als gesichert. Zum Beispiel, dass Entscheidendes im präfrontalen Kortex geschieht, dem Bereich, in dem komplexe kognitive Prozesse verortet sind, darunter die Fähigkeit zur Selbstbeherrschung, und der auch bei Stress aktiviert ist. Bei körperlicher Bewegung wird die Aktivität im präfrontalen Kortex heruntergefahren, denn er ist schlicht nicht so gefragt, wenn es um körperliche Leistungen geht. Umso aktiver wird der motorische Kortex, der für die Steuerungen der Bewegungen und der Körperkoordination zuständig ist und der bei körperlicher Bewegung Ressourcen braucht. Der präfrontale Kortex bekommt also gewissermaßen eine Zwangspause verordnet, nach der er erholt und frisch wieder zur Verfügung stehen kann. Diesen Effekt kennst du vielleicht selbst, wenn du Sport treibst. Menschen formulieren ihn zum Beispiel so: »Beim Joggen bekomme ich den Kopf frei« oder »beim Schwimmen habe ich eine Pause vom Grübeln«.

Außerdem fühlst du dich nach der Bewegung vielleicht körperlich erschöpft, aber geistig wie ausgewechselt. Wie diese Neustart-Funktion im Gehirn funktioniert und warum genau sich Testpersonen nach dem Sport messbar besser konzentrieren konnten, ist nicht vollständig geklärt. Maßgeblich beteiligt an diesem Effekt sind vermutlich Hormone und Neurotransmitter, auf die Bewegung einen Einfluss ausübt. So wird durch Bewegung zum Beispiel der Neurotransmitter Dopamin langsamer abgebaut. Wir erinnern uns: Der als »Glückshormon« bekannte Botenstoff beeinflusst Motivation und das Belohnungssystem, er wird für verschiedene geistige Fähigkeiten im präfrontalen Kortex gebraucht. Wenn der Dopaminspiegel sinkt, kann sich das Individuum schlechter konzentrieren und ist weniger aufmerksam. Bewegung wirkt dem entgegen.

Auch der Serotoninspiegel wird durch körperliche Aktivität beeinflusst. Dieser Neurotransmitter hat, wie du schon zuvor erfahren hast, einen Einfluss auf die Stimmung und spielt eine Rolle bei der Fähigkeit, auf Veränderungen im Außen angemessen zu reagieren. Beim Anstieg von Serotonin im Gehirn fühlt sich das Individuum psychisch wohl und ausgeglichen, aggressives, impulsives Verhalten wird reduziert.

Bewegung hält das Gehirn fit

Körperliche Bewegung hat zweierlei Arten von Auswirkung auf die exekutiven Funktionen, also das Arbeitsgedächtnis, die geistige Flexibilität und die Selbstbeherrschung: einerseits unmittelbare Auswirkungen während des Trainings oder direkt danach. Andererseits gibt es Effekte, die sich durch regelmäßiges und länger andauerndes Training einstellen – und gerade die sind von großer Bedeutung, wenn ein Hund Selbstbeherrschung lernen und üben soll.

Bewegung begünstigt offenbar auch die Plastizität des Gehirns, also seine Anpassungsfähigkeit und Veränderbarkeit (Kubesch 2016, 139). Bewegung hat einen Einfluss auf die Neubildung von Neuronen im Hippocampus. Diese neugebildeten Nervenzellen werden nicht nur gebildet, sondern sie können auch tatsächlich genutzt werden. Zur Erinnerung: Der Hippocampus ist der Teil des limbischen Systems, das die Gedächtnisbildung steuert. Er ist zuständig für Erinnerungen an eigene Erfahrungen und räumliche Gedächtnisprozesse. Die neugebildeten Neuronen sind also von Bedeutung für das Lernen und für die Erinnerung. Bei räumlichen Gedächtnisprozessen sind sie sogar besser geeignet als die bereits bestehenden Neuronen.

Auch geistige Bewegung ist gut für die Neubildung von Gehirnzellen. Sie ist besonders wirksam, wenn vor dem geistigen Training ein körperliches Training stattgefunden hat. Beide Arten von Training sind also sinnvoll, aber noch besser sind sie in Kombination. Körperliche Bewegung lässt also, salopp formuliert, Gehirnzellen nachwachsen und sie sorgt dafür, dass geistiges Training noch effektiver ist (Kubesch 2016, 140). Diesen Effekt kannst du dir zunutze machen, um mit deinem Hund Selbstbeherrschung zu trainieren.

Geistige Stimulation durch Sinnesreize

Es gibt einen weiteren Grund, warum du auch bei Schmuddelwetter deinem Hund die Bewegung an der frischen Luft nicht vorenthalten solltest: die Stimulierung seiner Sinne. Das Tier braucht – genau wie du übrigens – Licht und frische Luft zum Durchatmen. Gerüche, visuelle und taktile Eindrücke vermitteln Sinnesreize, die sein Gehirn und dessen neuronale Verbindungen stimulieren. Die Sinnesreize formen sein Bild von der Welt und sind die Grundlage für neue Lernerfahrungen. Dazu gehört es für einen Hund, Wind und Regen auf dem Haarkleid zu spüren, mit nassen und trockenen Pfoten auf verschiedenen Untergründen zu laufen, die Laute der Umgebung zu hören und die vielen verschiedenen Gerüche wahrzunehmen. Es gibt Hunde, die diese Erfahrungen nicht machen durften, weil sie zum Beispiel als Laborhunde von der Außenwelt abgeschirmt waren. Es sind herzzerreißende Bilder, wenn solche Hunde zum ersten Mal in ihrem Leben auf einer Wiese laufen – voller Angst, weil alles fremd ist, oder wenn Hunde, die im Keller aufgewachsen sind, erstmals das Tageslicht sehen.

Wind und Sonne in den Segeln

Jeder Hund hat es verdient, ausgeprägte Sinnesreize zu erfahren. Es ist wie eine Art Weltbildung für deinen Hund, wenn er Wind und Wetter spüren, das Meer oder den Wald hören, andere Lebewesen riechen darf. Immer wieder höre ich, dass Menschen berichten, ihre Hunde möchten bei Regen nicht nach draußen. Ich frage mich manchmal, wer hier tatsächlich keine Lust hat – und ob nicht manchen Hundebesitzern ein kleiner Dauerlauf mit frischer Brise um die Nase auch ganz guttun würde.

Bewegung hilft beim Lernen

Lernen funktioniert am besten, wenn dein Hund körperlich angemessen ausgelastet ist. Bewegung wirkt sich auf genau die Hirnteile aus, die der Hund einsetzt, um Selbstbeherrschung zu lernen und zu üben.

Ernährung

Ernährung wirkt auf den ganzen Organismus und kann sogar das Verhalten beeinflussen. Über die richtige Ernährung von Hunden toben Glaubenskämpfe. Trockenfutter, Nassfutter, Rohfutter – Anhänger und Kritiker missionieren mit oft erstaunlicher Ausdauer. Hier erfährst du, warum die Frage immer individuell beantwortet werden sollte und es kein Patentrezept gibt.

Treibstoff fürs Leben

Der richtige Weg soll es sein, und manchmal scheint es, als wäre es das Wichtigste, zu beweisen, dass die anderen in Sachen Hundeernährung alles falsch machen. Aber muss es eigentlich immer und für alles eine Methode geben? Der Wunsch danach scheint mir Ausdruck einer Verunsicherung zu sein, die damit einhergeht, dass vielen Menschen das Gespür dafür abhandengekommen ist, was zu ihrem Hund passt.

Auf der anderen Seite wird die Bedeutung von passender und hochwertiger Ernährung aber oft auch verkannt. Das Zusammenspiel der Nahrungsinhalte hält Leib und Seele in Balance – das gilt für jedes Lebewesen, und niemand sollte sich mit minderwertiger Nahrung zufriedengeben müssen, auch nicht für den Hund. Zum Beispiel gehören kontaminierte Reste oder mit Medikamenten belastetes Fleisch nicht ins Hundefutter. Für hochwertige Inhaltsstoffe gilt Ähnliches wie beim Menschen: möglichst frisch, möglichst hochwertig, in der Zusammensetzung möglichst ausgewogen. Dafür brauchen wir kein Patentrezept – gesunder Menschenverstand reicht.

Die Qualität des Futters ist für mich immer wichtiger als das sklavische Befolgen einer Methode. Die Frage nach geeignetem Futter ist aber immer auch eine individuelle. Was ist verträglich, was passt genau zu diesem Tier und was schmeckt ihm auch? Manche Hunde vertragen zum Beispiel Trockenfutter besser als selbst zubereitetes Rohfutter; Hunde mit Zahnproblemen können oft Nassfutter besser schlucken. Die Futterwahl sollte aber auch kein Wunschkonzert für den Hund sein, der heute dies wünscht und morgen jenes. Schnell hat man dann einen mäkeligen Hund, der seinen Menschen darauf trainiert hat, nach immer neuen kulinarischen Angeboten zu suchen.

Kontroversen – was kann, was muss, was soll der Hund fressen?

Insbesondere das Thema Kohlenhydrate wird unter Hundehaltern heiß diskutiert. Konsens ist, dass Hunde weniger Kohlenhydrate zu sich nehmen sollten als Menschen, gemessen an ihrer Ration insgesamt. Allerdings ist schon der Kohlenhydratbedarf beim Menschen Gegenstand von Diskussionen und sich wandelnden Empfehlungen, und das Gleiche kann man wohl vom Hund sagen. Unstrittig scheint, dass der Hund prinzipiell besser für den Verzehr von Kohlenhydraten ausgerüstet ist als sein Vorfahr, der Wolf. Zwischen den Genen von Hund und Wolf gibt es einige Unterschiede, die zum Beispiel das Verdauungssystem betreffen. Der Hund hat mehr Gene, die die Voraussetzung dafür schaffen, mit Hilfe von Enzymen in seinem Verdauungssystem Stärke zu spalten. Die Natur, so die Vermutung, hat ihn damit ausgestattet, weil er menschliche Nahrungsreste verwertete. Die Menschen essen ihrerseits seit der Sesshaftwerdung und dem damit verbundenen Ackerbau vermehrt stärkehaltige Nahrung. Möglicherweise haben sich Hund und Mensch sogar zeitgleich an die veränderte Nahrung gewöhnt (Jung/Pörtl 2016, 190).

Unter dem Begriff Stärke versteht man Mehrfachzucker, der von Pflanzen gebildet wird, sie ist zum Beispiel in Getreide, Kartoffeln und Hülsenfrüchten enthalten. Stärke gehört gemeinsam mit Einfachzucker (zum Beispiel Glukose und Fruktose) und Zweifachzucker (darunter Laktose) zu den Kohlenhydraten. Stärke muss, bevor sie als Energiespender dienen kann, in Glukose aufgespalten werden. Dazu brechen bestimmte Enzyme die Molekülverbindungen auf, damit der Körper sie verwerten kann – und genau bei diesen Enzymen unterscheiden sich Hund und Wolf.

Hunde können Stärke – in Form von kohlenhydrathaltiger Nahrung – also besser verwerten als Wölfe, weil sie sich auch in ihren Nahrungsgewohnheiten dem Menschen angepasst haben. Allerdings gibt es sowohl zwischen den Hunderassen als auch zwischen den einzelnen Tieren innerhalb einer Rasse individuelle Unterschiede in der Anzahl der betreffenden Gene.

Selbstbeherrschung braucht Energie

Doch warum ist es überhaupt von Bedeutung, ob Hunde Kohlenhydrate zu sich nehmen oder nicht? Der Einfachzucker Glukose wird umgangssprachlich auch Traubenzucker genannt. Menschliche Nahrung enthält in der Regel Mehrfachzucker in Form von Stärke, zum Beispiel Nudeln oder Reis. Nach der Nahrungsaufnahme werden diese Mehrfachzucker in Glukose aufgespalten, um sie verwertbar zu machen. Aus dem Darm gelangt die Glukose ins Blut. Das in der Bauchspeicheldrüse gebildete Hormon Insulin ist dafür zuständig, dass die Glukose in die Körperzellen aufgenommen werden kann, in denen sie gebraucht wird. Nach der Nahrungsaufnahme steigt der Glukosespiegel im Blut zunächst an und sinkt dann wieder ab.

Gebraucht wird die Glukose insbesondere im Gehirn. Es muss ständig mit Glukose versorgt werden und verbraucht ein Viertel der Glukose im Körper (Miller 2014, 57). Es ist nicht überraschend, dass auch Selbstbeherrschung Energie braucht, die über die Glukose verfügbar gemacht wird. Bei einem niedrigen Blutzuckerspiegel sind die kognitiven Leistungen und die Selbstbeherrschung beeinträchtigt, und bei einer Aufgabe, bei der viel Selbstbeherrschung benötigt wird, verringert sich der Blutzuckerspiegel (Baumeister 2016, 70). Gerade in stressigen Situationen bewirken Hormone wie Kortisol, dass das Gehirn weniger Glukose aufnehmen kann. In der Folge steht wiederum weniger Energie für Selbstbeherrschung zur Verfügung.

Man könnte also vermuten, dass der Hund möglichst viele Kohlenhydrate braucht. Tatsächlich aber muss er, um Glukose fürs Gehirn und die Selbstbeherrschung zu haben, keinerlei Kohlenhydrate zu sich nehmen. Denn auch Nahrung, die nicht aus Kohlenhydraten besteht, also Proteine und Fette, kann in Glukose umgewandelt werden. Dazu nutzt der Körper einen Mechanismus namens Glukoneogenese, einen Stoffwechselprozess zur Herstellung von Glukose aus Eiweiß oder Fett, der hauptsächlich in der Leber und der Niere stattfindet. Er sorgt dafür, dass auch in Zeiten mit wenig Nahrung der Glukosespiegel im Blut konstant bleibt.

Tryptophan

Es wird noch komplexer: Ein weiterer Faktor im Zusammenhang zwischen der Nahrung und dem Verhalten ist der Gehalt an Tryptophan. Die Aminosäure L-Tryptophan ist die Ausgangssubstanz zur Bildung des Neurotransmitters Serotonin. Zur Erinnerung: Dieser Botenstoff wird auch Beruhigungshormon genannt und hat Einfluss auf die Stimmungslage. Während man früher vermutete, dass Serotonin aggressionshemmend wirkt, nimmt man heute an, dass es vielmehr die Impulsivität hemmt. Ist der Serotoninspiegel erhöht, wird Impulsivität gemindert, also die »Veranlagung zu schnellen, ungeplanten Reaktionen, deren mögliche negative Konsequenzen nicht bedacht werden. Es wird angenommen, dass Serotonin grundsätzlich für die Hemmung von Verhalten wichtig ist« (Roth/Strüber 2017, 107).

Abhängig von der individuellen Neigung zu Aggressionen kann Serotonin unter Umständen auch hemmend auf Aggressionen wirken – entscheidend ist aber die Hemmung der Impulsivität. Und diese Impulsivität steht der Selbstbeherrschung als Gegenspieler im Weg.

Serotonin wird in verschiedenen Schritten gebildet, unter anderem im Darm. Der letzte Schritt findet im Gehirn statt. Dazu muss das Tryptophan also ins Gehirn gelangen. An der sogenannten Blut-Hirn-Schranke, sozusagen dem Eingang ins Gehirn, kommt es zu einer Art Konkurrenzkampf mit anderen Aminosäuren, die ebenfalls aus dem Blut ins Gehirn wollen, zum Beispiel mit Tyrosin. Diese Aminosäure ist die Ausgangssubstanz für Noradrenalin und Dopamin – also die Gegenspieler des Serotonins, die für nervöse Erregung und Aggression, Wachsamkeit und Reaktivität sorgen. Wichtiger als insgesamt viel Tryptophan im Futter scheint allerdings der relative Gehalt an Tryptophan im Vergleich zum Gesamteiweiß und zu den anderen Aminosäuren zu sein. Wichtig für die Bildung von Serotonin sind aber auch verschiedene Vitamine und Mineralstoffe, darunter Vitamin B6 und Magnesium.

Und was gehört nun in den Napf?

Ich hoffe, du kannst noch folgen. All das ist nämlich gut zu wissen – zu verstehen, wie der Körper funktioniert, und sich davon begeistern zu lassen, welche Mechanismen die Natur hervorgebracht hat, um alles gut zu regeln. Aber all das Wissen kann den Alltag auch mühsam und kompliziert machen. Wer weiß schon, welche Menge an Tryptophan wirklich im Futter ist und wie viel davon tatsächlich im Gehirn ankommt?

Eigentlich ist die Sache gar nicht so kompliziert, und mein Anliegen ist es, den Blick wieder zurück auf das Wesentliche zu lenken. Es kommt nämlich vor allem auf eins an: eine angemessene Energie- und

Nährstoffversorgung – ganz allgemein, aber auch gerade dann, wenn ein Hund Selbstbeherrschung lernen soll. Ob die Nahrung, die das ermöglicht, nun Trocken-, Nass- oder Rohfutter ist, wird zur Nebensache. Der Hund hat jahrtausendelang Essensreste des Menschen gefressen und ist damit meist glatt durch alle Lebenslagen gesegelt. Seine Rolle als Kulturfolger, der sich immer wieder dem Menschen und auch seiner Nahrung anpasst, hat ihn sogar überhaupt erst zum Hund werden lassen – und nun soll auf einmal alles so kompliziert sein? Ich bin der Meinung, dass der Glaubenskrieg ums Hundefutter eine logische Folge daraus ist, dass auch unser Menschenfutter zu einer hochkomplizierten Angelegenheit geworden ist. Veganismus und andere Ernährungsstile werden angesichts einer profitgesteuerten Lebensmittelindustrie zur Ersatzreligion; Menschen definieren sich über ihre Unverträglichkeiten, Adipositas- und Diabeteszahlen schießen in die Höhe, aber zugleich finden Produkte wie Currywurst aus dem Kühlregal reißenden Absatz – hat da noch jemand Fragen? Das ist natürlich verkürzt dargestellt und ein bisschen polemisch, aber manchmal täte es einfach gut, die Kirche im Dorf zu lassen. Denn auch bei uns Menschen geht es doch eigentlich nur darum, dass wir die richtige Menge an Energie aus gesunder Nahrung haben. Wer sich wenig bewegt, braucht weniger Energie. Wer körperlich arbeitet, braucht mehr. Und gut schmecken darf es natürlich auch noch – fertig.

Energie für Körper und Geist

Genauso braucht auch dein Hund Energie für alle Körperfunktionen. Bereits Kreislauf, Atmung, Verdauung und Wärmeregulierung brauchen Energie; noch mehr braucht er im Wachstum, in der Schwangerschaft oder während die Welpen gesäugt werden. Ein wesentlicher Faktor ist natürlich Bewegung. Bewegung erfordert Energie, und deshalb brauchen Arbeits- und Sporthunde für Muskelaktivität, Kreislauf, Atmung und hohe kognitive Leistungen mehr als Hunde, die nur einmal am Tag um den Block laufen und geistig wenig gefordert sind.

Wie viel Energie ein Hund braucht, ist aber auch individuell sehr unterschiedlich: Lebhafte, agile Hunde haben einen höheren Bedarf als ruhige, gemächliche; auch manche Rassen haben einen abweichenden Energiebedarf. Zudem spielt das Lebensalter eine Rolle. Je älter ein Hund wird, desto geringer wird sein sogenannter Erhaltungsbedarf, also der Energiebedarf, mit dem er gesund bleibt und nicht abnimmt. Das liegt daran, dass ältere Tiere meist ruhiger und insgesamt weniger aktiv werden. Junge Hunde im Wachstum haben einen höheren und teilweise sehr schnell steigenden Bedarf. Kranke Hunde benötigen unter Umständen eine höhere Energiezufuhr, und auch Hunde mit einem Trauma können durch die psychische Belastung mehr Energie brauchen als gesunde (Zentek 2016, 210). Sogar Umweltbedingungen wie hohe Temperaturen oder Luftfeuchtigkeit haben Auswirkungen auf den Energiebedarf. So nimmt ab etwa 30 Grad der Energieaufwand zur Regulation der Körpertemperatur durch Hecheln zu (Zentek 2016, 66). Hunde, die ihre Selbstbeherrschung noch erlernen, haben ebenfalls einen erhöhten Energieaufwand. Ein hungriger Hund hat es dabei schwerer, selbstbeherrscht zu agieren, weshalb es sinnvoll sein kann, Selbstbeherrschung nicht nur mit einem ausgeruhten, sondern auch mit einem satten Hund zu üben. Denn: »Je anspruchsvoller der kognitive Prozess, desto stärker wird er durch das Fehlen der Energie beeinträchtigt.« (Miller 2014, 57)

Fett

Am meisten Energie liefert Fett. Im Vergleich: Fette haben einen Brennwert von etwa 39 kJ pro Gramm, Proteine bis zu etwa 24 kJ/g, Kohlenhydrate nur etwa 17 kJ/g (Zentek 2016, 62). Sie sind ein unverzichtbarer Brennstoff für das System, denn sie enthalten essenzielle Fettsäuren und Vitamine und sie spielen außerdem eine wichtige

Rolle beim Speichern von Energie. Fette wurden in der menschlichen Ernährung lange zu Unrecht verteufelt. Fett war irgendwie böse, bis heute werden fettarme und -freie Produkte als besonders gesund vermarktet. Davon sollten wir uns – gerade was das Hundefutter betrifft – dringend freimachen. Hochwertiges Fett ist nicht böse, sondern wichtig für die Gesundheit des Hundes, weil es den Brennwert der Nahrung erhöht.

Protein (Eiweiß)

Protein, auch Eiweiß genannt, ist unverzichtbarer Bestandteil der Körperzellen und spielt eine wichtige Rolle bei Stoffwechselprozessen. Ohne die im Protein enthaltenen, essenziellen Aminosäuren kann der Hund nicht leben. »Gutes« Protein zeichnet sich durch die Aminosäuresequenz, also ihre kettenförmige Zusammensetzung, den Gehalt an essenziellen Fettsäuren und durch die präzäkale Verdaulichkeit aus (von lat. Caecum Zäkum: vor dem Blinddarm). Damit ist der Anteil des Proteins gemeint, das im Dünndarm verdaut wird. Hochwertige Proteinquellen haben also eine hohe präzäkale Verdaulichkeit. Allerdings kann die Verwertung des Proteins im Futter auch von anderen Inhaltsstoffen im Futter beeinflusst werden, zum Beispiel durch Kohlenhydrate, und auch durch die Verarbeitung schwanken (Zentek 2016, 71). Um den Eiweißbestand im Organismus konstant zu halten, sollte das Futter durchgängig hochwertiges Protein enthalten.

Kohlenhydrate

Kohlenhydrate sind, wie beschrieben, für den Hund nicht essenziell, das heißt, er muss keine Kohlenhydrate zu sich nehmen. Eine Ausnahme bilden trächtige und säugende Hündinnen, wenn sie zu wenig Proteine aufnehmen, um durch Glukoneogenese selbst Glukose produzieren zu können (Zentek 2016, 63). Kohlenhydrate, beziehungsweise der in ihnen enthaltene Zucker, beeinflussen auch in größeren

Mengen nicht oder kaum die Verdaulichkeit von Fetten – aber die Verdaulichkeit der so wichtigen Proteine. Je nach Beschaffenheit der Stärke in kohlenhydrathaltigem Futter sinkt die Proteinverdaulichkeit um bis zu 20 Prozent. Das ist vor allem dann der Fall, wenn die Proteinverdauung statt wie überwiegend im Dünndarm ersatzweise im Dickdarm stattfindet und die Proteine hier nicht wie im Dünndarm durch Enzyme, sondern durch starke Fermentation mittels Bakterien verdaut werden. Dabei werden zudem Ammoniak und andere Stoffe frei, die bei der Entgiftung die Leber belasten können (Zentek 2016, 56 f.). Es wird also deutlich, dass der Hund durch seine Anpassung an den Menschen durchaus Kohlenhydrate verdauen kann – notwendig ist es aber nicht. Entscheidend im Hundefutter sind vielmehr hochwertige Proteine und Fette.

Individuelle Ernährungsberatung

Problematisches Verhalten im Bereich der Selbstbeherrschung hat in den seltensten Fällen nur eine einzige Ursache. Doch meist spreche ich auch das Thema Ernährung gegenüber Menschen an, die mit einem verhaltensauffälligen Hund zur Beratung kommen. Mein erster Rat lautet meist: Guck dir deinen Hund an! Damit lade ich den Menschen ein, seinen Hund umfassend wahrzunehmen, sozusagen mit Augenmaß, aber auch mit allen anderen Sinnen. Welchen optischen Gesamteindruck macht er: Ist er gut in Form, nicht zu dick und nicht zu knochig? Strahlen seine Augen? Wie fühlt er sich an, wenn du ihn anfasst: Welche Beschaffenheit hat sein Fell, hat er feste Muskeln? Wie riecht der Hund, wie riechen seine Ausscheidungen? Wie schätzt du seine Aktivität ein: Ist er ein besonders temperamentvoller Hund? Die Hektik in Person oder ruhig und ausgeglichen? Wie ist seine Leistungsbereitschaft? Hat er genug Energie, um das zu leisten, was er soll? Überhaupt sein Verhalten: Empfindest du den Hund als aufmerksam? Lässt er sich leicht ablenken? Und auf der emotionalen Ebene: Wie steht es um seine Laune und seine Ausstrahlung? Was spürst du in Bezug auf den Hund und seine Selbstbeherrschung?

Wenn du noch nicht viele Erfahrungen gesammelt hast, fällt es dir vielleicht noch schwer, dich auf dein Gespür zu verlassen. Dann darfst du dir auch beim Thema Ernährung Unterstützung holen. Natürlich kann sich jeder Hundehalter auf eigene Faust ins Thema einarbeiten. Aber das ist nicht mal eben geschehen, vor allem, weil man den tatsächlichen Energiebedarf eines Hundes nicht berechnen kann. Wie wir gesehen haben, unterliegt er immer individuellen Faktoren, und auch die Gültigkeit der Angaben auf den Hundefutterpackungen ist absolut nicht in Stein gemeißelt. Der Bedarf muss für jeden Hund neu austariert und angepasst werden. Und das gilt natürlich bei der Fütterung von Rohfutter erst recht.

Ich empfehle deshalb grundsätzlich, bei jedem Hund, der sich mit Unruhe, Reizbarkeit, Nervosität oder Schlaflosigkeit auffällig zeigt, nicht irgendwie planlos herumzudoktern, sondern eine individuelle Ernährungsberatung in Anspruch zu nehmen, um das Thema Ernährung professionell und kritisch zu durchleuchten. Ein Ernährungsberater oder eine -beraterin erstellt unter Berücksichtigung der Rasse, des Alters, der Persönlichkeit, der körperlichen Auslastung, der Vorgeschichte mit eventuellen Krankheiten und weiterer Faktoren eine individuelle Rationsberechnung mit Fütterungsempfehlung. Das Ziel ist es, Defizite zum Beispiel an Mineralstoffen und Vitaminen zu vermeiden und insbesondere ein gutes, persönlich stimmiges Verhältnis an Eiweiß und Fetten im Futter zu erreichen.

Ausgewogenheit und individueller Bedarf

Bei Hunden, die sich Selbstbeherrschung durch Lernen erschließen müssen, gilt es, erstmal Ausgewogenheit herzustellen und sicherzugehen, dass der individuelle Energiebedarf gedeckt ist. Flankierend rate ich, die anderen beeinflussenden Faktoren in den Blick zu nehmen. Hat der Hund Stress? Hat er genügend Schlaf und Möglichkeiten zur Regeneration? Bewegt er sich in angemessener Menge? Ist er körperlich gesund – und wird er vom Menschen in seiner Selbstbeherrschung gefördert? Erst wenn diese Einflussgrößen im Einklang sind und der Hund immer noch über die Maßen unruhig ist, kann man überlegen, ob seine Selbstbeherrschung mit gezielter Gabe von sorgfältig ausgewählten Kohlenhydraten beeinflusst werden kann – aber meiner Meinung nach wirklich auch erst dann, und zwar schrittweise und planvoll, nach einem mit der Ernährungsberaterin abgestimmten Plan. Eine Nahrungsumstellung kann eine Möglichkeit sein, Impulsivität zu beeinflussen und den Hund besser für Erziehungsansätze erreichbar zu machen. Kohlenhydrate können dabei eine Option sein, das Erlernen von Selbstbeherrschung auf den Weg zu bringen.

Einem verhaltensauffälligen Hund kann es zum Beispiel helfen, wenn er mit zeitlichem Abstand nach der Verfütterung von Proteinen noch ausgewählte Kohlenhydrate bekommt, um die Aufnahme von Tryptophan zu steuern. Kohlenhydrathaltige Nahrung hat zwar selbst weniger Tryptophan als viele Proteine, doch das Verhältnis von Tryptophan zu Tyrosin ist günstig. Zusätzlich wird mehr Insulin produziert, das alle Aminosäuren außer Tryptophan bindet. Das Tryptophan gelangt dann gewissermaßen ohne Konkurrenz leichter durch die Blut-Hirn-Schranke (O'Heare 2009, 54 f.). Ein gesunder Hund, der im Rahmen der normalen Erziehung Selbstbeherrschung lernen kann, braucht all das meiner Erfahrung nach nicht, wenn er ausgewogen und seinem Energiebedarf entsprechend ernährt wird.

Krankheiten

Hunde brauchen Zuwendung und soziale Kontakte innerhalb von hierarchischen Strukturen. Sie sollen Beziehungen und Bindungen zu Artgenossen, aber auch zum Sozialpartner Mensch eingehen können, um emotional zu gedeihen, und ihre körperlichen Bedürfnisse nach angemessener Nahrung und Bewegung müssen erfüllt sein. Auf diese Faktoren haben wir unmittelbaren Einfluss. Trotzdem kommt es zu Problemen, und oft ist es alles andere als einfach, eine schwache Selbstbeherrschung von einer krankhaften Störung abzugrenzen. Dieses Kapitel gibt Anstöße, wo man ansetzen kann, wenn Erziehung und Training nicht weiterführen.

Vom Leidensdruck

Manchmal kommen Hundehalter zu mir, die richtig verzweifelt sind. Sie sind mit ihrer Weisheit am Ende, denn das Verhalten ihrer Hunde beeinträchtigt alle Ebenen des Lebens. Manche Mensch-Hund-Beziehungen sind sogar ganz erheblich getrübt. Diese Menschen schwanken zwischen Überforderung, Verunsicherung, ob sie etwas falsch machen, und der Sorge, ob der Hund vielleicht ernsthaft krank ist. Einen gesunden Hund wünschen sich alle Hundebesitzer – logisch. Doch die Schwierigkeit ist: Manche krankhaften Verhaltensauffälligkeiten ähneln einer schwachen Selbstbeherrschung. Die Grenzen verlaufen mitunter fließend und gerade für Laien, aber auch für Trainer und Tierärzte kann es schwierig zu entscheiden sein, was »noch normal« ist und was krankhaft.

Das eine Kriterium ist das Wohlergehen des Hundes. Leidet der Hund selbst unter seinem Verhalten und dessen Auswirkungen? Oft ist das gar nicht so einfach zu beantworten. Das andere Kriterium ist noch individueller: das subjektive Problemempfinden des Menschen.

Die Frage, welches Verhalten deines Hundes eine Störung ist, hängt nämlich auch noch davon ab, was dich überhaupt stört. Mancher Hund zeigt wirklich ein äußerst merkwürdiges Verhalten, doch wenn sich sein Mensch darauf eingestellt hat und der Hund nicht offensichtlich leidet, hat der Mensch keine Veranlassung, etwas an der Situation zu verändern.

Die entscheidende Frage ist also die nach dem Leidensdruck auf beiden Seiten der Mensch-Hund-Beziehung. Stört dich das Verhalten deines Hundes so sehr, dass du das Gefühl hast, es muss etwas passieren? Vermutest du auch nur im Ansatz, dass dein Hund selbst leidet? Dann geh los und such nach einer Lösung.

Der erste Weg auf der Suche nach Antworten, wenn du ein krankhaftes Verhalten vermutest, führt zur Tierärztin beziehungsweise zum Tierarzt deines Vertrauens. Der Hund sollte einmal gründlich durchgecheckt werden, zum Beispiel um sicherzustellen, dass er in Bezug auf den Bewegungsapparat und an seinen inneren Organen schmerzfrei ist. Schmerzfreiheit ist die Grundlage für gesundes Verhalten. Wenn das geklärt und alles in Ordnung ist, kannst du weitersuchen.

Krankhafte Störungen versus mangelnde Selbstbeherrschung

Weiter vorne habe ich erklärt, warum ich bei meiner Arbeit mit Hunden meist von Selbstbeherrschung spreche und nur selten von Impulskontrolle. Darauf möchte ich hier noch einmal eingehen.

Impulskontrolle begreife ich als Teilbereich der Selbstbeherrschung. Der Begriff der Impulskontrolle wird sozusagen mitgedacht, wenn es um Selbstbeherrschung geht, und meist genau dann, wenn eine Störung vorliegt. Diese nennt man dann Impulskontrollstörung – und eine echte Störung der Impulskontrolle ist etwas anderes als ein Hund, der im Bereich der Selbstbeherrschung noch etwas lernen darf.

Das ist verwirrend, denn dieser eigentlich medizinisch-psychiatrisch geprägte Begriff Impulskontrolle wird auch umgangssprachlich verwendet, gerade in der Hundeszene. Eigentlich hat er sich hier zu Unrecht eingeschlichen, denn mangelhafte Impulskontrolle im ursprünglichen Sinne gehört zu den Störungen und Krankheiten. Worum geht es dabei genau?

Impulskontrollstörung

Echte Impulskontrollstörungen liegen vor, wenn ein Zustand innerer Anspannung durch impulsive und nicht kontrollierbar ausgeübte Handlungen ausgelöst wird. Solche meist sehr auffälligen Störungen, die den Hund selbst und seine Beziehung zu anderen Hunden und Menschen stark beeinträchtigen kann, gelten als krankhaft. So wird Impulskontrolle als Begriff in der ICD verwendet, der internationalen Klassifikation der menschlichen Krankheiten und Gesundheitsprobleme der Weltgesundheitsorganisation WHO. Die in der ICD-10 aufgeführten Störungen der Impulskontrolle werden als »deutliche Abweichungen im Wahrnehmen, Denken, Fühlen und in den Beziehungen zu anderen« beschrieben. Die Verhaltensmuster beziehen sich auf »vielfältige Bereiche des Verhaltens und der psychologischen Funktionen« und gehen oft mit »gestörter sozialer Funktionsfähigkeit einher«. Sie sind »durch wiederholte Handlungen ohne vernünftige Motivation gekennzeichnet, die nicht kontrolliert werden können und die meist die Interessen des betroffenen Patienten oder anderer Menschen schädigen« (ICD-10 F63.- nach http://www.icd-code.de/icd/code/F60.3-.html). Das impulshafte Verhalten der Betroffenen kann ganz unterschiedlich sein, etwa krankhaftes Spielen oder Stehlen, krankhafte Brandstiftung oder krankhaftes Haarezupfen.

Auch andere Verhaltensauffälligkeiten, etwa die emotional instabile Persönlichkeitsstörung, gegliedert in den impulsiven Typus und den Borderline-Typus, äußern sich durch unkontrolliertes, impulshaftes Verhalten. Laut ICD-10 agieren die Betroffen Impulse ohne Berücksichtigung von Konsequenzen aus und neigen zu unvorhersehbarer und launenhafter Stimmung sowie emotionalen Ausbrüchen (http://www.icd-code.de/icd/code/F60.3-.html).

Mit anderen Worten: Impulskontrollstörungen in diesem krankhaften Sinne sind eine ernsthafte Beeinträchtigung und sie gehen mit sehr unterschiedlichen Erkrankungen einher, die schon beim Menschen nur von spezialisierten Fachleuten zu diagnostizieren sind. Beim Hund ist die Diagnose umso schwieriger, weil er nicht sprechen kann. Anders als beim Menschen können Hundetherapeuten oft noch nicht auf standardisierte Testverfahren und Diagnosemethoden zurückgreifen, weil die Disziplin noch sehr jung ist. Sie müssen sich häufig darauf beschränken, das Verhalten des Tieres zu beobachten und die Hinweise der Halter einzubeziehen.

Der Bedarf an solchen Fachleuten steigt, denn Hunde haben nicht nur Impulskontrollstörungen, sondern sie können auch unter Traumata leiden, verhaltensbezogenes Suchtverhalten zeigen und andere schwerwiegende psychische Erkrankungen haben. Über die Gründe kann man nur spekulieren. Einerseits steigt die Zahl der psychisch erkrankten Menschen, Belege für einen Zusammenhang gibt es allerdings nicht. Andererseits nehmen wir häufiger als früher Hunde aus dem Tierschutz und auch aus dem Ausland auf, die noch vor wenigen Jahrzehnten eingeschläfert worden oder auf irgendeiner Müllhalde gelandet wären. Wenn wir uns dieser Hunde annehmen, müssen wir uns auch mit ihren möglicherweise schwerwiegenden Problemen auseinandersetzen, die sie aus ihren früheren Erfahrungen oder Verletzungen mitbringen – auch das gehört zu einer verantwortungsvollen Mensch-Hund-Beziehung. Im Folgenden gebe ich einen Überblick über die Richtungen, in die wir bei einer krankenden Selbstbeherrschung auch denken dürfen.

Trauma

Das Thema Trauma ist ein komplexes und facettenreiches Gebiet. Das Forschungsfeld ist noch relativ jung, gerade in Bezug auf Hunde. Insofern werden viele Ergebnisse unter Vorbehalt aus der Humanmedizin und -psychologie abgeleitet. Eine gewisse Übertragbarkeit zeigt sich in der Tatsache, dass viele Erkenntnisse, die wir heute über das menschliche Gehirn und die Psyche haben, auf Tierversuchen unter anderem mit Hunden beruhen. Die Reaktionen von Hunden nach belastenden Erlebnissen ähneln zudem denen von Menschen mit einer Traumatisierung. Entscheidend in Bezug auf Diagnose und Therapie ist jedoch immer eine Einzelfallbewertung. Der folgende Abschnitt bietet lediglich einen ersten Einstieg ins Thema.

Was ist ein Trauma, was nicht?

Das Wort Trauma stammt aus dem Griechischen und bedeutet »Wunde« oder »Verletzung«. In der Medizin ist damit eine Verletzung jeglicher Art gemeint, etwa durch einen Schlag oder Unfall. In Abgrenzung dazu ist manchmal von einem Psychotrauma die Rede, wenn es um eine psychische Verletzung geht. Häufig wird jedoch meist einfach der Begriff Trauma verwendet, wenn eine seelische Verletzung gemeint ist (Hantke/Görges 2012, 53). Umgangssprachlich kommt der Begriff Trauma auch für alle möglichen erschreckenden Erlebnisse zum Einsatz.

Sehr vereinfacht gesagt, ist ein Trauma eine nicht verarbeitete, extreme Stresssituation. Für den genauen Zusammenhang vergegenwärtigen wir uns noch einmal, dass der Körper verschiedene Reaktionen auf extremen Stress kennt. Das Ziel ist immer das Überleben, seine Strategien sind danach ausgerichtet, in einer konkreten Situation seine Haut zu retten und für künftige Gefahrensituationen entsprechende Erkenntnisse daraus zu ziehen (Scaer 2014, 35). Dazu setzt der Körper die Mechanismen »fight or flight« – Kampf oder

Flucht – ein. Wenn beides nicht möglich ist, kann der Körper als ultimative Überlebensstrategie aber auch noch einen letzten Trumpf ziehen: das Erstarren (engl. to freeze). Sämtliche Spannung, die der Körper zuvor verzweifelt eingesetzt hat, wird eingefroren: »Es ist, als ob das Gehirn sich sagt: Ich bringe den Organismus nicht erfolgreich aus der Situation heraus, und ich kann den aggressiven Reiz nicht äußerlich niederringen – also muss ich genau dies intern tun: Ich mache den aggressiven Reiz unschädlich und erlaube dem Organismus, sich innerlich davon zu distanzieren.« (Huber 2012, 43)

Kampf und Flucht sind damit also Reaktionen, die das Individuum vor einer Traumatisierung bewahren können. Die Erfahrung ist dann immer noch sehr belastend, aber sie wirkt nicht zwangsläufig traumatisierend (Huber 2012, 41). Der Zustand nach diesem erfolgreich entronnenen Stresserleben wird als »akute Belastungsreaktion« bezeichnet, dem eine notwendige Erholungsphase folgt. Deshalb führt auch nicht jeder starke Stress zu einer Traumatisierung. Zum Trauma kommt es in einer Situation real erlebter Auslieferung an eine Gefahr, in einer Extremsituation, die alle Bewältigungsstrategien überfordert. Das geht mit großer Hilflosigkeit einher, denn instinktiv weiß man, dass die Situation lebensbedrohlich ist. Mit dem Erstarren sind die Chancen, zu überleben, höher. Ist das Individuum dem Tod entronnen, lockert sich die Erstarrung. Wie stark diese ist und wie lang sie anhält, kann von der Intensität und Dauer des vorangegangenen Ausnahmezustands und der Intensität der Fluchtversuche abhängen (Scaer 2014, 71). Das Individuum ist dann motorisch eingeschränkt und weniger schmerzempfindlich. »Wenn Tiere die Erstarrungsreaktion überleben, findet bei ihnen in der Phase des ›Aufwachens‹ eine unbewusste ›Entladung‹ der gesamten Energie […] statt.« (Scaer 2014, 54) Das Gleiche gilt für Menschen: Die eingefrorene Spannung entlädt sich, womit sie quasi die Erstarrung und damit das Erlebnis zum Abschluss bringt. Die Spannung geht nach und nach in ein lösendes Schmelzen über. Zum Trauma kommt es hingegen, wenn das Erstarren aus einer Stresssituation keine Auflösung findet.

Der Hintergrund ist wieder das Prinzip der Homöostase: Der Körper will den Ausnahmezustand und die Erstarrung beenden, denn er strebt stets nach innerer Balance, auch im Sinne von Anspannung und Entspannung. Der Prozess der Verarbeitung eines schlimmen Erlebnisses beinhaltet also das Abbauen dieser Spannung und die Wiederherstellung der Balance. Gibt es keinen Prozess der Verarbeitung, keinen Spannungsabbau, verharrt der Körper im Zustand der Erstarrung und meldet seine Reaktion auf die akute Belastung der traumatischen Situation wie ein Dauerfeedback an das Unbewusste. Das kann ein Leben lang bestehen bleiben, denn je größer das Ausmaß an Zerstörung, das das Trauma im Leben des Individuums anrichtet, desto schwerer ist dem Schaden zu begegnen. Die Traumatisierung gleicht dann einem Dauerläufer, der bei allen Handlungen des Individuums mitläuft und die Selbst- und Fremdwahrnehmung beeinflusst. Die fortwährende Hilflosigkeit verhindert, dass sich die innere Erstarrung lösen kann, und hält den Status von Gefahr und Ausweglosigkeit aufrecht, auch wenn sich die Umstände längst geändert haben.

Wie entstehen Traumata?

Welche Ereignisse traumatisieren, ist individuell und sehr unterschiedlich. Das können zum Beispiel Naturkatastrophen, Unglücke, Unfälle, schwere Krankheiten, Verlust-, Vernachlässigungs- und Gewalterfahrungen sein. Unterschieden wird zwischen zeitlich begrenzten, einmalig traumatisierenden Situationen und wiederholt auftretenden oder sich über eine Zeitspanne hinziehenden Traumata. Aus der Art des Geschehens kann nicht unbedingt geschlussfolgert werden, ob es zu einem Trauma kommt oder nicht. Selbst wenn es zu unkontrollierbarem Stress gekommen ist, bedeutet das nicht zwangsläufig, dass der oder die Betroffene ein Trauma erleidet – siehe oben.

Prinzipiell gilt, dass »ein länger dauerndes Ereignis potenziell einen schwereren Schaden anrichtet als eines, das innerhalb von wenigen Sekunden vorbei ist« (Huber 2012, 75), wenngleich auch traumatischer Stress von kurzer Dauer zerstörerische Wirkung haben kann. Weitere Indikatoren dafür, dass die Verarbeitung eines Traumas schwer sein kann, sind die häufige Wiederholung, körperliche Verletzungen und Schmerzzustände. Gewalt zwischen Individuen ist tendenziell schwerer zu verarbeiten, als Unglücke oder Katastrophen, die durch höhere Gewalt ausgelöst werden, insbesondere, wenn der Gewalttäter ein naher Bekannter ist und damit ein Vertrauensverlust einhergeht. Außerdem gilt meist: »Wer sich keinen Reim auf das Erlebnis machen kann, steckt hinterher in größeren Schwierigkeiten als jemand, der dem Ereignis möglichst rasch danach eine Bedeutung [...] geben kann.« (Huber 2012, 76) Je stabiler das betroffene Individuum in seiner Persönlichkeit ist, desto leichter kann ein Trauma verarbeitet werden.

Wer von einem Trauma betroffen sein kann, ist nicht vorherzusehen. Es hängt von der Schwere des Ereignisses ab, in erster Linie aber vom individuellen Erleben und der Bewertung des Geschehens. Die Bewertung wird von der Persönlichkeit, der Biografie und vielen anderen individuellen Faktoren beeinflusst. Wichtiger als eine Bewertung des Ereignisses von außen ist aber immer der Blick auf das Individuum und seine Möglichkeiten zur Bewältigung. Das Leiden von traumatisierten Individuen ist kein Zeichen von Schwäche oder für mangelhafte Bewältigungsstrategien. Der Organismus setzt vielmehr alles daran, das Erlebnis zu verarbeiten. Das schließt das Bedürfnis und das Bemühen ein, neue Strategien zu entwickeln. Einerseits, um niemals wieder der erlittenen oder einer ähnlichen Situation ausgesetzt zu sein, zum anderen aber auch, um die seitdem mühsam aufrechterhaltene Sicherheit um (fast) jeden Preis zu bewahren – mit Folgen für den gesamten Organismus.

Traumareaktionen und -folgen

Ist das akut-traumatische Erlebnis vorbei, ist die Stresseinwirkung noch nicht beendet. Die schwere Belastung versetzt das Stresssystem in einen dauerhaften Ausnahmezustand und hat in der Folge auch physische Auswirkungen. Wir erinnern uns: Unkontrollierbarer Stress wirkt zerstörerisch auf die neuronalen Verschaltungen im Gehirn, mit Auswirkungen insbesondere auf Gehirnregionen des Kortex und des limbischen Systems. Anders als bei kontrollierbarem Stress kann diese Destabilisierung nicht dazu genutzt werden, neue, alternative Vernetzungen aufzubauen. Stattdessen bewirkt die traumatische Erfahrung die Auflösung von zuvor funktionierenden Mechanismen zur Bewältigung. Die schlimmen Erlebnisse können nicht angemessen einsortiert und als nützliche Lernerfahrung verwendet werden. Es geht also vor allem um das »Erleben nach dem Erleben« (Hantke/Görges 2012, 54), wenn einem Individuum etwas zustößt, das er in einer Situation nicht verkraften kann. Huber formuliert anschaulich: » [...] der ganze Organismus ›schwingt‹ noch nach und gerät immer wieder in die traumanahe Physiologie« (Huber 2012, 69). Der Organismus steckt nach einem traumatischen Ereignis in einer Zwickmühle: Einerseits sollen Seele und Körper nach der riesigen Belastung geschont werden, auf der anderen Seite soll das Ereignis aber auch verstanden, eingeordnet und verarbeitet werden.

Posttraumatische Belastungsreaktion durch Trigger: Nach einem traumatischen Erlebnis kann es zu sogenannten Posttraumatischen Belastungsreaktionen kommen. Teil solcher Reaktionen sind eine »Vielzahl unangemessener und ineffektiver, vermeintlich überlebenssichernder Verhaltensweisen« (Scaer 2014, 54), die für Außenstehende oft gänzlich unverständlich sind. Typische Kennzeichen sind das bewusste oder unbewusste Wiedererleben der belastenden Situation, meist durch einen bestimmten Auslöser »getriggert«. Alles, was über die diversen Sinneskanäle an die traumatische Erfahrung erinnert, kann nun zur Folge haben, dass das Notfallprogramm aus der tatsächlichen Situation wieder anläuft, inklusive der damit verbundenen Gefühle. Die Betroffenen erfahren dies als eine automatische Reaktion und fühlen sich ähnlich ausgeliefert und hilflos wie in der ursprünglichen Situation: »Das Erleben aus der unverarbeiteten Situation stülpt sich über das Erleben heute.« (Hantke/Görges 2012, 68) Die Betroffenen haben keine Möglichkeit, die Situation zu steuern, erneut geht es ums Überleben. Das Wiedererleben ist wie ein Versuch des Organismus, das Geschehene zu verarbeiten, das sich oft nur in Bruchstücken und »unterschiedlichen Wahrnehmungsqualitäten« in »Gehirn, Muskeln, Gefühl und Körpererleben gespeichert« hat (Hantke/Görges 2012, 101). Eine andere typische Reaktion ist die Vermeidung der Trigger, um nicht wieder in eine vergleichbare Situation zu gelangen. Die Trigger sind mit der erlebten Gefahr verknüpft und lösen bei Wahrnehmung eine heftige Alarmreaktion aus. Dies führt dazu, dass sich Betroffene erheblich einschränken müssen, um den Triggern aus dem Weg zu gehen, etwa durch Rückzug, Interessenverlust oder die Vermeidung von bestimmten sozialen Kontakten. Der Auslöser selbst wird zu einer Gefahr; man spricht auch von der »Angst vor der Angst«. Häufige Symptome sind zudem Schlafstörungen, Albträume, Flashbacks und Unruhe, besondere Wachsamkeit und Schreckhaftigkeit, Nervosität, Reizbarkeit und verminderte Konzentrationsfähigkeit.

Ständige Alarmbereitschaft: Obwohl die ursprüngliche Belastungssituation längst beendet ist, bleibt der Organismus in seiner Anspannung in Alarmbereitschaft, damit das Individuum sofort reaktionsbereit ist. Dieser Zustand ist sehr belastend, allein der gestörte Schlaf wirkt sich auf alle Lebensbereiche aus. Und was das für die Fähigkeit zur Selbstbeherrschung bedeutet, erschließt sich. Die Auswirkungen der Symptome ziehen ihr im wahrsten Sinne des Wortes den Boden unter den Füßen weg.

Ganz allgemein zeigen die Betroffenen eine veränderte Lebenseinstellung, die von Sorgen und Misstrauen geprägt ist. Auch harmlose Situationen werden als bedrohlich wahrgenommen, vermeintlich lauern überall Gefahren, weshalb die Betroffenen immer unter erhöhter Aufmerksamkeit gegenüber äußeren Reizen stehen. Sie neigen zu Überreaktionen durch Erregung und fahren schneller aus der Haut. Gleichzeitig leiden sie aber auch unter einem verminderten Antrieb.

Posttraumatische Belastungsstörung (PTBS): Nach einem Trauma zeigen die meisten Betroffenen eine Posttraumatische Belastungsreaktion. Viele können das Erlebte nach einer gewissen Zeit bewältigen und zu ihrer früheren Lebensqualität zurückfinden. Gelingt diese Verarbeitung jedoch nicht, werden die Reaktionen eher stärker als schwächer, und dauern sie länger als vier Wochen bis etwa drei Monate, spricht man von einer Posttraumatischen Belastungsstörung (PTBS). Drei Monate bilden den sogenannten Cut-off-Wert, also den Grenzwert, der in der psychologischen Diagnostik eine einfache Bewertung eines Ergebnisses ermöglicht (Huber 2012, 22). Ab diesem Zeitpunkt kann man davon ausgehen, dass sich eine chronische Verarbeitungsstörung manifestiert hat. Verwendet wird statt PTBS auch PTSD nach der englischen Bezeichnung Post-Traumatic Stress Disorder, der treffender beinhaltet, dass es um eine Störung der Stressverarbeitung, nicht eine Belastungsstörung geht (Huber 2012, 22).

Strategien für das Überleben: Symptome einer späteren PTBS zeigen sich meist schon innerhalb der ersten Stunden oder Tage nach dem Ereignis, manchmal treten sie aber auch erst deutlich verzögert auf (Ehring/Ehlers 2012, 19). Denn auch nach einem scheinbar überwundenen oder zunächst vergessenen Trauma können zum Beispiel ein

Geruch, ein Geräusch, ein Körperempfinden oder ein anderes Detail als Trigger wirken und nach Monaten oder Jahren dazu führen, dass das Individuum seine schlimmen Erfahrungen erneut durchlebt. Es erfährt dann »einen wahren Gefühlssturm« (Thomashoff 2014, 213), denn die Emotionen, die das alte Trauma begleitet haben, sind keineswegs vergessen. Sie bleiben »langfristig erhalten und können jederzeit hervorbrechen« (Thomashoff 2014, 214). Immerhin ging es um nicht weniger als das Überleben – die Amygdala (der Ort im Gehirn, der für Verknüpfungen von Emotionen mit Erinnerungen zuständig ist) vergisst nicht so leicht, solche erschütternden Ereignisse werden nicht einfach gelöscht. »Man spricht in diesem Fall von einem regelrechten ›Traumagedächtnis‹. Wieder macht das Sinn aus Sicht der Evolution. Denn wenn ein Trauma nicht bewältigt werden konnte, ist es hilfreich, beim nächsten Mal wachsamer zu sein, schneller auf Flucht oder Kampf vorbereitet zu sein« (Thomashoff 2014, 214), um einer erneuten Hilflosigkeit vorzubeugen. Nach außen hin scheint die Strategie wenig zielführend oder sogar widersprüchlich, denn für Außenstehende gibt es keinen erkennbaren Zusammenhang zwischen dem Gefühlssturm und der aktuellen – möglicherweise objektiv völlig harmlosen – Situation. Für die Betroffenen ist es doppelt problematisch, wenn zusätzlich zur eigentlichen Belastung der soziale Rückhalt durch das Umfeld wegbricht.

Auch eine erneute Traumatisierung kann dazu führen, dass eine PTBS ausbricht. Wenn nach wiederholtem Erstarren keine Auflösung folgt, kann es zu einer sich anhäufenden Wirkung kommen, die Symptome und das Gefühl der Hilflosigkeit bei Gefahren werden dann immer schlimmer (Scaer 2014, 76).

Schweres Leid: Gravierende, wiederholte oder besonders langanhaltende Traumatisierungen, zum Beispiel durch massive Gewalt in einer ausgelieferten Position oder Vernachlässigung in der Kindheit, kön-

nen zu einer komplexen Posttraumatischen Belastungsstörung führen. Die komplexe PTBS äußert sich nicht durch ein einheitliches
Krankheitsbild. Es gibt Überschneidungen mit anderen psychischen
Erkrankungen – darunter der »normalen« PTBS, Borderline-Persön-
lichkeitsstörung, Depressionen, Angst- und Panikstörungen. Deshalb
wird sie oft nicht oder verspätet festgestellt. »Sie hat viel mehr bedeutsame Symptombereiche als die ›einfache PTSD‹, nämlich Probleme
mit der Regulation von Gefühlen, […] Selbstverletzung, chronische
Empfindungen von Sinn- und Hoffnungslosigkeit bis hin zu immer
wiederkehrenden Suizidgedanken oder -impulsen. So mancher ›Le-
bensmüde‹ ist ein Mensch, der viel Gewalt durchlitten hat und daran
so leidet, dass das Gefühl, eine lebenswerte Zukunft zu haben, verschwunden ist. Und so manche Depressive ist eine Person, der man
im übertragenen Sinne, aber vielleicht auch fast wörtlich zu nehmen,
›das Rückgrat gebrochen hat‹.« (Huber 2012, 23 f.)

Auswirkungen auf allen Ebenen: Die Betroffenen der einfachen und
komplexen PTBS erleben Veränderungen im Bewusstsein und in der
Wahrnehmung des Selbst, haben Schwierigkeiten mit dem Erleben,
Denken und Fühlen, meist ein geringes Selbstwertgefühl und fassen
schwer Vertrauen. Selbst im Gehirn lassen sich strukturelle Veränderungen nachweisen (Scaer 2014, 36). Betroffene leiden unter Soma-
tisierungen, also körperlichen Beschwerden ohne organische Ursachen wie z. B. Schmerzen oder Verdauungsstörungen, aber auch
Erschöpfungszuständen. Außerdem haben sie häufig Probleme mit
Gefühlen wie Ärger und Wut. Ihre Fähigkeiten zur Selbstberuhigung
sind eingeschränkt, sie haben Schwierigkeiten, Impulse zu kontrollieren und reagieren in belastenden oder unangenehmen Situationen
unverhältnismäßig.

Um ihr Überleben zu sichern, entkoppeln manche Menschen die
traumatische Erfahrung aus ihrer Erinnerung. Sie haben kaum oder

keine Erinnerung daran und machen das Erlebnis so kontrollierbar. Allerdings hat das Nebeneffekte: »Bei manchen [Kindern] können bizarr anmutende oder gar selbstgefährdende Bewältigungsstrategien bis zur Zwanghaftigkeit gebahnt werden.« (Hüther 2003, 103) Dieses Verhalten ist letztlich nichts anderes als eine Bewältigungsstrategie fürs Überleben, die zumindest irgendwie funktioniert – ob sie nun konstruktiv oder destruktiv ist. Diese Strategien äußern sich in unterschiedlichen Störungsbildern.

Frühe Traumatisierungen

Besonders schwerwiegend ist ein traumatisches Ereignis, wenn es früh im Leben zu einem Zeitpunkt stattfindet, an dem das Gehirn noch nicht ausgereift ist. Betroffen sind dann insbesondere solche Bereiche, mit denen das traumatisierende Erlebnis kognitiv eingeordnet werden könnte, die aber noch nicht fertig ausgebildet sind. Die entsprechenden neuronalen Verbindungen sind noch nicht vorhanden oder zu schwach ausgebildet, was dazu führen kann, dass das Gehirn kaum eigene Mechanismen zur Bewältigung hat: »Die Amygdala ist dann schutzlos dem Erlebnis ausgeliefert. Die Erfahrung gräbt sich tief in sie ein, und es bildet sich eine ›namen- bzw. sprachlose‹ Furcht aus, die später auch in der Therapie nicht über bewusstes Wiedererleben aufgearbeitet werden kann« (Roth/Strüber 2017, 342). Bei Individuen, die ab der Kindheit unter starkem Stress stehen, hat dies offenbar auch Auswirkungen auf den Hippocampus, also den Bereich des Gehirns, der für die Speicherung neuer Lerninhalte zuständig ist. Dieser Bereich bleibt unter Umständen länger unterentwickelt, weil sich das Gehirn an den Ausnahmezustand der Amygdala gewöhnt und ansonsten gewissermaßen auf Sparflamme läuft (Huber 2012, 50). Die Bewältigung der empfundenen Gefahr hat Priorität, alle anderen Funktionen sind zurückstellt – die Ressourcen für eine gesunde Entwicklung fehlen. Zudem kann es zu einem Kindling-Phänomen (von engl. to kindle, etwas entzünden, anfachen) kommen: Die Erregungsschwelle sinkt so, dass die Stressverarbeitungs-Systeme im limbischen System übermäßig empfindlich werden [...] – ein Prozess, der sich verselbstständigen und auch ohne weitere Traumatisierung eine PTSD verstärken kann« (Huber 2012, 50).

Derart vernachlässigte Kinder erleben schwere seelische Verletzungen, die unter Umständen nie ganz heilen können. Manchmal können solche Kinder oberflächlich sozialisiert werden, doch ihr Bindungsverhalten nimmt oft bleibenden Schaden. Zu einer sicheren Bindungsrepräsentation sind sie möglicherweise nie in der Lage (Huber 2012, 88). Sie haben nicht erlebt, dass Bindung auf gegenseitigem Vertrauen beruht, unterstützend und liebevoll sein kann und sie haben eine grundsätzlich negative Erwartungshaltung gegenüber anderen Menschen und dem Leben im Allgemeinen. Denn woher sollen sie es auch wissen, wenn schon ihr Urvertrauen missbraucht wurde? Es gibt Hinweise darauf, dass Traumatisierungen in der frühen Kindheit das Individuum auch epigenetisch stark verändern und Einfluss auf die Persönlichkeit haben. Die schlimmen Erlebnisse setzen dann genetische Einflüsse außer Kraft und fördern dysfunktionale Persönlichkeitszüge, die lebensbedrohlich sein können (Scaer 2014, 43). Hier wird auch ein weiterer Zusammenhang deutlich: »Das Hauptkennzeichen der Persönlichkeitsstörungen [ist] die Störung der Beziehungsfähigkeit. Und: Zwischen 60 und über 90 Prozent der Persönlichkeitsstörungen haben Traumata, sehr häufig frühe Traumata, als Hintergrund.« (Huber 2012, 93)

Traumatisierte Hunde

Ein Hund kann sich zu seinen detaillierten Erinnerungen nicht äußern, und da wir nicht immer die ganze Biografie eines Hundes kennen, kann man zu den traumatisierenden Situationen oft nur spekulieren. Traumatische Erlebnisse bei Hunden können durch Unfälle, Nahrungsmangel oder den Tod der Mutterhündin entstehen, häufig sind auch Vernachlässigungssituationen und körperliche oder psychische Gewalterfahrungen durch Menschen. Es ist besonders tückisch, wenn dem Hund das Trauma durch seine Bezugsperson zugefügt wird – auf die positive Wirkung dieser Beziehung kann der Hund nach einem solchen existenziellen Bruch dann nicht mehr zurückgreifen. Er verliert damit auch das Gefühl der Zugehörigkeit (Hantke/Görges 2012, 96) – gravierend für ein soziales Wesen wie der Hund, weshalb es sich erheblich auf sein Bindungsverhalten auswirken kann (Huber 2012, 77).

Eine sorgfältige Diagnose: Wenn du den Verdacht hast, dass dein Hund traumatische Erfahrungen gemacht hat, such dir kompetente Hilfe für eine sorgfältige Diagnostik. Die Linderung der Folgen von Traumata ist oft ein langer Prozess, den du weder allein bewältigen musst noch wahrscheinlich kannst. Dass dein Hund jetzt bei dir ist und du aufmerksam für sein Leid bist, ist ein guter erster Schritt. Vielleicht kann sein Trauma nicht gänzlich heilen, doch gezielte Therapien durch Fachleute können helfen, das Leid zumindest zu verringern und ein weniger eingeschränktes Leben zu ermöglichen. Das Ziel sollte sein, die Entwicklung in eine konstruktive Richtung zu lenken und ein positives Grundgefühl zu etablieren. Nicht alle Traumatisierten zerbrechen an ihren Erfahrungen. Unverzichtbar sind gute und stabile soziale Beziehungen, denn Beziehung und Bindung geben Kraft und tragen zur emotionalen Sicherheit eines traumatisierten Individuums bei. Dabei spielt das Bindungshormon Oxytocin eine Rolle, das eine Überflutung durch das Stresshormon Kortisol gewissermaßen abfedert (Thomashoff 2014, 178 f.). Je mehr soziale Bindung das Individuum hat, desto besser, um das Ungleichgewicht im Stresssystem auszugleichen. Je früher dies passiert, umso größer sind die Chancen, dass das Individuum die als vordergründig zielführend erlernten Verhaltensmuster mit den belastenden Gefühlen wieder ablegen kann (Roth 2017, 399).

Ein stabiler Rahmen: Wichtig ist aber auch Erziehung, gerade wenn es sich um einen noch eher jungen Hund handelt, zumal diese mit Entwicklungsverzögerungen oder -rückschritten auf Traumatisierungen reagieren können. Erziehung fasst natürlich auch bei einem erwachsenen Hund. Er hat vielleicht Schlimmes erfahren, doch du solltest nicht aus Mitleid auf Erziehung verzichten, sondern mit Mitgefühl an Bord sein. Zugleich darfst du von einem traumatisierten Tier nicht erwarten, dich sofort als Hilfe wahrzunehmen; diese Hilfe musst du erst bieten.

Die Erziehung sollte auf Struktur und Verlässlichkeit abzielen. Rituale und Wiederholungen im Alltag helfen, einen stabilen Rahmen zu stecken, innerhalb dessen das Tier da abgeholt wird, wo es emotional steht. Jeder Schritt zur Stabilisierung ist ein guter Schritt. Mit Stabilisierung kann zunächst gemeint sein, dass das akute Leiden endet, sich eine Art von Linderung einstellt. Im Zusammenhang mit Traumata kann man das Geschehene schließlich nicht ungeschehen machen. Es ist unmöglich, die Erinnerung daran auszulöschen – aber man kann die Auswirkung hemmen, im positiven Sinn. »Das Motto lautet: Hemmung statt Ausradieren!« (Roth/Strüber 2017, 344) Das gelingt, wenn das Zusammenwirken der emotionalen und der kognitiv-steuernden Bereiche des Gehirns gestärkt wird. Das kann zur Folge haben, »dass der Patient sich selbst und die Welt auch kognitiv anders sieht und dann entsprechend anders denkt und handelt« (Roth/Strüber 2017, 344). Die Verarbeitung eines Traumas beginnt »nicht erst mit der Therapie, sondern mit jedem Schritt, der in Richtung Stabilität unternommen wird. Denn sobald der Ressourcenbereich sich weitet, größer und leichter verfügbar wird, werden auch körpereigene Informationen aus dem Trauma besser verarbeitet« (Hantke/Görges 2012, 108). Das schafft in der Regel erst die Möglichkeit für ein therapeutisches Vorgehen mit viel Zeit und Geduld. Jede Investition in das Erlernen und Üben von Selbstbeherrschung beinhaltet einen bedeutsamen Schritt zur Stabilität und der Verarbeitung eines Traumas. Das Ziel: Gelassen durch den Sturm und festen Boden unter die Pfoten bekommen.

Suchtverhalten

Ja, es gibt auch abhängige Hunde. Während ich persönlich noch keinen Hund mit einer stofflichen Sucht erlebt habe, also nach einer Substanz wie zum Beispiel Kokain, sind Hunde mit sogenannten stoffungebundenen Süchten gar nicht so selten. Ich weise hier darauf hin, dass heute statt von »Sucht« meist von »Abhängigkeit« die Rede ist. Da der Begriff Sucht allerdings in der Umgangssprache fest etabliert ist, verwende ich ihn auch hier.

Bei stoffungebundenen Süchten werden Verhaltensweisen zwanghaft ausgeführt. Ein relativ gängiges Beispiel sind Hunde, die danach süchtig sind, einem geworfenen Ball hinterherzurennen und ihn zum Menschen zurückzubringen, der ihn erneut wirft. Im Folgenden spreche ich von Bällen; weitere häufige Wurf- und Spielobjekte sind Stöcke, Reizangeln, Frisbees und vieles mehr, die nach dem gleichen Prinzip wirken.

Was passiert dabei im Gehirn des Hundes, dass er so auf ein Stück Kunststoff abfährt? Zunächst muss man zwischen natürlichem Verhalten wie Jagdverhalten und sogenanntem Objektspiel unterscheiden. Letzteres ist die Bereitschaft, sich intensiv und zum reinen Selbstzweck mit einem unbelebten Objekt zu befassen, es zu bewegen, benagen oder auch zu zerstören. Nicht alle Hunde besitzen dieses Interesse, und auch nicht jeder Hund tendiert dazu – je nach individueller Veranlagung. Ohne ein grundsätzliches Interesse am Objektspiel wird ein Hund aber nicht zum sogenannten Balljunkie.

Die Illusion einer guten Beschäftigung

Bei einem Balljunkie tritt das Objekt, also der Ball, an die Stelle einer komplexen, umfassenden Auseinandersetzung mit der lebendigen Umwelt. Statt sich sozial und kommunikativ mit dem Hund zu befassen, wirft der Mensch nämlich unreflektiert einen Ball – weil der Hund dabei doch so »glücklich« wirkt! Dabei handelt es sich nur um die Illusion einer hochwertigen Beschäftigung, bei der viele Hundehalter irrtümlich davon ausgehen, dass ihr Hund sie brauche, um sich ausgelastet zu fühlen, oder weil der Mensch den bequemen Weg geht. Tatsächlich sehen wir einen hochgepuschten, also überreizten Hund, der sich nur noch auf das fliegende Stück Kunststoff fokussiert. Deswegen spricht man hier von einer psychischen Fixierung: Die Konzentration ist so einseitig und eng auf wenige, stereotype Bewegungen begrenzt, dass man künstlich ein zwanghaftes Verhalten eintrainiert: immer wieder dem Ball hinterherzurennen, ihn zu holen und zu bringen – und wieder von vorn, in Dauerschleife. Manche Hunde äußern ihre andauernde hohe Erwartungshaltung sogar lautlich. Mit verschiedensten Lautäußerungen wie Bellen oder gar Schreien fordern sie den Menschen auf: Wirf endlich! Gib mir den Kick!

Echtes Spiel hat keine Verlierer

Die körperliche Belastung durch das schnelle Rennen und aufregende Fangen hat den Nebeneffekt, den Kreislauf stark anzukurbeln. Und nicht nur das: Das natürliche Empfinden für Hitze oder Spannung wird blockiert. Seinem Bedürfnis folgend, würde sich ein Hund bei Hitze in den Schatten legen, doch diese Wahrnehmung wird durch das Objektspiel blockiert. Ebenso ausgebremst wird das natürliche Bestreben nach Entspannung, also die Antwort auf die innere Anspannung der Aktion. Diese Dauerstresserfahrung – denn nichts anderes ist es – mit klar definiertem Ausgang (Ergreifen und Zurückbringen des Balls) hält das körpereigene Belohnungs- bzw. Erwartungssystem auf Hochtouren. Dort wird unter anderem Dopamin ausgeschüttet. Der so entstehende Rausch, der eigentlich auf der Jagd die Erfolgschancen des Beutegreifers erhöhen soll, hat hier keine sinnvolle Funktion. Denn es gibt keinen Kampf, es gibt kein Risiko – nur einen Ball, der aufgenommen und zurückgebracht wird. Die Situation ist geprägt von der Unerreichbarkeit des Ziels, der Unerfüllbarkeit des hundlichen Bedürfnisses. Es gibt auch kein wirkliches Ende, der Ball fliegt immer wieder weg, er lässt sich nicht gänzlich kontrollieren oder sichern. Dieses ständige Entziehen ist eine Komponente der sogenannten Fixierung: Der Hund erreicht mit seinem Tun nichts, der Ball fliegt immer wieder weg. Dabei reagiert der Hund auf das stimulierende Hochgefühl und konzentriert sich noch stärker auf sein Bestreben, dieses unkontrollierbare Objekt endlich zu besitzen. Das zwanghafte Tun selbst wird die Belohnung. Der Stresspegel steigt, der Organismus wird psychisch und physisch belastet statt stabilisiert und erfährt keine Regeneration. Echtes Spiel – wir erinnern uns an das Kapitel zur Welpen- und Junghundeentwicklung – hat genau das Gegenteil zum Ziel: Kommunikation, Selbsterfahrung, Neugier und Empathie auf einer lockeren, ungezwungenen Ebene; Selbstentfaltung, Regulation und Selbstbeherrschung. Echtes Spiel hat keine Verlierer.

Der geworfene Ball mit seiner konkreten Aufgabenstellung (fangen und zurückbringen) bewirkt genau das Gegenteil. Er reduziert den Hund auf seine Sucht und lässt seine sozialen Fähigkeiten verkümmern, was sich auch in seinem Verhalten äußert. Auch die Möglichkeiten zur gesunden Wahrnehmung, einer entspannten Aufmerksamkeit und einer offenen und angemessenen Bewertung der Umwelt verändern sich. Für manche Balljunkies wird das gemeinsame Interesse am Ball zur einzigen kommunikativen Ausdrucksmöglichkeit gegenüber einem Menschen. Damit ersetzt der Rausch soziale Beziehungen und Kontakterfahrungen. Bei einem heranwachsenden Hund kann dies zu einer Entwicklungsstörung im Bereich der Selbstbeherrschung führen.

Trügerisches Unterfangen

Natürlich ist nicht jedes Ballspiel die Ausdrucksform eines süchtigen Hundes. Doch viele Menschen haben ihrem Hund über das exzessive Objektspiel die Sucht geradezu antrainiert, ohne dies überhaupt zu wissen. Spätestens jetzt gilt es, den vermeintlichen Spaß, den man selbst, aber insbesondere der Hund, an der Sache hat, kritisch zu hinterfragen. Was hier passiert, ist trügerisch, birgt ein Risiko in sich und ist längst kein Spiel mehr. In der Folge kann es den Hund krank und damit im schlimmsten Fall gefährlich machen. Das kann nicht im Sinne des Menschen sein. Stattdessen darfst du den Fokus auf das Entscheidende im Leben legen, mit dem Ziel, einen gelassenen Hund an deiner Seite zu wissen. Wie ausführlicher im Kapitel zur Welpen- und Junghundeentwicklung geschildert, ist es wichtig, den Hund von Anfang an präventiv im Blick zu behalten, wie er zum Beispiel auf Bewegungsreize reagiert, und unerwünschte Talente nicht noch extra zu fördern. Biete deinem Hund stattdessen Aktivitäten an, bei denen du unabdingbar als Sozialpartner einbezogen bist. Vielleicht überraschend, aber wahr: Auch Erziehung ist Beschäftigung für beide Seiten.

Eine passende Beschäftigung finden

In diesem Zusammenhang noch ein paar Worte zum Thema Langeweile. Manche Hunde sind schlicht unterbeschäftigt und suchen sich nach ihrem eigenen Gutdünken Beschäftigung. Ein bisschen Jagen zum Beispiel … Andere Tiere haben so viel Programm, dass sie gar nicht zur Ruhe kommen könnten, selbst wenn sie wollten. Wenn du alternative Beschäftigungsmöglichkeiten suchst, wirst du vermutlich schnell auf Mantrailing, ZOS® (Zielobjektsuche), Zughundesport, Apportieren und Ähnliches stoßen. Diese Beschäftigungen haben absolut ihre Daseinsberechtigung, denn viele Hunde und ihre Menschen sind sehr glücklich damit, zumal der Mensch hier als Sozialpartner einbezogen ist und die Beziehung so aktiv gestalten kann.

Doch bevor du in unreflektierten Aktionismus verfällst, überlege dir, was das Ziel der Beschäftigung ist. Aufgedrehten Hunden entspricht in aller Regel eher eine Beschäftigung, in der es um Ruhe, Koordination und Konzentration geht. Unterziehe auch euer bestehendes Programm einer Prüfung: Hat dein Hund vielleicht schon jetzt einen zu vollen Terminkalender? Dann darfst du es ruhiger angehen lassen. Suche nach einer Beschäftigung, die zu deinem Hund passt – und ganz nebenbei darf es natürlich auch etwas sein, das dir Spaß macht. Dein Ziel ist also eine artgerechte Beschäftigung in der richtigen Dosierung, die zu den Talenten und Potenzialen deines Hundes passt und zudem euch beiden gefällt. Es muss nicht immer hochambitioniert sein. Es geht auch einfach: Entgegen vieler Vorurteile ist zum Beispiel Spazierengehen eine tolle gemeinsame Beschäftigung, bei der Mensch und Hund gemeinsam, aber auch jeweils für sich Raum bekommen, die Umgebung mit allen Sinnen zu genießen. Dabei wird dem Hund ermöglicht, seine Umwelt wahrzunehmen, statt abgekapselt im Raum des Rausches zu sein.

ADHS

Nach der Geschichte aus dem Struwwelpeter, auch als das Zappelphilipp-Syndrom bekannt, steht ADHS für Aufmerksamkeitsdefizit-/Hyperaktivitäts-Störung. In der ICD-10 ist von hyperkinetischen Störungen die Rede: »Diese Gruppe von Störungen ist charakterisiert durch einen frühen Beginn, meist in den ersten fünf Lebensjahren, einen Mangel an Ausdauer bei Beschäftigungen, die kognitiven Einsatz verlangen, und eine Tendenz, von einer Tätigkeit zu einer anderen zu wechseln, ohne etwas zu Ende zu bringen; hinzu kommt eine desorganisierte, mangelhaft regulierte und überschießende Aktivität.« (F 90,-, nach http://www.icd-code.de) Bei etwa fünf Prozent der Kinder und Jugendlichen in Deutschland wurde diese Störung diagnostiziert. Die Bundeszentrale für gesundheitliche Aufklärung beschreibt ADHS als eine verminderte Fähigkeit zur Selbststeuerung mit folgenden Störungen: Aufmerksamkeits- und Konzentrationsstörungen, ausgeprägte körperliche Unruhe und starker Bewegungsdrang (Hyperaktivität) sowie impulsives und unüberlegtes Handeln. Nicht immer sind die betroffenen Kinder hyperaktiv, weshalb auch von ADS die Rede ist (Bundeszentrale für gesundheitliche Aufklärung 2014). Etwa zwei Drittel der Kinder mit ADHS zeigen neben diesen Kernsymptomen begleitende Verhaltensauffälligkeiten: Störungen des Sozialverhaltens, Angststörungen, Depressionen, Tic-Störungen oder Teilleistungsstörungen wie Lese-Rechtschreib-Schwäche. ADHS-Kinder haben oft heftige Wutanfälle, streiten sich mit Erwachsenen, ärgern andere Kinder und haben Schwierigkeiten, Vorschriften zu akzeptieren. Viele betroffene Kinder haben zudem Probleme mit der Grob- und Feinmotorik, also sowohl Bewegungen, die den ganzen Körper und das Gehen, Laufen und Springen betreffen, als auch feinere Bewegungen wie die Handfertigkeit und die Mimik.

Im Folgenden beziehe ich mich auf das aufschlussreiche Buch »Neues vom Zappelphilipp« von Hüther und Bonney (2016). Sie beschreiben die Symptome als alles andere als einheitlich, und sie umfassen »nahezu alles, was am Verhalten eines Kindes auffallen kann« (22). Bis heute gibt es keine ADHS-beweisende Diagnostik (111). Die Autoren geben auch zu bedenken, dass die ADHS-Symptomatik selten allein auftritt und die beobachtete motorische Unruhe, die gestörte Aufmerksamkeit und die mangelnde Impulskontrolle nur die »gemeinsame Endstrecke anderer zugrunde liegender Störungen und Fehlentwicklungen« sein könnten (108).

ADHS-Ursachen auf dem Prüfstand

Was die Ursachen betrifft, so wird heute vermutet, dass verschiedene Faktoren zusammenwirken. Zum einen scheint eine ererbte biologische Veranlagung von Bedeutung zu sein, zum anderen wirken ungünstige Startbedingungen wie Belastungen in der Schwangerschaft, Geburtskomplikationen oder eine schwache Bindung zur Bezugsperson negativ. Ein neurobiologischer Faktor ist möglicherweise der Dopaminspiegel im Gehirn. Lange ging man davon aus, dass Reize ungefiltert eingehen und nicht richtig verarbeitet werden können, weil es einen Mangel des Botenstoffes Dopamin im Gehirn gibt. Die zahlreichen Reize der modernen Welt wirken auf diese »reizoffenen« Kinder besonders stark. Die These, dass ein Dopamindefizit die primäre Ursache für ADHS ist, wird jedoch inzwischen infrage gestellt.

Betroffenen Kindern und ihren Familien helfen klare Strukturen und Regeln sowie ein individuelles, alle Lebensbereiche umfassendes Therapieprogramm mit Konzentrationstraining und Unterstützung für die Organisation des Alltags, in das die Eltern und die Schule mit einbezogen werden.

Medikamentöse Symptombekämpfung

Umstritten ist die begleitende Behandlung von ADHS mit Medikamenten, zum Beispiel Methylphenidat (Handelsname Ritalin), die auf das dopaminerge System wirken. Mit diesen Medikamenten soll die verstärkte Freisetzung von Dopamin bewirkt und seine Wiederaufnahme gehemmt werden. Damit soll der Dopaminspiegel normalisiert und die mit dem Mangel verknüpften Verhaltensstörungen behoben werden. Kritiker weisen darauf hin, dass sich die Vorstellung von einem Dopaminmangel deshalb ergab, weil die Gabe von Medikamenten, die die Dopaminfreisetzung im Gehirn stimulieren, »funktionierte«, obwohl die Substanzen in den Medikamenten zur Gruppe der Amphetamine gehören und eigentlich aufputschend wirken. Der angenommene Dopaminmangel ließ sich bislang nicht zweifelsfrei nachweisen, ist also als eigentliche Ursache von ADHS nicht haltbar (Hüther/Bonney 2016, 56 f.).

Aktuelle Vermutungen legen nahe, dass Methylphenidat gerade deshalb Wirkung zeigt, weil bei ADHS das dopaminerge System besonders stark ausgeprägt ist. Es läge dann kein Mangel vor, sondern eher eine besonders rege Produktion von Dopamin. Das Medikament würde die Freisetzung von Dopamin durch äußere Impulse lahmlegen und damit auch das unterbinden, was die Betroffenen an einer gerichteten Aufmerksamkeit und Konzentrationsfähigkeit hindert: »So wird durch die orale Einnahme von Psychostimulanzien […] das für die Umsetzung von Handlungsimpulsen verantwortliche, antriebssteuernde, dopaminerge System gewissermaßen abgeschaltet. Der äußere Reiz (eine aufregende Wahrnehmung) oder der innere Impuls (das Gefühl, etwas tun zu wollen) sind weiter da. Die dopaminergen Nervenzellen werden durch diese Stimuli ganz normal aktiviert und feuern fleißig. Aber an den Enden ihrer Fortsätze wird nun kein Dopamin mehr freigesetzt. Der Stimulus kommt also nicht an, wird nicht in Handlung umgesetzt.« (Hüther/Bonney 2016, 75) Die Betroffenen werden ruhiger und können sich länger konzentrieren. Das funktioniert insbesondere dann gut, wenn es im Außen besonders unruhig ist, weil, so die Vermutung, das übereifrige Antriebssystem der Betroffenen für die Dauer der Wirkung Ruhe gibt.

Allerdings besteht die Vermutung, dass die Substanzen gerade im Wachstum der Kinder auch auf die Bildung und Reifung der weitverzweigten Fortsätze der dopaminergen Nervenzellen wirken (Hüther/Bonney 2016, 77). Das wäre problematisch, weil man ja langfristig eine Normalisierung des dopaminergen Systems erreichen will, keine Verkümmerung. Mit der Verabreichung von Psychostimulanzien wird also häufig eine Verbesserung der Symptome bewirkt. Die Ursache wird damit jedoch nicht behandelt – und man nimmt ungewisse Auswirkungen für die Zukunft in Kauf.

Es spricht viel dafür, dass die Ursache keine Angelegenheit eines einzelnen gestörten Systems oder gar eines einzelnen Stoffs ist, sondern vielmehr viele Faktoren zusammenwirken und zu einer Fehlentwicklung beitragen. Obwohl ADHS inzwischen auch bei Erwachsenen diagnostiziert und mit ähnlichen Medikamenten behandelt wird, fehlen interessanterweise Langzeituntersuchungen am Menschen (Hüther/Bonney 2016, 80).

Hundekrankheit ADHS?

Auch bei Hunden wird ADHS beobachtet – wenn auch selten und obgleich die Diagnose noch schwieriger als beim Menschen ist. Doch die Ähnlichkeit der Auswirkungen drängt sich manchmal geradezu auf: Betroffene Hunde haben Mühe, Lernaufgaben bis zum Ende durchzuführen, und lassen sich dabei leicht durch andere Dinge ablenken. Sie schwanken zwischen mehreren Anforderungen, wirken flatterhaft, aufgedreht, sind mal hier, mal da. Sie sind oft extrem unruhig und nervös, brauchen vermeintlich immer Action und haben deutliche Probleme damit, Ruhe auszuhalten. Es gibt auch Fälle, in denen die Behandlung mit Methylphenidat solchen Hunden geholfen hat. Allerdings unterliegen Tierärzte durch die Betäubungsmittel-Verschreibungsverordnung (BtMVV) strengen Auflagen, was die Verabreichung von Methylphenidat an Hunde betrifft – und das darf auch gerne so bleiben.

Ich persönlich bedaure es zutiefst, wenn die Diagnose vorschnell gestellt wird. Auch bin ich äußerst skeptisch, ob die Zahl der Hunde mit ADHS tatsächlich steigt, oder ob die Diagnose einfach nur schnell bei der Hand ist. So ließe sich jedenfalls das wachsende Interesse erklären – aus dem sich ganz nebenbei natürlich auch noch Profit schlagen lässt. Es ist aber auch so schön einfach: Die ADHS-Symptome lassen sich nahezu passgenau über die Verhaltensweisen eines unbeherrschten Hundes legen. Was immer am Hund auffälliges Verhalten sein könnte – ADHS passt irgendwie immer!

Verknüpfungen im Gehirn

Aber so einfach ist es natürlich nicht, und das Thema ADHS bekommt hier vor allem deshalb so viel Raum, weil sich daraus auch Erkenntnisse zum Thema Selbstbeherrschung ziehen lassen. Wie bei ADHS gibt es auch bei mangelnder Selbstbeherrschung nicht den einen Grund, die eine Ursache. Es wirken immer unterschiedliche Faktoren zusammen.

Entscheidend ist die Funktionsweise des Gehirns, das immer auf vorhandenen Strukturen aufbaut und solche verstärkt, die sich gewissermaßen bewähren. Dieser Mechanismus liegt allen Verhaltensweisen zugrunde, und deshalb erlauben die Erkenntnisse zu ADHS auch Rückschlüsse auf die Selbstbeherrschung. Die neuronalen Strukturen, die sich im Gehirn entwickeln, sind nämlich auch davon abhängig, mit welchem Ausmaß an Reizoffenheit der Hund zur Welt kommt – was wiederum seinerseits, wie wir in den vorigen Kapiteln gesehen haben, von vielen Faktoren teilweise schon vorgeburtlich beeinflusst wird und auch die Rasse selbst mitbringt. Das gilt für die Gehirne von Menschenkindern und Hundekindern gleichermaßen. Mit so einer ohnehin schon vorhandenen Disposition bilden sich im Laufe der Entwicklung, vor allem in den ersten Lebensjahren, neuronale Verknüpfungen, unter anderem zum präfrontalen Kortex, dem Bereich des Gehirns, der eintreffende Impulse steuert. Und das Vorhandensein oder Nichtvorhandensein dieser Verknüpfungen entscheidet darüber, ob das Individuum sehr beherrschtes oder sehr unkontrolliertes Verhalten an den Tag legt.

Es passiert zweierlei: Das dopaminerge System wird bei Hunden, die schon reizoffener als andere zur Welt kommen, besonders aktiviert, denn es kommt zu einer Reizüberflutung. Neuronale Verschaltungen, die intensiv genutzt werden, werden verstärkt und arbeiten dadurch effektiver und zuverlässiger. Der Hund ist im wahrsten Sinne des Wortes reizbar, lässt sich immer wieder von neuen Reizen in ihren Bann ziehen, sucht diese geradezu. Und diese Verknüpfungen, die dafür erforderlich sind, werden immer besser und stärker. Schwächer und unzuverlässiger werden hingegen die Verknüpfungen für exekutive Funktionen wie Selbstbeherrschung. Deshalb haben Hunde mit einer Störung der Selbstbeherrschung ein anders strukturiertes Gehirn als Hunde, die sich jederzeit im Griff haben können.

Mit dem Wunsch nach rein medikamentöser Behandlung macht man es sich deshalb auf jeden Fall zu einfach. Wie bei ADHS-Kindern sollte es immer eine umfassende Beurteilung der Gesamtsituation geben, die die gegenwärtigen Lebensumstände des Hundes und nach Möglichkeit auch seine Entwicklungsgeschichte einbezieht. Die Medikamentengabe kann das erhoffte Heilsversprechen nicht einlösen – und den Betroffenen wird auf fragwürdige Art und Weise die Verantwortung abgenommen, während das eigentliche Problem nicht gelöst wird. Medikamente können höchstens in Extremfällen hilfreich sein, aber schon gar nicht als vorrangige Maßnahme, sondern allenfalls unterstützend. Der Hund braucht in erster Linie Hilfe, den Nutzen von Selbstbeherrschung erkennen zu lernen und sie irgendwann selbst einsetzen zu können. Dazu muss er angeleitet werden, die brachliegenden neuronalen Vernetzungen zu mobilisieren und neu zu knüpfen. Das gelingt nicht von heute auf morgen, die Unruhe wird womöglich nie ganz verschwinden – es gibt keinen Hebel, den man so eben einfach umlegen kann. Es braucht eine stabile Mensch-Hund-Beziehung, die allerdings oft angeknackst ist, wenn die Probleme schwerwiegend sind. Geduld, Verständnis und Nerven bewahren sind gute Mitspieler!

Handeln statt reden

Menschen, die vermuten, dass ihr Hund ADHS-Symptome zeigt, sind oft ziemlich am Ende ihres Lateins. Sie sind wütend auf den Hund, der nicht tut, was er soll, sie stehen im Konflikt mit genervten Dritten und mit sich selbst und dem eigenen Hund, denn Konflikte sind an der Tagesordnung. Oft machen sie sich auch Vorwürfe, etwas falsch gemacht zu haben, fühlen sich überfordert, erschöpft und haben große Not. Deshalb ist ein Coaching immer auch ein Coaching des Menschen. Der erste Schritt ist gemacht, wenn sich verzweifelte Hundehalter Unterstützung holen. Wichtig ist, dass sie die Zusammenhänge verstehen und erkennen, dass Veränderung mit ihrem Zutun möglich ist – und es ohne ihr Zutun auch nicht geht. Es gilt, ihre Konfliktfähigkeit, aber auch ihre Handlungsfähigkeit zu schulen. Viele Menschen reden auf ihren Hund ein, flehen, drohen, schreien – doch sie kommen nicht ins Handeln. Dazu gehört auch eine klar formulierte Kommunikation, verbal und nonverbal. Nonverbal bedeutet: handeln. Wer immer nur redet und nie etwas tut, macht sich unglaubwürdig und wird nicht ernst genommen. Deshalb ist ein wesentlicher und vorgeschalteter Teil des Coachings, Regeln und Grenzen zu definieren und zu lernen, angemessen und klar verständlich zu agieren, wenn der Hund sie nicht einhält.

Wichtig ist auch, das Problem und die Andersartigkeit des Hundes anzunehmen. Anders bedeutet nicht automatisch negativ. Man kann den Blick auch gezielt auf die positiven Seiten richten. Kein Individuum hat nur schlechte Seiten, auch dieser Hund hat Qualitäten! Wenn man sich klarmacht, worin sie bestehen und wie man sie sich zunutze machen kann, ändert sich automatisch die Einstellung zum Problem.

Eine Frage des Problemerlebens

Noch eine Anmerkung zur Definition von »krank« und »gesund«. Viele Menschen neigen dazu, Diagnosen als gewissermaßen gottgegeben hinzunehmen. Doch die Definitionen von krank und gesund sind zum Beispiel der Forschung, kulturellen Unterschieden und dem Zeitwandel unterlegen. Was noch vor hundert Jahren als krank angesehen wurde, kann heute ganz normal sein und umgekehrt. Gerade bei psychischen Erkrankungen ist ein wichtiger Maßstab das individuelle Empfinden. Was für dich noch »normal« ist, empfindet jemand anders bereits als krank. Deshalb sind der Umgang mit ADHS ebenso wie mit mangelnder Selbstbeherrschung keine Angelegenheit der – möglicherweise fragwürdigen – Diagnose, sondern einzig und allein deines Problemerlebens. Hüther und Bonney plädieren dafür, dass für Eltern »das Denken anfangen, nicht aufhören sollte« (Hüther/Bonney 2016, 144), wann immer die Begriffe ADS oder ADHS auf ihr Kind angewandt werden, denn nicht die Diagnose steht im Mittelpunkt, sondern die Sorge um das Kind. Das gilt für dich und deinen Hund entsprechend auch: Wenn du ein Problem wahrnimmst, darfst du es akzeptieren und dich dann mit fachkundiger Hilfe auf den Weg machen, es zu lösen oder – sofern du es nicht vollständig lösen kannst –, an der Verbesserung zu arbeiten und einen guten Umgang damit zu finden. Ein Label mit dem Namen einer Krankheit ist zweitrangig. Es befriedigt lediglich den Wunsch nach einfachen Lösungen. Gerade die Bezeichnung ADHS kommt so salopp daher, weil sie mit Bezug auf Menschen sehr präsent ist. Ob diese Kategorisierung jedoch für Hunde hilfreich ist, halte ich für mehr als fraglich.

Schilddrüse

Abschließend komme ich auf ein weiteres Thema zu sprechen, bei dem du dich an die Tierärztin deines Vertrauens wenden darfst: die Schilddrüse.

Schilddrüsenfunktionsstörungen sind Gegenstand von weiteren Diskussionen und Kontroversen. Während eine Schilddrüsenüberfunktion (Hyperthyreose) mit ihren relativ eindeutigen Symptomen meist leicht festzustellen ist, kann man eine Unterfunktion (Hypothyreose) oft nicht leicht diagnostizieren. Das liegt unter anderem daran, dass es lange dauert, bis der Hormonspiegel so niedrig geworden ist, dass es zu eindeutigen Symptomen kommt. Es können mehrere Jahre vergehen, bis sich bei einem Hund klinisch nachweisbare Symptome entwickeln und der Mangel an den Blutwerten ablesbar ist. Die Symptome und Begleiterscheinungen sind oft unspezifisch – und sie können den Merkmalen einer geringen Selbstbeherrschung ähneln.

Aufgabe und Funktion

Doch was ist die Schilddrüse eigentlich? Die folgenden Ausführungen zur Schilddrüse und ihrer Funktionsweise beziehen sich, soweit nicht anders angegeben, auf Zimmermann (2012). Die Schilddrüse mit ihren zwei Hälften befindet sich an der Unterseite des Halses in der Nähe der Speiseröhre und unterhalb des Kehlkopfs. Ihre Hauptaufgaben sind die Speicherung von Jod und die Produktion von Hormonen. Die bekanntesten Hormone sind T3 (Triodthyronin) und T4 (Thyroxin). Sie haben weit reichenden Einfluss auf den gesamten Stoffwechsel. Ihre Produktion wird durch die im Gehirn gebildeten Hormone TSH und TRH geregelt: TSH wird in der Hypophyse gebildet und regt die Schilddrüse an; TRH wird im Hypothalamus gebildet und regt die Hypophyse zur Bildung von TSH an. Die Produktion von T3 und T4 wird aber auch noch durch andere Hormone beeinflusst, zum Beispiel durch Stresshormone.

Von den beiden Schilddrüsenhormonen T3 und T4 ist T3 das wirksamere Hormon mit einer stark stoffwechselanregenden Wirkung. Es bewirkt, dass der Puls, die Körpertemperatur und der Blutdruck steigen, Zucker und Fett schneller verstoffwechselt werden. T4 wird auch als Prohormon bezeichnet, also als eine Art biologische Vorstufe von T3. T4 wird in den Follikeln der Schilddrüse gebildet, T3 wird ebenfalls in der Schilddrüse sowie an den Zielorten im Körper hergestellt, insbesondere der Leber und den Nieren.

Eine handfeste und über längere Zeit bestehende Schilddrüsenunterfunktion geht oft, wenngleich nicht immer, mit den folgenden Symptomen einher:

- Der Hund hat einen gesteigerten Appetit und/oder Durst.
- Es kommt zur Gewichtszunahme trotz gleich bleibender oder sogar reduzierter Futtermenge.
- Der Hund friert, ist kälteempfindlich.
- Er hat glanzloses, dünnes Fell oder sogar Haarausfall.
- Er hat auch im übertragenen Sinne ein dünnes Fell, zeigt sich wenig belastbar, schlapp und lustlos.
- Er hat schlecht verheilende Wunden und/oder andere Hautprobleme.
- Es kommt gehäuft zu Magen-Darm-Problemen und Ohrentzündungen.
- Hündinnen haben Zyklusstörungen.
- Manche Menschen beobachten traurige Gesichtszüge bei ihrem Hund, verursacht durch Wassereinlagerungen.

Der erste Weg bei Verdacht auf eine Schilddrüsenfehlfunktion führt zum Tierarzt. Zur Bestimmung der Schilddrüsenwerte wird Blut abgenommen und im Labor untersucht. Lass dich beraten, welche Werte sinnvollerweise bestimmt werden sollten. Unter Umständen gehören neben TSH, T3 und T4 noch andere Werte wie der Cholesterinspiegel dazu.

Ein erhöhter TSH-Spiegel und niedrige T4-Werte sind ein Anzeichen dafür, dass tatsächlich eine Hypothyreose vorliegt. Der Hintergrund: Wenn der Spiegel der Schilddrüsenhormone zu niedrig ist, reagiert das Gehirn mit vermehrtem TSH-Nachschub, um die Produktion von T4 und damit T3 anzuregen. Das funktioniert allerdings nicht. Besteht beim Menschen diese Situation über längere Zeit, kann sich sogar ein Kropf bilden, also die Schilddrüse krankhaft vergrößern, weil sie in ihrem verzweifelten Bemühen, Hormone zu produzieren, vergrößert. Bei Hunden ist dies allerdings sehr selten; eine Kropfbildung hat meist andere Ursachen. Die Ursachen für Schilddrüsenunterfunktionen sind meist Störungen der Funktion der Schilddrüse selbst, Schädigungen wie zum Beispiel durch eine Entzündung, eine Autoimmunerkrankung oder eine Fehlversorgung mit Jod.

Jod ist ein entscheidender Bestandteil der Schilddrüsenhormone und unerlässlich für ihre Produktion. Aufgenommen wird Jod vor allem über die Ernährung. Als Allesfresser nimmt der Hund mal mehr, mal weniger Jod und manchmal auch Schilddrüsenhormone selbst auf, wenn er zum Beispiel den Schlund inklusive Schilddrüse eines anderen Tieres frisst. Deshalb sind Hunde grundsätzlich relativ unempfindlich gegenüber Schwankungen in der Jodmenge. Sie können Jod auch nicht effektiv speichern und haben einen grundsätzlich höheren Jodgehalt im Blut und auch einen höheren Bedarf als Menschen. Die relative Toleranz gegenüber Schwankungen in der Jodmenge könnte erklären, warum bei Hunden zwar schon im frühen Stadium einer Schilddrüsenunterfunktion Verhaltensauffälligkeiten auftreten können, sie aber erst bei einer starken Unterfunktion physische Symptome zeigen. Darauf komme ich gleich noch genauer zu sprechen. Grundsätzlich kann im Übrigen sowohl zu wenig als auch zu viel Jod problematisch für die Schilddrüse werden und das System aus dem Ruder laufen lassen.

Ein ausgeklügeltes System

Die Produktion und die Abgabe von Schilddrüsenhormonen ist ein fein austariertes System. Läuft alles rund in diesem Regelkreis, werden die Hormone bedarfsgerecht produziert und ausgeschüttet. Eine hohe Hormonkonzentration kann die Neubildung herunterfahren, eine niedrige Konzentration die Produktion anregen. Eine Reihe von Faktoren wirkt dabei auf das System ein: interne Faktoren wie ein gesteigerter Hormonbedarf im Wachstum oder in der Schwangerschaft, aber auch äußere Faktoren. Der Hormonspiegel variiert zum Beispiel nach Tageszeit und nach Jahreszeit, hier bewirken niedrige Temperaturen einen Anstieg der Schilddrüsenhormone. Schließlich wirkt auch die Ernährung als Faktor. Hunde, die unter Hunger leiden, können T4 schlechter in T3 umwandeln; T3 wird außerdem schlechter aufgenommen. Auch Fehlernährungen mit Glukose- und Proteinmangel können sich negativ auf die Schilddrüsenhormone auswirken. Liegt also eine Störung vor, gerät das System aus dem Gleichgewicht. Das ausgeklügelte Schilddrüsensystem steht zudem auch in Wechselwirkungen mit anderen Systemen, wie oben angedeutet zum Beispiel mit Stress –auch dazu gleich noch mehr.

Umstrittenes Problem: subklinische Schilddrüsenunterfunktion

So weit, so relativ einfach. Immer wieder berichten Hundehalter und Tierärzte aber von Situationen, in denen die Schilddrüsenfunktion zwar aus dem Gleichgewicht geraten ist, aber dennoch nicht außerhalb der Referenzbereiche liegt. Ein Referenzbereich ist ein Zahlenwert, der bei den meisten gesunden Individuen vorliegt. Das Blutbild ist also noch im Normalbereich, wenn auch häufig am unteren Rand.

Da es so lange dauern kann, bis sich eine Unterfunktion auch durch Laborwerte außerhalb des Referenzbereichs äußert, vermuten einige Fachleute, dass es bereits Auswirkungen zu Beginn einer sich entwickelnden Schilddrüsenunterfunktion gibt, gerade auch im Verhalten. Sie sprechen in diesem Fall von einer subklinischen Schilddrüsenunterfunktion.

Nicht alle, aber viele Hunde mit einer vermuteten beginnenden Schilddrüsenunterfunktion weisen Verhaltensänderungen auf, zum Beispiel:

- plötzlich auftretende und unbegründet erscheinende Aggressivität
- Nervosität und Ängste
- Stimmungsschwankungen und Reizbarkeit
- Konzentrations- und Aufmerksamkeitsschwäche
- mal träge und müde, dann hyperaktiv und übererregt
- wenig Stressresistenz
- geringe Frustrationstoleranz
- der Hund ist »nicht ganz da« und scheint unerreichbar

Warum genau sich eine beginnende Schilddrüsenunterfunktion auf das Verhalten auswirkt, ist nicht abschließend geklärt. Vermutet wird, dass es Wechselwirkungen mit verschiedenen Regelkreisen und Systemen gibt, bei denen der insgesamt heruntergefahrene Stoffwechsel auf andere Hormone und Neurotransmitter wirkt. Einen Zusammenhang gibt es zum Beispiel mit der Stressregulation. So wird bei Stress vermehrt Kortisol ausgeschüttet, das auf die Hypophyse wirkt und hier die Bildung von TSH verhindert, das eigentlich auf die Schilddrüse wirken soll. Erhöhte Kortisolwerte treten dann parallel mit niedrigen Schilddrüsenhormonwerten auf, die den Hund ihrerseits selbst stressanfälliger machen. Hinzu kommt, dass ein niedriger Schilddrüsenhormonspiegel dazu führt, dass das Kortisol langsamer verstoffwechselt wird (Ganzloßer/Strodtbeck 2012, 11) – ein Teufels-kreis, bei dem sich alle Faktoren gegenseitig bedingen.

Schwache Selbstbeherrschung – oder doch die Schilddrüse?

Es macht die Sache natürlich nicht gerade einfacher, dass diese Be-schreibungen oft auch auf Hunde mit schlechter Selbstbeherrschung passen. Nicht nur deshalb lässt sich die unter Fachleuten durchaus umstrittene subklinische Schilddrüsenunterfunktion nur schwierig feststellen. Ich empfehle deshalb Hundehaltern, die mir von entspre-chenden Beobachtungen berichten, sich zunächst an eine spezialisierte Tierärztin oder einen spezialisierten Tierarzt zu wenden, damit zunächst sämtliche Schilddrüsenhormone bestimmt und auch Werte wie Cholesterin und Schilddrüsen-Antikörper überprüft werden. Zum anderen sollte aber auch ein Bild von der Gesamtsituation des Hundes gemacht werden: Wie ist seine Lebenssituation? Welche Krankheiten liegen oder lagen vor? Gibt es möglicherweise eine bis-her nicht erkannte Erkrankung, die sich gewissermaßen nur nebenbei auch auf die Schilddrüsenwerte auswirkt? Welche Nahrung bekommt er? Hat er Stress?

Es gibt noch eine Reihe weiterer Besonderheiten, die die erfahrene Tierärztin beziehungsweise der Tierarzt im Blick behalten darf: Dass nämlich manche Rassen wie die Windhunde grundsätzlich niedrigere Schilddrüsenwerte haben als andere, dass kleine Hunde eher höhere Werte haben als größere und dass der Hormonspiegel bei trächtigen Hündinnen zur Geburt hin ansteigt. Den Einfluss von Kälte habe ich oben schon erwähnt. Nicht zuletzt können die Werte bei ein- und demselben Hund offenbar durch die schnelle Verstoffwechselung je nach Tageszeit erheblich schwanken. Unter Fachleuten umstritten ist darüber hinaus der Einfluss des Alters auf den Schilddrüsenhormon-spiegel. Unter Berücksichtigung all dieser Faktoren ist es gar nicht mehr so einfach, überhaupt eine Aussage darüber zu treffen, was noch im Normbereich liegt – vielleicht ein Grund dafür, dass es gerade einen Trend zum Thema Schilddrüse zu geben scheint.

Wie bei anderen Diagnosen ist aber auch die subklinische Schilddrüsenunterfunktion nicht die Lösung aller Probleme. Die Schilddrüsenunterfunktion wird oft schnell als Antwort aus dem Hut gezaubert. Doch nicht jeder Hund, der sich unerwartet oder auffällig verhält, hat ein Problem mit der Schilddrüse – und einen Hund mit Schilddrüsenhormonen zu behandeln, bei dem gar keine ursächliche Schilddrüsenproblematik vorliegt, ist gefährlich und ändert außerdem nichts an der eigentlichen Ursache seines Verhaltens. Pauschale Antworten werden dem Thema Schilddrüse so gut wie nie gerecht, eine ganzheitliche Betrachtungsweise – gerade mit Blick auf das Thema Stress und die verzwickte Wechselwirkung des Kortisols mit den Schilddrüsenhormonen – lohnt sich hingegen eigentlich immer. So manchem »Schildi« ist ergänzend auch mit Ruhe, Struktur und gezielten Übungen zur Selbstbeherrschung geholfen.

Offenheit im Sinne des Hundes

Auch zum Thema Gesundheit möchte ich dir ans Herz legen, undogmatisch und offen an Probleme heranzugehen. Dazu gehört auch, dir einzugestehen, dass deinem Hund vielleicht noch eine Extraportion Erziehung und Training guttun würde. Doch spätestens, wenn das nicht weiterführt, ziehe Experten hinzu. Mir sind dabei achtsame Menschen mit einer ganzheitlichen Betrachtungsweise am liebsten. Auch alternative Behandlungsmethoden wie Homöopathie, Traditionelle Chinesische Medizin oder Bachblüten können ihre Berechtigung haben, wenn sie den Betroffenen helfen. Zumindest schadet es aus meiner Erfahrung nicht, für verschiedene Optionen offen zu bleiben. Entscheiden tust ohnehin du – im Sinne deines Hundes und eures individuellen Miteinanders.

Achtung, noch ein wichtiger Hinweis: Ein kranker Hund braucht medizinische Hilfe! Hinweise in diesem Kapitel ersetzen keinen Besuch bei der Tierärztin oder dem Tierarzt deines Vertrauens.

Haltung und Einstellung

Bisher haben wir viel über den Hund gesprochen. In diesem Kapitel geht es vor allem um dich! Deine Einstellung ist ein nicht zu unterschätzender Faktor für die Mensch-Hund-Beziehung, der auch direkte Auswirkungen auf die Selbstbeherrschung deines Hundes hat. Ich habe da mal ein paar Fragen an dich …

Wie ist das mit dir …

Erinnerst du dich noch an eine Situation, die ich weiter vorn im Buch geschildert habe? Du stehst in der Küche und kochst. Du musst dich konzentrieren, weil du neben dem Hauptgericht auch Salat, Suppe und eine Nachspeise zauberst. Dein Hund ist der Meinung, dass es hier wahnsinnig interessant zugeht. Am liebsten möchte er von allem probieren und hüpft aufgeregt zwischen Herd, Kühlschrank und Spülmaschine hin und her. Diese Unruhe nervt dich – und zwar sehr! Der Hund verletzt in diesem Moment deine persönliche Grenze dessen, was für dich genau jetzt in dieser Situation in Ordnung ist.

Für die Fortsetzung dieser Geschichte gibt es mehrere Szenarien: Du schickst ein Stoßgebet zum Himmel und hoffst, dass die Lasagne im Ofen statt auf dem Boden oder dem Hund landet, während du diesen mit einem Bein aus dem Weg schiebst. Oder du versuchst, dem Hund zu vermitteln, dass er in einer ungefährlichen Ecke der Küche Platz nehmen soll, und gibst ihm von deinen Kochzutaten etwas ab. Oder du holst ein Familienmitglied, das den Hund ablenken soll, bis das Essen auf dem Tisch steht. Oder du führst den Hund freundlich, aber bestimmt aus der Küche und bringst ihn auf den Hundeplatz …

Es gibt noch viele weitere Optionen, wie man sich in dieser Situation verhalten kann. Welche davon für dich die Richtige ist, hängt unter anderem von deinen persönlichen Grenzen ab. Und es ist auch eine Frage der persönlichen Haltung, ob man etwas hinnimmt, was eigentlich stört, oder ob man deutlicher wird und sich eine Strategie überlegt, dem Hund diese Grenze zu verdeutlichen und ihn dazu zu bringen, sie anzunehmen. Gemeinsames Leben bedeutet immer, sich zu den Grenzen des anderen in Bezug zu setzen. Die Voraussetzung ist, dass du deine Grenzen kennst und sie klar benennen kannst.

Du und dein Hund als Teil der Welt

Dabei reichen Entscheidungen wie die in der Küche meist über die aktuelle Situation hinaus. Was einen Hundehalter zwar selbst stört, er aber dennoch hinnimmt, ist nämlich die eine Sache. Wenn du kein Problem wahrnimmst, brauchst du auch keins zu lösen! Die andere Sache ist aber, dass sich viele Probleme irgendwann auch gegenüber Dritten äußern, sozusagen außerhalb der Küche, wenn andere Menschen betroffen sind. Allzu oft geht es dabei um Verhaltensweisen, die mit mangelnder Selbstbeherrschung zu tun haben. Die kannst du vielleicht hinnehmen, doch deine Nachbarn, Freunde oder andere Menschen, die du zum Beispiel beim Spazierengehen triffst, möchten es deshalb noch lange nicht. Auch hier ist es eine Frage deiner Einstellung – deiner, nicht der des Hundes! – und deiner Verantwortung, wie du damit umgehst.

Was ist für dich stimmig?

Vielleicht hast du es schon gemerkt: Dieses Buch enthält mit wenigen Ausnahmen keine Handlungsaufforderungen, etwas zu tun oder zu lassen. Das wäre wenig sinnvoll, denn ich kenne dich und deinen Hund nicht, und nur, weil eine bestimmte Verhaltensweise bei mir das gewünschte Ergebnis zeigt, muss sie bei dir nicht ebenso oder überhaupt wirksam sein. Stattdessen verstehe ich die Inhalte dieses Buches als Gedankenanstöße. Dabei kann ich dir vermitteln, was für mich funktioniert und wie ich Beziehungen mit meinen Hunden gestalten möchte. Das gebe ich auch in der Beratung an Kunden weiter. Das bedeutet aber nicht, dass das auch für dich die beste Handlungsoption ist. Da wir Menschen mit unseren Stärken, Schwächen und individuellen Erfahrungen so unterschiedlich sind und auf ebenso unterschiedliche Hunde treffen, gibt es nicht den einen richtigen Weg, die eine richtige Methode. Vielmehr möchte ich dich einladen, für dich und deinen Hund in den Prozess der Selbstklärung einzusteigen.

Dazu gehören für mich folgende Fragen, die du für dich selbst klären darfst. Zum Teil sind es ziemlich persönliche Fragen und ihre Beantwortung ist gar nicht so einfach. Nicht alle Fragen haben mit Hunden zu tun. Wie gesagt: Lass sie wirken und nimm sie als Impulse, um über dich selbst und deinen Hund nachzudenken.

Wer bist du?

Wenn du deinem Hund Orientierung in der Menschenwelt geben willst, ist es von Vorteil, dass du selbst schon ein bisschen orientiert bist. Du bist das Ergebnis deiner Erfahrungen, deiner Veranlagungen und einer ganzen Reihe von Einflüssen. Du hast deine individuelle Sicht auf die Welt, genauso wie jeder andere Mensch auch und diese Sicht prägt deine Beziehungen zu anderen Menschen und zu deinem Hund. Im Folgenden gibt es ein paar Fragen zur Reflexion über dich selbst:

- Wie bist du selbst erzogen worden? Was haben deine Eltern gut gemacht, was nicht so gut?
- Wo stehst du heute selbst? Fühlst du dich als Kapitän deines eigenen Lebens?
- Welche Fähigkeiten, Eigenschaften und Kenntnisse zeichnen dich besonders aus?
- Bist du mit dir selbst im Reinen? Welche Baustellen hast du in deinem Leben?
- Wie achtsam gehst du mit dir selbst um?
- Was ist dir besonders wichtig? Wofür begeisterst du dich?
- Wer sind deine Vorbilder, und für wen bist du Vorbild?
- Wie kommunizierst du?
- Wie gut kannst du dich abgrenzen – zu anderen und in Situationen, die dir nicht gefallen?
- Wie nimmst du Grenzen von anderen wahr?
- Wie gehst du mit Ablehnung um?
- Wie wichtig ist dir die Meinung anderer?
- Welche Bedeutung haben für dich Nähe und Distanz?
- Wie steht es um deine eigene Selbstbeherrschung?
- Was bedeutet es für dich und was macht es mit dir, wenn dein Hund wenig Selbstbeherrschung hat?

Du als Kapitän der Beziehung

Dein Hund kann seine Selbstbeherrschung herausbilden und festigen, wenn er durch dich Sicherheit auf der Grundlage von Vertrauen erfährt. Dazu darfst du dich als verlässlicher, vorausschauender Kapitän auf der gemeinsamen Reise eurer Mensch-Hund-Beziehung etablieren. In diese Funktion wird nicht jeder Mensch automatisch hineingeboren, wenn er einen Hund anschafft, doch du kannst lernen, sie einzunehmen und sie mit Leben zu füllen. Das ist wichtig, denn ein

Hund merkt, ob ein Mensch authentisch ist – wenn nicht, nimmt er ihn nicht ernst. Wichtig ist auch sein Status für dich, denn ein Hund, der weiß, dass er einen überhöhten Status genießt, nimmt sich auch eher Dinge heraus, die nicht in Ordnung sind. Meine Fragen an dich:

- Wie ist die Beziehung zu deinem Hund beschaffen: Wer agiert und wer reagiert?
- Wem möchtest du in deinem Leben gefallen? Willst du deinem Hund gefallen?
- Tut dir dein Hund leid?
- Welchen Status hat dein Hund? Wenn du der Kapitän bist; ist er Matrose, Pirat oder Klabautermann?
- Wenn du mit deinem Hund sprichst, wie klingt deine Stimme? Ruhig, erwachsen, souverän? Kindlich, hoch, schmeichelnd?
- Wie viel Nähe gibt es zwischen dir und deinem Hund? Wer von euch möchte mehr Nähe und in welchen Situationen?
- Was ist mit Distanz: Hältst du dich zurück, wenn dein Hund keine Distanz will? Wahrt dein Hund Distanz, wenn du das möchtest?
- Welche Rolle spielst du gegenüber deinem Hund? Wie würde dich dein Hund beschreiben?

Stress und Perfektionismus

Hunde mit mangelnder Selbstbeherrschung haben oft aus den unterschiedlichsten Gründen Stress, was wiederum im höchsten Maße hinderlich ist, wenn es um Selbstbeherrschung geht. Vielleicht hast du eine Ahnung, dass das bei deinem Hund auch der Fall sein könnte. Du darfst aber ruhig auch mal einen Blick auf dein eigenes Stressmanagement richten: Ist nur der Hund gestresst – oder bist du gestresst? Das Anpassungswunder Hund ist schon für schwächere Empfindungen empfänglich, und den Stress seines Menschen nimmt so gut wie jeder Hund wahr.

Reflektiere auch deine eigenen Ansprüche an dich und das Leben. Perfektionisten verabscheuen Mittelmäßigkeit und legen die Latte für sich selbst und alle anderen sehr hoch. Und oft mühen sie sich ab, hundertfünfzig Prozent zu erreichen, wenn auch achtzig oder neunzig genug wären.

- Wie viel Perfektionismus legst du an den Tag?
- Welchen Idealen folgst du?
- Empfindest du deinen Alltag als stressig? Hast du das Gefühl, immer nur hinterherzurennen, um die Dinge halbwegs im Griff zu haben?
- Was passiert mit dir, wenn es mal unkontrolliert wird? Wie fühlst du dich dann?
- Was genau willst du in deinem Leben im Griff haben? Gehört der Hund dazu?
- Wie wäre dein Leben, wenn alles funktionierte – und welchen Einfluss hast du darauf?
- Was bedeutet es für dich, wenn dein Hund wenig Selbstbeherrschung hat? (Genau, die Frage habe ich dir eben schon gestellt – kein Zufall! Denk ruhig gründlich darüber nach!)
- Inwieweit würde dein Leben von Ruhe und Entschleunigung profitieren?
- In welchem Zusammenhang stehen Stress und Selbstbeherrschung für dich persönlich?

Deine Fehlertoleranz

Gerade in unserem Kulturkreis sind Fehler verpönt. Schon in der Schule werden Fehler durch schlechte Noten bestraft, obwohl es zum Leben gehört, Fehler zu machen. Auch das Lernen geschieht durch Erfolg und Misserfolg, und genau deshalb darf auch ein Hund Fehler machen dürfen. Schließlich wird ihm in der durch den Menschen gestalteten Welt einiges abverlangt! Fehler sind wichtig, denn wer nie Fehler macht, verpasst eine wichtige Erkenntnis: dass man mit Misserfolgen umgehen kann – ein wichtiger Aspekt der Frustrationstoleranz. Wenn du mit deinem Hund übst, kann es schwierig sein, dir von Rückschlägen nicht den Mut nehmen zu lassen. Doch ein Hund, der lernt, sich zusammenzureißen, profitiert von dir als entspanntem, wohlwollendem Begleiter, der die redensartliche Kirche im Dorf lassen kann. Es hat nicht geklappt? Macht nichts! Überleg dir, woran es gelegen haben könnte, und dann versuchst du es einfach noch einmal. Es gehört auch zu guter Führung, Fehler nicht zu bestrafen, sondern sie als Chance zum Lernen zu begreifen.

- Wie hoch ist deine eigene Fehlertoleranz?
- Wie groß ist dein Sicherheitsbedürfnis, alles richtig zu machen?
- Kannst du auch mal fünfe gerade sein lassen?
- Welche Erwartungen stellst du an deinen Hund? Wie fühlst du dich, wenn er sie nicht erfüllt?

Deine Intuition

Ich begrüße es sehr, wenn sich Menschen informieren. Hintergrundwissen ist notwendig, um Zusammenhänge zu verstehen, und ich lege es allen Hundehaltern und Menschen, die überlegen, einen Hund in ihr Leben zu holen, sehr ans Herz, sich umfassend zu informieren.

Das ist aus meiner Sicht aber nur ein Teil der Aufgabe, die wir Menschen haben. Der andere Teil hat damit zu tun, sich einzulassen auf das andere Lebewesen. Sich wirklich einzufühlen, heißt oft, das Offensichtliche zu erkennen, denn jeder Hund gibt aus sich heraus Antworten auf die Fragen des Miteinanders, wenn der Mensch sich darauf einlässt. Der Abstand, den viele Menschen von der Natur haben, spiegelt sich darin wider, dass sie auch für ihren Hund kein Gefühl haben. Sie nehmen nichts davon wahr, was für Außenstehende vollkommen auf der Hand liegt, sie sind verkopft, denken kompliziert und suchen nach Handlungsanweisungen und Lösungen im Außen. Sie wollen alles richtig machen, doch enthalten sie ihm im schlimmsten Fall das vor, was er dringend braucht, nämlich den emotionalen Kontakt mit einem gelassenen, verantwortungsbewussten Menschen. Dabei liegen die Antworten im Inneren. Viele von uns modernen Menschen haben verlernt, darauf zuzugreifen. Ich möchte dich herzlich einladen, deine Empathie zu schärfen und dich für die Erfahrung zu öffnen, dass alle Antworten im Innen liegen. Ein bisschen esoterisch, zugegeben, aber dein Hund kennt keine Ideologien.

Verbundenheit

Nach echter Verbundenheit mit dem Hund sehnen sich eigentlich alle Hundehalter. Sie möchten in einer verlässlichen Einheit mit dem Tier verbunden sein, die so schnell nichts auseinanderbringt, sich unausgesprochen verstehen, gerne miteinander zu tun haben und den Konkurrenzkampf mit dem Fischbrötchen (und dem Kaninchen!) jederzeit gewinnen – das ist das Ziel schlechthin in den meisten Mensch-Hund-Beziehungen. Ist das bei dir auch so? Und nun meine Fragen:

- Was sind die Bedürfnisse deines Hundes? Was sind deine eigenen?
- Wie genau kennst du die Persönlichkeit und das Verhalten deines Hundes?
- Wie triffst du Entscheidungen?
- Nimmst du dir Zeit, dich in deinen Hund einzufühlen?

Dein Verständnis von Freiheit und Sicherheit

Ein zufriedenes Hundeleben setzt sich aus der Befriedigung der hundlichen Bedürfnisse, guten sozialen Beziehungen zu Artgenossen und einer verlässlichen Bindung zum Sozialpartner Mensch zusammen. Diese befindet sich im Idealfall im Gleichgewicht zwischen Sicherheit und Freiheit. In der Freiheit steckt die Möglichkeit, etwas bewirken zu können. Deshalb sind Erlebnisse so wichtig, in denen ein Hund eine eigene Lösung finden kann: Wenn du dich als verlässlicher Kapitän eurer Mensch-Hund-Beziehung etabliert hast, kannst du deinen Hund ermutigen, verbunden durch das unsichtbare Band zwischen euch, in neuen Situationen einen eigenen Lösungsweg einzuschlagen. Bei Erfolg stärkt das seinen Selbstwert. Es macht ihn selbstbewusst, ohne dich als menschliche Führungsfigur infrage zu stellen. Selbstverständlich heißt das nicht, dass du immer verhandlungsbereit sein musst – manchmal darfst du absolut ruhigen Gewissens Nein sagen. Zu viel Selbstständigkeit birgt nämlich auch Gefahren, deshalb steht der Mensch im ständigen Bemühen um ein Gleichgewicht.

Die Bedeutung des Bewirkenkönnens kannst du sicher vor allem dann gut nachvollziehen, wenn du selbst ein besonders freiheitsliebender Mensch bist. »Freigeister«, also Menschen mit einem starken Bedürfnis nach Autonomie, die gegebene Regeln erst einmal infrage stellen, billigen oft auch ihren Hunden ein großes Maß an Freiheit zu, was übrigens nicht zu einem Problem führen muss. Allerdings sehe ich eine gute Mensch-Hund-Beziehung im Gleichgewicht zwischen den beiden Extremen: der Abwesenheit von Regeln einerseits und einem starren, verkopften Regelwerk andererseits.

- Was ist dir wichtiger: Freiheit oder Sicherheit? Und warum?
- Wie gehst du selbst an unbekannte Aufgaben heran?
- Ist Angst in deinem Leben ein Thema?
- Ist Aggression in deinem Leben ein Thema?
- In welchen Bereichen deines Lebens kannst du etwas bewirken?

- Wo und wann kann dein Hund selbstständig etwas bewirken?
- Was hat dein Hund mit deiner persönlichen Freiheit zu tun?
- Wie zeigst du deinem Hund, dass du ihn magst?

Hast du eigentlich Spaß?

Diese Frage überrascht dich vielleicht. Dabei ist sie so wichtig! Hast du Freude an deinem Hund, oder ist euer Miteinander geprägt von problematischen Situationen, Sorgen und den Mühen des Alltags? Du hast dich bewusst für deinen Hund entschieden, deshalb sollte der Spaß nie zu kurz kommen. Reibung gehört natürlich zum Leben dazu, doch der Spaß ist ein wichtiger Faktor. Mangelnde Freude an der gemeinsamen Beziehung ist oft ein Indikator für Probleme, deshalb darfst du dir diese Fragen ruhig einmal stellen:

- Was sind die schönsten Momente im Zusammenleben mit deinem Hund?
- Überwiegen die schönen Momente oder die Situationen, in denen es schwierig wird?
- Wenn es viele schwierige Situationen gibt, in welchem Zusammenhang mit Selbstbeherrschung stehen sie?
- Zeigst du dich gern mit deinem Hund? Warum – oder warum nicht?
- Welche Grundstimmung begleitet eure Beziehung?

Nach eurem gemeinsamen Kompass

Deine Antworten auf diese Fragen bestimmen, wo du deine persönlichen Grenzen ziehst. Sie sind Ausdruck deiner persönlichen Haltung und offenbaren, welche Rolle du für deinen Hund vorsiehst und welche du selbst einnimmst, egal ob absichtlich oder nicht. Ich hoffe, dass die Fragen dir helfen, dir ein paar Muster eurer Beziehung bewusst zu machen und etablierte Rollen möglicherweise umzugestalten. Es kann schwierig sein, das allein zu stemmen, und du kannst versierte Hilfe in Anspruch nehmen.

Die Antworten, die du jetzt gibst, sind übrigens nicht in Stein gemeißelt. Es kann gut sein, dass du sie früher anders beantwortet hättest oder sie irgendwann in Zukunft anders beantworten wirst. Wie wir gesehen haben, ist das Gehirn lebenslang in der Lage, sich zu verändern und zu lernen – deines und das deines Hundes. Beste Aussichten also, mit Offenheit und einem achtsamen Miteinander gemeinsam auf einem ruhigen Kurs zu segeln.

4. Anker werfen

Zu guter Letzt …

… soll es noch einmal um Natas, meinen eigenen Hund, gehen. Natas
hat früh in seiner Lebensgeschichte Traumata erfahren und damit bis
heute sein Päckchen zu tragen. Seine Traumata sind nicht geheilt,
aber er hat seinen Umgang damit gefunden, und ich mit ihm. Profitiert hat er von behutsamer Veränderung in allen Bereichen, die ich
im zweiten Teil des Buches beschrieben habe. Insbesondere habe
ich Zuverlässigkeit, Ruhe und Klarheit in allen Lebensbereichen etabliert. Stress hat er schon in seiner ersten Lebenswoche genug fürs
ganze Leben gehabt! Nun schirme ich ihn ab und bin an seiner Seite.
Wenn auch seine Schilddrüse behandelt wurde und ich seinen Fut-
terplan umgestellt habe: Der Anteil an Erziehung ist bei all dem nicht
zu unterschätzen. Denn neben einer Therapie gibt es immer auch
den ganz normalen Alltag, und hier findet der größte Teil der Erziehung statt.

Ich habe Struktur und Regeln in den Tagesablauf gebracht und feste Rituale etabliert, denn die Einschätzbarkeit von Wiederkehrendem hilft Natas, einen Umgang mit seiner Unruhe zu finden. Ich habe die Stressoren gezielt reduziert, sie aber auch nicht komplett aus seinem Leben gestrichen. Vielmehr gucke ich immer wieder, was er kann und was noch nicht, um ihn daran wachsen zu lassen – du weißt schon, die neuronalen Bahnungen! Wichtig war es auch, dass er gelernt hat, Entspannung zu erfahren. Er konnte lange nicht tief schlafen, weil er immer »eingeschaltet« war, bis ich für ihn Situationen geschaffen habe, in denen er beruhigt schlafen kann. Ein wichtiges Thema war auch Abgrenzung. Natas ist mir überallhin gefolgt, denn diese Kontrolle hat ihm Sicherheit gegeben. Inzwischen kann er ganz gelassen auch ohne mich sein. Dennoch treffe ich bis heute Entscheidungen für diesen Hund, die er allein nicht treffen kann oder die er schlicht falsch trifft. Aber wir sind auf einem guten Weg, und das Zusammenleben ist viel einfacher und sehr erfüllend geworden.

Ich hoffe, dass dir und deinem Hund meine Erkenntnisse ebenfalls helfen. Mit dem Wissen aus diesem Buch kannst du die individuelle Geschichte deines Hundes natürlich nicht neu schreiben. Doch ich hoffe, dass das Wissen dir hilft, eine neue Perspektive auf sein Verhalten einzunehmen und ins Handeln zu kommen, wenn du glaubst, dass sich etwas ändern muss.

Noch einmal der Appell an deinen gesunden Menschenverstand, an dein Bauchgefühl. Du kannst lernen, zu spüren, was richtig ist! Deine Einstellung hat natürlich Auswirkungen auf euer Mensch-Hund-Gespann in all seiner Wandlungsfähigkeit. So wie du dich änderst und auch der Hund im Laufe seines Lebens nicht derselbe bleibt, unterliegt auch eure Mensch-Hund-Beziehung einem Prozess, und mit ihr die Selbstbeherrschung. Das ist in Ordnung! Richtig ist, was individuell zu euch passt. Wenn du dein Herz und deine Sinne öffnest, lernst du immer besser, das zu erkennen.

Natas hat mit mir gemacht, was Hunde seit Jahrtausenden mit Menschen machen: Sie halten uns den Spiegel vor. Dank dieses Hundes habe ich zum Beispiel gemerkt, wie wichtig Ruhe und Regeneration auch für mich sind. Er hat mich dazu gebracht, das Tempo herunterzufahren – und siehe da, weniger Tempo tut auch mir gut und trägt zu meiner Gelassenheit bei. Irgendjemand muss ja notfalls in der Lage sein, den Anker zu werfen!

Spätestens bei der Recherche für dieses Buch habe ich mir so manches Mal aber auch an den Kopf gefasst. Welche Welt muten wir unseren Hunden eigentlich zu? Und wenn sie für Hunde mitunter unzumutbar ist, was macht sie dann mit uns Menschen? Von der Reaktion der Hunde können wir einiges lernen. Wenn sie sich nicht optimal entwickeln können, kann das zu einer schlechten Selbstbeherrschung führen, und der Grund dafür sind fast immer Bedingungen im Außen, für die weitgehend der Mensch verantwortlich ist. Der Hund mit seiner Anpassungsfähigkeit hält mit dem Menschen gezwungenermaßen mit – er hat ja keine Wahl –, und deshalb trifft auf immer mehr Hunde dasselbe wie auf uns Menschen zu: Sie ernähren sich nicht gut, bewegen sich nicht in angemessener Menge, schlafen zu wenig und sind gestresst. Dieser Cocktail wirkt auf Hunde wie Menschen, und deshalb ist es auch so verdammt einfach, beiden Spezies Störungen verschiedener Art zu attestieren und notfalls mit Medikamenten nachzuhelfen, wenn sie nicht funktionieren.

Doch da ist ja die Sache mit dem Spiegel. Wenn wir entspannte, gelassene Hunde wollen, sind wir Menschen dafür verantwortlich, ihnen eine Umgebung zu schaffen, in der sie so sein können. Und wenn wir ganz ehrlich sind, merken wir, dass es diese Umgebung gerade in den Städten, in der Hektik des Alltags, im Spannungsfeld zwischen ganz realen Alltagsnöten und unseren eigenen übersteigerten Ansprüchen oft nicht gibt. Unsere Welt ist an vielen Stellen nicht einmal gut für uns Menschen, und erst recht nicht für Hunde – und darunter leiden wir gleichermaßen.

Wenn wir davon ausgehen, dass sich die Verschaltungen des Gehirns dann entwickeln und verstärken, wenn sie benutzt werden, müssten wir eigentlich öfter mal über den Tellerrand hinaussehen, um in der Lage zu sein, Lösungen zu finden und Veränderung anzustoßen. Wir dürften öfter mal Abseitiges denken, Denkalternativen zulassen. Uns klarmachen, wer wir sind, was wir tun und was wir eigentlich brauchen, statt nur irgendwie vor uns hinzuleben. Bewusst und mit allen Sinnen durchs Leben gehen, statt jeden Montagmorgen stumpf »muss ja« knurren, wenn wir gefragt werden, wie es uns geht.

Wenn man sehr alte Menschen fragt, was ihnen im Leben wichtig ist, antworten die wenigsten: schnelle Autos. Oder: teure Yachten. Was bleibt, ist Beziehung und Verbundenheit, Liebe ohne Bedingungen, Aufrichtigkeit, etwas Sinnvolles bewirken können. Materieller Reichtum erleichtert zwar das Leben, doch er ist nicht sinnstiftend. Das erlebt man im Kontakt zu anderen Menschen – aber auch mit Hunden.

Wenn wir es zulassen, aus der Perspektive des anderen auf uns selbst zu schauen, erfahren wir viel Wahres. Der Blick eines Hundes auf seinen Menschen ist oft unverstellt. Ich hoffe, dieses Buch ermutigt dich, diesen Blick zuzulassen und die andere Perspektive auch selbst einzunehmen. Es könnte sein, dass du etwas Wichtiges über deinen Hund erfährst und ihn künftig besser in seiner Selbstbeherrschung begleiten kannst. Vielleicht erfährst du aber zugleich auch etwas über dich selbst.

5. Service

Danksagung

Ich bedanke mich herzlich bei **Vanessa Engelstädter**, Hundetrainerin und Referentin mit Schwerpunkt schwierige/verhaltensauffällige Hunde, und **Monika Mosch**, Hundetrainerin und Referentin mit einer Spezialisierung auf die Rassen Windhunde und Podencos. Als Kolleginnen und sehr gute Freundinnen waren sie über das gesamte Buchprojekt an meiner Seite und haben mich mit Begeisterung für das Thema begleitet. Durch sie bekam ich Anstöße und Anreize, profitierte vom fachlich kompetenten Austausch und der Reflexion. Mit ihrem Feedback motivierten und fingen sie mich auf, wenn mal die Nerven blank lagen. Zu gerne habe ich mit beiden gefachsimpelt und gemeinsam gelacht. Tiefer und von Herzen besonderer Dank an beide!

Danke auch an **Fransi Rottmaier**, die ich als Teilnehmerin von Seminaren aus der Beast Games-Serie kennengelernt habe. Sie ist im internationalen Diensthundewesen als Beraterin, Schutzhundesportlerin und Expertin für Risikoanalysen und Souveränität im Umgang mit Aggression bei Hund und Mensch tätig. Der fachliche Austausch und ihre Bereitschaft, mir Material zur Verfügung zu stellen, waren von unschätzbarem Wert.

Dipl.-Psych. **Inka Nisinbaum** (St. Louis/USA) hat das Manuskript in verschiedenen Stadien der Entstehung gelesen und mir mehrfach äußerst wertvolles Feedback gegeben. Ganz herzlichen Dank!

Das Gleiche gilt für **Maren Heuser-Kieviet** – danke, Maren, für akribisches Gegenlesen, den Blick fürs Detail und die Begeisterung für mein Buchprojekt.

Weitere Feedback-Leserinnen waren **Regine Mattern-Engel**, Fachärztin für psychosomatische und psychotherapeutische Medizin, die immens hilfreichen Input zu den Begriffsdefinitionen gegeben hat; **Dr. Tina Wassing**, Tierärztin und Tierheilpraktikerin meines Vertrauens, deren Professionalität ich sehr schätze und die entscheidende Hinweise zum Thema Schilddrüse gegeben hat; sowie **Katharina Peglow**, **Kerstin Voß** und **Nancy Dreher**, die das Manuskript zu unterschiedlichen Zeitpunkten gelesen haben. Sie alle haben mir wertvolle Anregungen und Kommentare zukommen lassen – die denkbar besten Probeleserinnen für dieses Buch!

Ganz herzlichen Dank an **Ute-Kristin Schmalfuß**, **Angela Beck** und **Heike Schmidt-Röger** vom Kosmos-Verlag für die tolle Zusammenarbeit, die mit so viel Sympathie, Freiheit und Vertrauen einherging. Was für eine wunderbare Chance!

Viola und Christoph Engel begleiten mich beruflich in allen Belangen, was Fotografie und Film angeht und haben auch die tollen Fotos für dieses Buch gemacht. Wir hatten wahnsinnig viel Spaß bei den Shootings. Ich schätze Viola und Christoph nicht nur beruflich, sondern auch privat: insbesondere die Spaziergänge am Elbstrand und der immer witzige, lockere und erfrischende Austausch über das Leben und die Welt. Danke!

Was würde ich ohne **meine Familie** tun? Hätte mir meine Familie nicht jederzeit den Rücken freigehalten, wäre das Buch nicht zustande gekommen – unschätzbar wertvoll.

Auch sie gehören zur Familie, doch ihnen gebührt noch ein Extra-Dank: **meine Hunde Natas und Gringo**. Danke für eure Verbundenheit mit mir und die vielen wundervollen Stunden jenseits des Buches. In Ehren, im Herzen, unverzichtbar.

Quellen

Arnsten, Amy; Sinha, Rajita; Mazure, Carolyn (2015): Biologie des Blackouts. In: Spektrum der Wissenschaft, 7. April 2015. http://www.spektrum.de/pdf/spektrum-ratgeber-stress-und-wie-er-sich-bewaeltigen-laesst/1335025 [zuletzt abgerufen 28. Februar 2018].

Bach, George R. (2014): Keine Angst vor Aggression. Die Kunst der Selbstbehauptung. 20. Auflage. Frankfurt am Main.

Baumeister, Roy F. (2016): Wo ein Wille ist. In: Kubesch, Sabine (Hrsg.): Exekutive Funktionen und Selbstregulation. Neurowissenschaftliche Grundlagen und Transfer in die pädagogische Praxis. 2., aktualisierte und erweiterte Auflage. Bern.

Bekoff, Marc (2008): Das Gefühlsleben der Tiere. Bernau.

Birmelin, Immanuel (2014): Macho oder Mimose. So erkennen Sie die Persönlichkeit Ihres Hundes und schaffen eine innige Bindung. München.

Bischof-Köhler, Doris (2011): Soziale Entwicklung in Kindheit und Jugend. Bindung, Empathie, Theory of Mind. Stuttgart.

Bundeszentrale für gesundheitliche Aufklärung (BZgA) (Hrsg.) (2014): adhs … was bedeutet das? Im Auftrag des Bundesministeriums für Gesundheit. Stand: November 2014. Köln.

Coppinger, Ray; Coppinger, Lorna (2001): Hunde. Neue Erkenntnisse über Herkunft, Verhalten und Evolution der Kaniden. Grassau.

Coppinger, Raymond; Feinstein, Mark (2018): Die Ethologie der Hunde. Wissenschaftliche Grundlagen zum Verhalten. Nerdlen/Daun.

Ehring, Thomas; Ehlers, Anke (2012): Ratgeber Trauma und Posttraumatische Belastungsstörung: Informationen für Betroffene und Angehörige. Göttingen, Bern, Stockholm u. a.

Feddersen-Petersen, Dorit (2001): Hunde und ihre Menschen: Sozialverhalten, Verhaltensentwicklung und Hund-Mensch-Beziehung als Grundlage von Wesenstests. 2. Auflage. Stuttgart.

Feddersen-Petersen, Dorit Urd (2013): Hundepsychologie. Sozialverhalten und Wesen, Emotionen und Individualität. Mit Filmen zum Hundeverhalten auf DVD. 5. Auflage. Stuttgart.

Fischer, Martin; Lilje, Karin (2011): Hunde in Bewegung. Dortmund, Stuttgart.

Friedman, Meyer; Rosenman, Ray H. (1975): Der A-Typ und der B-Typ. Hamburg.

Froböse, Ingo; Wallmann-Sperlich, Birgit (2016): Der DKV-Report: »Wie gesund lebt Deutschland?«. Köln. http://www.ergo.com/de/Presse/Overview/Pressemappen/DKV-Report [zuletzt abgerufen 25. September 2017].

Gácsi, Márta; Maros, Katalin; Sernkvist, Sofie; Faragó, Tamás; Miklósi, Ádám (2013): Human Analogue Safe Haven Effect of the Owner: Behavioural and Heart Rate Response to Stressful Social Stimuli in Dogs. https://doi.org/10.1371/journal.pone.0058475 [zuletzt abgerufen 5. Mai 2017].

Ganzloßer, Udo; Strodtbeck, Sophie (2012): Schilddrüse und Verhalten – die überschätzte Unterfunktion? In: Veterinärspiegel 1/2012, S. 9 – 13.

Gosling, Samuel D.; Kwan, Virginia S.Y.; John, Oliver P. (2003): A Dog's Got Personality: A Cross-Species Comparative Approach to Personality Judgments in Dogs and Humans. In: Journal of Personality and Social Psychology , Vol. 85, Nr. 6 2003, S. 1161 – 1169. https://gosling.psy.utexas.edu/wp-content/uploads/2014/09/JPSP03-adogsgotpersonality.pdf [zuletzt abgerufen 19. November 2017].

Hantke, Lydia; Görges, Hans-Joachim (2012): Handbuch Traumakompetenz. Basiswissen für Therapie, Beratung, Pädagogik. Paderborn.

Horn, Lisa; Huber, Ludwig; Range, Friederike (2013): The Importance of the Secure Base Effect for Domestic Dogs – Evidence from a Manipulative Problem-Solving Task. In: https://doi.org/10.1371/journal.pone.0065296 [zuletzt abgerufen 5. Mai 2017].

Huber, Michaela (2012): Trauma und die Folgen. Trauma und Traumabehandlung. 5. Auflage. Paderborn.

Hüther, Gerald (2003): Die Auswirkungen traumatischer Erfahrungen im Kindesalter auf die Hirnentwicklung. In: Brisch, Karl Heinz/Hellbrügge, Theodor (Hrsg.): Bindung und Trauma. Risiken und Schutzfaktoren für die Entwicklung von Kindern. Stuttgart.

Hüther, Gerald (2013): Bedienungsanleitung für ein menschliches Gehirn. Die Macht der inneren Bilder. Biologie der Angst. Göttingen und Bristol/Connecticut.

Hüther, Gerald; Bonney, Helmut (2016): Neues vom Zappelphilipp: ADS verstehen, vorbeugen und behandeln. 4. Auflage. Weinheim, Basel.

Jones, Amanda C. (2008): Development and validation of a dog personality questionnaire. Dissertation. https://gosling.psy.utexas.edu/wp-content/uploads/2014/10/Amanda-Claire-Jones-Diss-2008.pdf [zuletzt abgerufen 20. November 2017].

Jung, Christoph; Pörtl, Daniela (2016): Tierisch beste Freunde. Mensch und Hund – von Streicheln, Stress und Oxytocin. Stuttgart.

Juul, Jesper (2008): Nein aus Liebe. Klare Eltern – starke Kinder. 2. Auflage. München.

Juul, Jesper (2016): Leitwölfe sein: Liebevolle Führung in der Familie. 8. Auflage. Weinheim.

Kast, Verena (2014): Vom Sinn der Angst. 7. Auflage. Freiburg i. Breisgau.

Kis, Anna et al. (2017): Sleep macrostructure is modulated by positive and negative social experience in adult pet dogs. In: Proc Biol Sci. 2017 Oct 25; 284(1865). http://rspb.royalsocietypublishing.org/content/284/1865/20171883 [zuletzt abgerufen 18. Februar 2018].

Kotrschal, Kurt (2014): Einfach beste Freunde. Warum Menschen und andere Tiere einander verstehen. Wien.

Kotrschal, Kurt (2016): Hund & Mensch. Das Geheimnis unserer Seelenverwandtschaft. Wien.

Kubesch, Sabine (Hrsg.) (2016): Exekutive Funktionen und Selbstregulation. Neurowissenschaftliche Grundlagen und Transfer in die pädagogische Praxis. 2., aktualisierte und erweiterte Auflage. Bern.

Lang, Daniela (2008): Soziale Kompetenz und Persönlichkeit. Zusammenhänge zwischen sozialer Kompetenz und den Big Five der Persönlichkeit bei jungen Erwachsenen. Dissertation Universität Koblenz-Landau.

Mischel, Walter (2016): Der Marshmallow-Effekt. Wie Willensstärke unsere Persönlichkeit prägt. München.

Miklósi, Ádám (2011): Hunde. Evolution, Kognition und Verhalten. Stuttgart.

Miklósi, Ádám; Turcsán, Borbála; Kubinyi, Eniko (2014): The Personality of Dogs. In: Kaminski, Juliane; Marshall-Pescini, Sarah (Hrsg.): The Social Dog. Behavior and Cognition. Amsterdam und Boston. S. 191 – 222.

Miller, Holly (2014): »Du bist nicht du selbst, wenn du hungrig bist«. Was die Wissenschaft uns über die Ursachen und Folgen geistiger Erschöpfung bei Hunden lehrt. In: SitzPlatzFuss. Das Bookazin für anspruchsvolle Hundefreunde. 14, 2014.

Nedergaard, Maiken und Goldman, Steven A. (2017): Nächtliche Gehirnwäsche. In: Gesunder Schlaf. Heilsame Träume und Therapien. Spektrum der Wissenschaft kompakt, 22. Mai 2017. http://www.spektrum.de/pdf/spektrum-kompakt-gesunder-schlaf/1455249 [zuletzt abgerufen 15. September 2017].

O'Heare, James (2009): Die Neuropsychologie des Hundes. Bernau.

Riemann, Fritz (2017): Grundformen der Angst. Eine tiefenpsychologische Studie. 43. Auflage. München, Basel.

Roth, Gerhard (2017): Persönlichkeit, Entscheidung und Verhalten. Warum es so schwierig ist, sich und andere zu ändern. 12. Auflage. Stuttgart.

Roth, Gerhard/Strüber, Nicole (2017): Wie das Gehirn die Seele macht. 7., durchgesehene Auflage. Stuttgart.

Rottmaier, Fransi (2018): Beast Games: Aggression. Unveröffentlichtes Manuskript.

Scaer, Robert (2014): Das Trauma-Spektrum. Verborgene Wunden und die Kraft der Resilienz. Lichtenau/Westf.

Shanker, Stuart (2016): Das überreizte Kind: Wie Eltern ihr Kind besser verstehen und zu innerer Balance führen. 2. Auflage. München.

Sommerfeld-Stur, Irene (2016): Rassehundezucht. Genetik für Züchter und Halter. Stuttgart.

Stickgold, Robert (2017): Schlaf drüber. In: Gesunder Schlaf. Heilsame Träume und Therapien. Spektrum der Wissenschaft kompakt, 22. Mai 2017. http://www.spektrum.de/pdf/spektrum-kompakt-gesunder-schlaf/1455249 [zuletzt abgerufen 15. September 2017].

Strodtbeck, Sophie/Borchert, Uwe (2013): Hilfe, mein Hund ist in der Pubertät! Entspannt durch wilde Zeiten. München.

Thalmann et al. (2013): Complete mitochondrial genomes of ancient canids suggest a European origin of domestic dogs. In: Science, 15 Nov 2013, Vol. 342, Issue 6160, S. 871–874.

Thomashoff, Hans-Otto (2014): Ich suchte das Glück und fand die Zufriedenheit. Eine spannende Reise in die Welt von Gehirn und Psyche. 2. Auflage. München.

Walk, Laura M.; Evers, Wiebke F. (2013): Fex – Förderung exekutiver Funktionen. Wissenschaft, Praxis, Förderspiele. Bad Rodach.

World Health Organization (2010): Global recommendations on physical activity for health. http://apps.who.int/iris/bitstream/10665/44399/1/9789241599979_eng.pdf [zuletzt abgerufen 25. September 2017].

Wüschner, Peer (2005): Grenzerfahrung Pubertät. Neues Überlebenstraining für Eltern. Frankfurt am Main.

Zentek, Jürgen (2016): Ernährung des Hundes. Grundlagen – Fütterung – Diätetik. Begründet von Helmut Meyer. 8., aktualisierte Auflage. Stuttgart.

Zimen, Erik (2010): Der Hund. Abstammung – Verhalten – Mensch und Hund. München.

Zimmermann, Beate (2012): Schilddrüse und Verhalten. Schilddrüsenunterfunktion beim Hund. 4. überarbeitete Auflage. Zossen.

http://www.gerald-huether.de/free/personalmagazin.pdf [zuletzt abgerufen 18. Februar 2018]

http://www.icd-code.de [zuletzt abgerufen 31. August 2017]

https://www.roth-institut.de/roth-wissens-journal/wie-das-gehirn-die-seele-formt/ [zuletzt abgerufen 18. Februar 2018]

Zum Weiterlesen

Zum Weiterlesen empfehlen wir diese Ratgeber aus dem Kosmos-Verlag:

Baumann, Thomas und Ina: ZOS – Zielobjektsuche. Start, Suche und Anzeige.

El Ayachi, Sami: Körpersprachliches Longieren mit Hund. Kommunikation und Verbundenheit aufbauen und festigen.

Feddersen-Petersen, Dorit: Ausdrucksverhalten beim Hund. Mimik und Körpersprache, Kommunikation und Verständigung.

Gansloßer, Udo und Kate Kitchenham: Beziehung – Erziehung – Bindung. Wie Hunde sich an unserer Seite entfalten können.

Grewe, Michael und Inez Meyer: Hunde brachen klare Grenzen. Gesetze einer Freundschaft.

Käufer, Mechthild: Spielverhalten bei Hunden. Spielformen und -typen, Kommunikation und Körpersprache.

Register

A-Typ, B-Typ 142
Abgrenzung 52, 54 f., 213, 258
Acetylcholin 68, 73 f., 103
ADHS 181, 230 ff.
Adrenalin 116, 142
Aggression; aggressives Verhalten 16, 27 f., 76, 84, 93 ff., 106 f., 119, 133, 141, 150, 153 ff., 170, 195, 202, 254, 262
Amygdala 69 f., 76, 105, 120, 136 f., 165, 220, 222
Angst 24, 27, 49, 69 f., 76, 82, 90, 93 ff., 111 f., 115, 120, 131, 152, 171, 197, 218, 221, 231, 243, 254

Arbeitsgedächtnis 65, 67, 71, 89, 195
Auslastung 26, 155, 192, 207

Ball; Bälle 103 f., 162 f., 181, 226 ff.
Bedürfnisbefriedigung 69, 86 f.
Beißhemmung 152 f., 158
Belohnungsaufschub 63, 78 f., 136
Belohnungserwartung 83 f., 133, 136, 227
Belohnungssystem 83, 133, 136 f., 139, 158, 160, 195, 227
Beruhigungshormon siehe: Serotonin
Berührungen 66, 75, 182 f.
Beschäftigung 26, 87, 163, 227 ff.

Beutefangverhalten 99
Bewältigungsstrategien 87, 112, 115, 122, 124, 214, 216, 222
Bewegung 26, 39, 43, 72, 76, 87, 109, 159, 177, 183, 187 ff., 203, 209, 231
Bewegungsreiz 104, 140, 162 f., 229
Big Five 143 ff.
Bindung 42, 44, 47 ff., 76, 88, 105, 124 ff., 133, 135, 155, 168 f., 177, 209, 224, 232, 254
Bindungshormon siehe: Oxytocin
Blut-Hirn-Schranke 131, 202, 208
Botenstoffe 67 f., 72 ff., 81, 102 f., 232

Dopamin 67, 73, 75 ff., 83, 103 f., 113, 119, 133 ff., 142, 158, 160, 195, 202, 228, 232 ff.

Einschränkung 11, 62, 87, 173 ff.
Eiweiß 201, 205, 207
Energie 75, 96, 100 ff., 113, 115, 117 f., 121, 123, 162, 169, 188 f., 200 ff.
Entspannung 45, 111, 114, 119, 169, 182 ff., 194, 214, 227, 258
Entwicklungsphasen 127, 150 f.
Entwicklungsstörung 228
Epigenetik 129 f.
Erholung 175, 178, 186, 214
Erkundungsverhalten (Exploration) 49, 96, 160, 162
Ernährung 87, 109, 198 ff., 241 f.
Erregungslevel/-zustand 26, 73 f., 97, 114 f., 128, 162, 169 f., 202, 218
Erstarren 118
Evolution 121 ff., 220
Exekutive Funktionen 65, 90, 236

Fette 201, 204 ff.
Flexibilität, geistige 65 ff., 195
Fluchthormon siehe: Adrenalin
Frustrationstoleranz 60, 63 f., 84 ff., 113, 134, 158, 171, 174, 243, 252
Futterbelohnung 78, 172

Geburt 57, 61, 80, 85, 127 f., 131 f., 138, 150 f., 158, 232, 244
Gehirn 17, 58, 67 ff., 102, 105, 113 ff., 121 f., 129 ff., 180 ff., 190 ff., 232 ff.
Genetik 100, 104, 109, 120, 126, 127 ff., 133, 137, 151, 155, 169, 223
Glückshormon siehe: Dopamin
Glukose 121, 200 f., 205, 242
Grenzen 45, 52 ff., 93, 164, 167, 171, 173, 175, 237

Hilflosigkeit 115, 120, 214 f., 220
Hippocampus 70, 117, 196, 222
Hormone 70, 74, 116, 118, 137, 142, 158, 166, 177 ff., 181, 195, 200 f., 239 ff.
Hypothalamus 70, 116 f., 120, 138, 239

Immunabwehr 121
Immunsystem 50, 75, 177 ff.
Impulshemmung 135 ff.
Impulskontrolle 16 f., 58 ff., 134, 137, 144, 146, 165, 210 f., 231
Impulskontrollstörung 60, 210 ff.
Inhibition 59 ff., 62

Jagdverhalten 17, 37, 74, 84, 99 ff., 140, 150, 159 ff., 226 ff.
Junghundentwicklung 109, 122, 131 ff., 140, 148 ff., 229

Kampfhormon siehe: Noradrenalin
Kohlenhydrate 199 ff., 204 ff., 208
Kortex 70 ff., 120, 137, 165, 194
Kortisol 75 f., 116, 120 f., 131 ff., 142, 166, 179, 182, 201, 224, 243, 245

Langeweile 87, 91, 186, 229
Limbisches System 68 f., 71, 138

Marshmallow-Test 78 ff., 89
Massage 182 ff.
Melatonin 179, 181

Mesolimbisches System 83
Motivation 38 f., 42, 58, 76, 82 ff., 92,
106 f., 117, 135, 140, 172, 195, 211
Mutterhündin 86, 132 f., 224

Nervensystem 61, 72, 74, 116, 132,
134
Nervenzellen (Neuronen) 67, 74, 114,
119, 130, 164, 196, 233
Nervosität 123, 207, 218, 243
Neurotransmitter 68, 73, 124, 138, 140,
158, 195, 201, 243
Noradrenalin 68, 73 f., 103, 116, 119,
142, 158, 202

Oxytocin 75 f., 83, 117, 124, 133 f., 158,
181 f., 224

Persönlichkeit 39, 43, 53 ff., 59 f., 66,
73, 87, 109, 112, 120, 124, 126 ff.,
169, 189, 207, 211, 216, 221 ff., 253,
263
Posttraumatische Belastungsreaktion
217
Posttraumatische Belastungsstörung
(PTBS) 219 ff.
Präfontaler Kortex 77 ff., 119, 137, 164,
177, 194 f., 217, 235
Proteine 180, 201, 204 ff.
Pubertät 149, 160, 163 ff., 177, 193

Rasse 200, 204, 207, 235, 244
Regeneration 109, 125, 176 ff., 194,
208, 228, 259
Reizbarkeit 142, 145, 207, 218, 243
Reizüberflutung 110, 115, 175, 236
Ruhe 17, 22, 26, 58, 91, 93, 109, 111,
121, 125, 170 ff., 176 f., 182 ff., 229 f.,
234, 245, 251, 257, 259

Schilddrüse 179, 239 ff.
Schlaf 52 f., 121, 175 ff., 181, 185, 207 f.,
218, 258 f.

Selbstbelohnendes Verhalten 88, 103 f.,
157, 160, 172
Selbstkontrolle 59, 62 ff., 79, 94
Selbstregulation/-regulierung 59, 61 f.,
90
Sensible Phase 149, 163
Serotonin 68, 73, 76, 117, 135 ff., 179,
195, 201 f.
Sicherheitsbedürfnis 134, 150, 171,
252
Sinnesreize 101, 102, 196 f.
Sozialisation 127, 150 ff., 173 ff.
Spiel 36, 99, 104, 152 ff., 163, 176 f.,
181, 192, 211, 226 ff.
Stress 15, 25, 38, 50 f., 59, 66 ff., 73 ff.,
80 ff., 91, 109 ff., 118 f., 121 ff., 132,
139, 142, 158, 173 f., 179 ff., 194, 208,
213 ff., 219, 222, 242 ff., 250 f., 257
Stresshormone 59, 75, 115 f., 121,
131 ff., 166, 224, 239
Stressor 111 f., 115, 121 f., 132, 258
Suchtverhalten 77, 103, 162, 212,
226 ff.
Synapsen 67, 119, 164

Temperament 126 ff., 138, 141, 185,
206
Testosteron 137, 166
Thalamus 69
Transmittersysteme 72 f., 103
Trauma 49, 122, 204, 212 ff., 257
Trigger 217 f., 221
Tryptophan 201 f., 208

Unruhe 58, 128, 183, 207, 218, 231,
235, 246, 258

Wolf 34, 36 f., 62, 140, 189 ff., 199 f.
Wut 64, 86, 95, 123, 150, 221, 231,
237

Zucht 30, 35 f., 64, 100 f., 141, 191
Züchter 149, 176

Impressum

Umschlaggestaltung von Büro Jorge Schmidt, München, unter Verwendung eines Farbfotos von Christoph und Viola Engel (www.via-engel.de).

Mit 51 Farbfotos von Christoph und Viola Engel (www.via-engel.de), die extra für dieses Buch aufgenommen wurden.

Unser gesamtes Programm finden Sie unter **kosmos.de**
Über Neuigkeiten informieren Sie regelmäßig unsere Newsletter, einfach anmelden unter **kosmos.de/newsletter**

Gedruckt auf chlorfrei gebleichtem Papier

© 2019, Franckh-Kosmos Verlags-GmbH & Co. KG, Stuttgart
Alle Rechte vorbehalten
ISBN 978-3-440-15392-5
Projektleitung: Angela Beck
Redaktion: Heike Schmidt-Röger
Gestaltungskonzept: Populärgrafik, Stuttgart
Gestaltung und Satz: Kösel Media GmbH, Krugzell
Produktion: Nina Renz
Druck und Binden: Friedrich Pustet GmbH & Co. KG, Regensburg
Printed in Germany/Imprimé en Allemagne